高职计算机类精品教材

Visual FoxPro 6.0程序设计

Visual FoxPro 6.0 CHENGXU SHEJI

主　　审　赵守忠　刘　铮
主　　编　王洪海　王德正
副 主 编　凌　涛　童　威　薛亮亮
编写人员　（以姓氏笔画为序）
王洪海　王德正　赵翠荣
凌　涛　钱　鹏　盛　魁
童　威　蔡文芬　薛亮亮

中国科学技术大学出版社

内容简介

本书以 Visual FoxPro 6.0 为具体工具，介绍了关系数据库管理系统的基础理论及应用系统的开发。

本书在详细介绍 Visual FoxPro 6.0 时，语言上力求通俗易懂、深入浅出；内容安排上力求循序渐进、结合实际，特别强调培养学生的程序设计能力。为方便教学，各章均提供有大量精心设计的习题，并配有习题参考答案。对于选用本书作为教材的学校，为了减轻教师的备课工作量，将免费提供与教材有关的电子课件，索取课件请发送邮件至 sanlian_whh@163.com。

本书可作为各类高职院校 Visual FoxPro 6.0 程序设计课程的教材，也适合作为计算机等级考试考生、计算机爱好者学习 Visual FoxPro 6.0 程序设计的自学用书。

图书在版编目(CIP)数据

Visual FoxPro 6.0 程序设计/王洪海，王德正主编. —合肥：中国科学技术大学出版社，2010.8

ISBN 978-7-312-02712-3

Ⅰ.V… Ⅱ.①王… ②王… Ⅲ.关系数据库—数据库管理系统，Visual FoxPro 6.0—程序设计 Ⅳ.TP311.138

中国版本图书馆 CIP 数据核字(2010)第 142046 号

出版 中国科学技术大学出版社
安徽省合肥市金寨路 96 号，邮编：230026
网址：http://press.ustc.edu.cn

印刷 合肥华星印务有限责任公司

发行 中国科学技术大学出版社

经销 全国新华书店

开本 787 mm×1092 mm 1/16

印张 19

字数 480 千

版次 2010 年 8 月第 1 版

印次 2010 年 8 月第 1 次印刷

定价 30.00 元

前　言

Visual FoxPro 是微机上最流行的关系数据库系统之一，它以其卓越的数据库处理性能、良好的开发环境赢得了广大用户的喜爱。

Visual FoxPro 6.0 及其中文版，是可运行于 Windows 平台的 32 位数据库开发系统，它不仅可以简化数据库管理，而且能使应用程序的开发流程更为合理。Visual FoxPro 6.0 使组织数据、定义数据库规则和建立应用程序等工作变得简单易行。用户可通过 Visual FoxPro 6.0 的开发环境方便地设计查询、报表、菜单，以及利用项目管理器对数据库和程序进行管理，生成可执行文件，并进行发布。Visual FoxPro 6.0 还提供了一个集成化的系统开发环境，它不仅支持过程式编程技术，而且在语言方面做了强大的扩充，支持面向对象的可视化编程技术，并拥有功能强大的可视化程序设计工具，是用户进行系统开发较为理想的工具软件。

本书包括了计算机等级考试大纲(二级 VFP)与国家计算机高新技术考试 VFP 模块的全部内容。书中通过若干实例，全面细致地讲述了数据库的理论基础，Visual FoxPro 6.0 的数据库和表的设计、数据处理、查询和视图、表单设计、菜单设计、报表设计等。此外，还通过一个“学生管理系统”实例，介绍了开发一个小型应用系统的过程与方法。

本书由中国科学技术大学副教授、现安徽三联学院信息与通信技术系赵守忠主任，安徽三联学院工商管理系刘铮主任主审，王洪海、王德正任主编。主要编写工作如下：第 1 章、第 11 章由王洪海编写，第 2 章、第 6 章由王德正编写，第 3 章由盛魁编写，第 4 章由钱鹏编写，第 5 章、第 10 章由凌涛编写，第 7 章和第 8 章中的 8.1 节、8.2 节、8.3 节由赵翠荣编写，第 8 章的 8.4 节由童威、薛亮亮编写，第 9 章由蔡文芬编写。另外，本书在编写过程中还得到了安徽三联学院工商管理系办公室詹小旦主任的大力支持，在此一并表示感谢。

本教材在编写过程中参考了有关书籍和文献，谨向原作者表示衷心的感谢。由于编者水平有限，书中难免有不妥之处，敬请广大读者批评指正。

编　者

2010 年 5 月

前言

目　录

第1章　数据库及Visual FoxPro 6.0概述

本章导读

本章介绍了数据库的基本概念、数据库技术的发展、数据的三种模型及 Visual FoxPro 开发环境。Visual FoxPro 是一种典型的关系型数据库,通过本章的学习,将使学生对关系数据库中的一些专业术语及特点有一定的了解。

知识点

- 数据库及数据库技术
- 数据模型
- 关系数据库
- Visual FoxPro 6.0 系统环境

1.1　数据库的基本概念

20 世纪 60 年代,计算机的发展进入了晶体管时代。从那时起,计算机更新换代的速度愈来愈快,到 1971 年即跃入了大规模集成电路时代,出现了微型计算机。计算机技术的发展,使得它的应用范围不断拓宽,计算机技术逐渐地从单一的用于军事及科学目的的数值计算,扩展到了数据处理的领域。数据库技术就是在这种形势下应运而生并迅猛发展起来的,如今它已成为现代计算机科学一个新兴的、重要的分支。

1.1.1　信息、数据与数据处理

1. 信息

信息(Information)是客观世界在人们头脑中的反映,是客观事物的表征,是可以传播和加以利用的一种知识。

2. 数据

数据(Data)是指存储在某一种介质上的可以被识别的物理符号,是对客观存在实体的一种记载和描述。目前,数据的概念已在通常意义下大大地拓展了,数据不但包括数字、文字,还包括图形、图像、声音和视频等各种可以数字化的信息。各种各样的信息只要能够数字化,就能够被计算机存储和处理。

数据是信息的载体,而对大量数据的处理又将产生新的信息。由此可见,信息与数据的概念是密切相关的。

3. 数据处理

数据处理常常又被称为信息处理，包括数据的收集、存储、传输、加工、排序、检索和维护等一系列的活动。此外，信息和数据是有价值的，其价值取决于它的准确性、可靠性、及时性与完整性。为了提高信息或数据的价值，就必须用科学的方法对其进行管理，这种科学的方法就是数据库技术。

1.1.2 数据库技术的发展

1. 数据库

数据库(Database)是指存储在计算机外部存储器上的、结构化的相关数据集合。为了便于对数据的管理和检索，数据库中的大量数据必须按一定的逻辑结构进行存储，这就是数据"结构化"的概念。此外，存储在数据库中的各个数据之间是存在一定的联系的，而不是孤立存在的。因而，数据库不仅包含了描述事物的数据，而且反映了相关事物之间的联系。在信息处理或数据处理中采用数据库技术的优势在于：数据库中的数据具有较高的数据共享性和较低的数据冗余度，能够为多个用户或多个任务所共享；同时，数据库中的数据具有较高的数据独立性和安全性，能有效地支持对数据进行的各种处理，并有利于保证数据的安全性、一致性和完整性。

2. 数据库技术的发展

自从计算机应用于数据处理领域以来，数据库技术的发展已经历了 3 个阶段，即人工管理阶段、文件管理阶段和数据库管理阶段。

(1) 人工管理阶段

该阶段约在 20 世纪 50 年代中期以前，那时计算机刚诞生不久，主要用于科学与工程计算。当时没有大容量的存储设备，只有卡片、磁带等。此外也没有操作系统和专门的数据管理软件。程序设计人员需要对所处理的数据做专门的定义，并需要对数据的存取及输入输出的方式做具体的安排。程序与数据不具有独立性，同一组数据在不同的程序中不能被共享。因此，各应用程序之间存在大量的冗余数据。

(2) 文件管理阶段

该阶段为 20 世纪 50 年代后期至 60 年代后期，由于计算机软硬件技术的发展，大容量的存储设备逐渐地投入使用，操作系统也已诞生，计算机开始大量地运用于管理领域中的数据处理工作。在当时的操作系统中通常包含一种专门进行文件管理的软件，它可将数据的集合按照一定的形式存放到计算机的外部存储器中形成数据文件，而不再需要人们去考虑这些数据的存储结构、存储位置以及输入输出方式等，用户运用简单的命令，就可通过文件管理程序实现对数据的存取、查询及修改等操作。操作系统则提供了应用程序与相应数据文件之间的接口，从而提高了数据的应用效率，并使数据和程序之间有了一定的独立性。

(3) 数据库管理阶段

从 20 世纪 60 年代后期开始，需要计算机管理的数据急剧增长，并且对数据共享的要求也日益增强，有关数据库的理论研究和具体应用得到了迅速的发展，出现了各种数据库管理系统。数据库管理方式是将大量的相关数据按照一定的逻辑结构组织起来，构成一个数据库，然后借助专门的数据库管理系统软件对这些数据资源进行统一的、集中的管理。这样，不仅减少了数据的冗余度、节约了存储空间，而且充分实现了数据的共享。数据库管理方式同时提高了数据的一致性、完整性和安全性，减少了应用程序开发和维护的代价。

1.2 数据模型

人们常用模型来刻画和表述现实世界中的实际事物，而数据模型则是用来表述和反映数据集合中各数据之间的逻辑结构和内在联系的。任何一个数据库管理系统管理的数据都是基于某种数据模型的。

1.2.1 实体与实体之间的联系

在说明数据模型之前，我们先来考察实体与实体之间的联系。

数据是对客观存在事物的一种记载和描述，而我们将客观存在的并且可以相互区分的事物称为实体。实体可以是实际的事物，例如一个房间、一台电视等；也可以是抽象的事件，例如一首音乐、一场比赛等。

实体的特性称之为属性。例如，关于工人实体，可用编号、姓名、性别、出生日期等属性来描述。

实体之间的关联称为联系，它反映了客观事物之间相互依存的状态。实体之间的联系可以归结为以下3种类型：

- 一对一联系：如果一所学校只有一个校长，而这个校长也只是这个学校的校长，那么学校和校长之间就存在着一对一的联系。
- 一对多联系：如果一所学校有多名教师，而这些教师都只属于这个学校，那么这所学校与这些教师之间就存在着一对多的联系。一对多的联系是最普遍的联系，也可以将一对一的联系看作是一对多联系的特殊情况。
- 多对多联系：如果一所学校有多名教师，而一名教师又属于多所学校，那么学校与教师之间就存在着多对多的联系。多对多联系比较复杂，在实际应用中，可以将多对多联系分解为几个一对多的联系来处理。

1.2.2 几种主要的数据模型

目前比较流行的数据结构模型主要有3种，即层次模型、网状模型和关系模型。

1. 层次模型

在层次结构模型的数据集合中，各数据对象之间是一种依次的一对一的或一对多的联系。在这种模型中，层次清楚，可沿层次路径存取和访问各个数据。层次结构犹如一棵倒置的树，因而也称其为树型结构。图1.1所示即为层次模型数据集合的一个例子。

满足以下条件的数据模型称为层次结构模型：

- 有且仅有一个根节点，其层次最高。
- 一个父节点向下可以有若干个子节点，而一个子节点向上只有一个父节点。
- 同层次的节点之间没有联系。

层次结构模型的突出优点是结构简单，层次清晰，并且易于实现。适宜描述一对一和一对多的数据层次关系。然而层次模型不能直接表示多对多的联系，因而难以实现对复杂数据关系的描述。

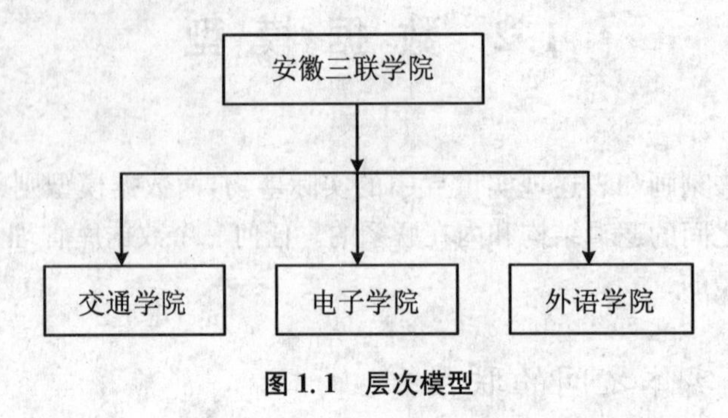

图 1.1　层次模型

2. 网状模型

网状模型就像一个网络，此种结构可用来表示数据间复杂的逻辑关系。在网状结构模型中，各数据实体之间建立的通常是一种层次不清楚的一对一、一对多或多对多的联系。图 1.2所示即为一个网状数据结构模型的例子。

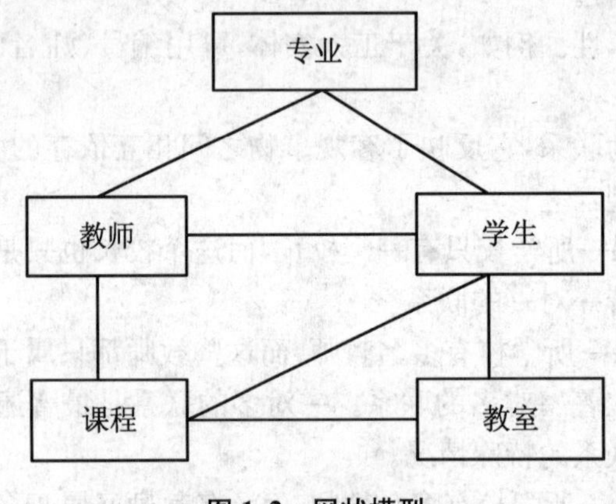

图 1.2　网状模型

满足以下条件的数据模型称为网状结构模型：

- 可以有一个以上的节点无父节点。
- 一个节点可以有多于一个的父节点。
- 两个节点之间可以有多个联系。

3. 关系模型

在关系模型中，数据的逻辑结构是一张二维表格。即关系模型用由若干行与若干列数据构成的表格来描述数据集合以及数据之间的联系，每一个这样的表格被称为一个关系。关系结构模型是一种易于理解并具有较强数据描述能力的数据结构模型。图 1.3 所示的学生情况表格就是一个关系模型数据集合的例子。

构成一个关系的二维表格，必须满足以下条件：

- 表中每一列数据的类型必须相同。
- 表中不应有内容完全相同的数据行。
- 表中不允许有重复的列，且每一列不可再分解。

• 表中行的顺序或列的顺序的任意排列，应不影响表中各数据项间的关系。

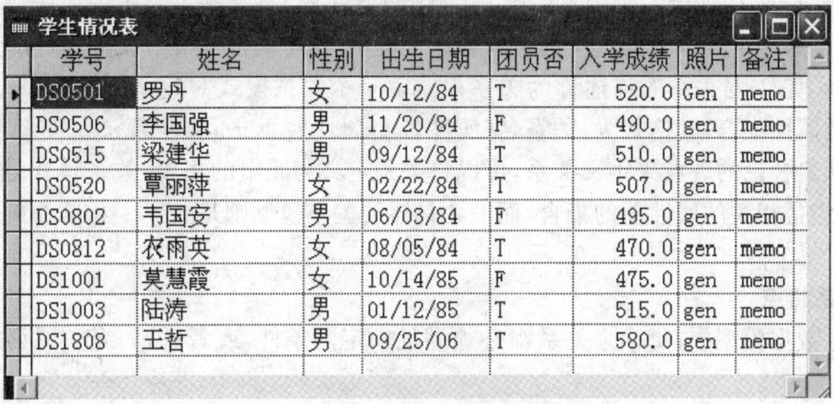

学生情况表

学号	姓名	性别	出生日期	团员否	入学成绩	照片	备注
DS0501	罗丹	女	10/12/84	T	520.0	Gen	memo
DS0506	李国强	男	11/20/84	F	490.0	gen	memo
DS0515	梁建华	男	09/12/84	T	510.0	gen	memo
DS0520	覃丽萍	女	02/22/84	T	507.0	gen	memo
DS0802	韦国安	男	06/03/84	F	495.0	gen	memo
DS0812	农雨英	女	08/05/84	T	470.0	gen	memo
DS1001	莫慧霞	女	10/14/85	F	475.0	gen	memo
DS1003	陆涛	男	01/12/85	T	515.0	gen	memo
DS1808	王哲	男	09/25/06	T	580.0	gen	memo

图 1.3　关系模型

1.3　关系数据库

当前，关系型数据库以其严格的数学理论、简单的模型以及使用的方便性等优点，而被公认为是最有前途的数据库，并得到了极为迅速的发展和十分广泛的应用。自 20 世纪 80 年代以来，作为商品推出的数据库管理系统基本上都是关系型的。例如 Oracle、Sybase、SQL-Server 和 Visual FoxPro 等都是著名的关系模型数据库管理系统。

1.3.1　关系术语与关系特点

关系数据模型是建立在关系理论基础上的，因而有必要了解关系理论中的一些基本术语和基本关系特点。

1. 关系术语

• 关系：一个关系就是符合一定条件的一张二维表格，每个关系有一个关系名。在 Visual FoxPro中，一个关系被称为一个表(Table)，对应一个存储在磁盘上的扩展名为.dbf 的表文件。

• 元组：在一个具体的关系中，水平方向的每一行数据被称为一个元组，或者称为一个记录。

• 属性：在一个具体的关系中，垂直方向的每一列被称为一个属性，或者称为一个字段。

• 域：也叫属性值，是属性的取值范围，即不同元组对同一个属性的取值所限定的范围。例如“团员否”属性的取值范围为“.T.”和“.F.”，“性别”属性的取值范围是“男”和“女”等。

• 关键字：在一个关系中有一个或几个这样的属性(字段)，其值可以惟一地标识一个元组(记录)，便称之为关键字。例如，学生情况表中的“学号”字段就可以作为关键字，而“姓名”字段则因其值不惟一而不能作为关键字。Visual FoxPro 中，主关键字和候选关键字都可以用来惟一地标识一个元组。

• 外部关键字:如果一个关系中的某一个属性(字段)不是本关系中的主关键字或候选关键字,而是另一个关系中的主关键字或候选关键字,这个属性(字段)就称为外部关键字。

• 关系模式:对关系的描述称为关系模式。一个关系模式对应于一个关系结构,它是一个命名的属性集合,其格式为:关系名(属性名 1,属性名 2,…,属性名 n)。

如果从集合论的观点来定义关系,可以将关系定义为元组的集合;关系模式是命名的属性集合;元组是相关的属性值的集合;而一个具体的关系模型则是若干个相联系的关系模式的集合。

2. 关系特点

在关系数据模型中,每一个关系都必须满足一定的条件,或者说,一个关系必须具备以下特点:

(1) 在同一个关系中不能出现相同的属性名。

(2) 在同一个关系中不允许有完全相同的元组。

(3) 在同一个关系中任意交换两行的位置不影响数据的实际含义。

(4) 在同一个关系中任意交换两列的位置不影响数据的实际含义。

(5) 每个属性必须是不可分割的数据单元,即表中不能再包含表。

(6) 字段不能再细分为多个字段。

1.3.2 关系运算

对一个关系型数据库进行访问时,对其进行的各种操作称为关系运算。关系运算分为两种,一种是传统的集合运算,包括并、差、交、广义笛卡尔积等;另一种是专门的关系运算,包括选择、投影和连接。需要注意的是:关系运算的操作对象是关系,并且运算结果仍是关系。这里我们只讨论选择、投影和连接 3 种关系运算。

1. 选择

从一个关系中选取满足给定条件的元组的操作称为选择。这就是说,选择是从记录行的角度对二维表格的内容进行筛选,经过选择运算后得到的结果可以形成新的关系,而其关系模式不变。

例如,从图 1.3 所示的学生情况表中筛选出所有“性别”为“男”的学生,就是一种选择运算,可得到如图 1.4 所示的结果。

学生情况表

学号	姓名	性别	出生日期	团员否	入学成绩	照片	备注
DS0506	李国强	男	11/20/84	F	490.0	gen	memo
DS0515	梁建华	男	09/12/84	T	510.0	gen	memo
DS0802	韦国安	男	06/03/84	F	495.0	gen	memo
DS1003	陆涛	男	01/12/85	T	515.0	gen	memo
DS1808	王哲	男	09/25/06	T	580.0	gen	memo

图 1.4 选择运算举例

2. 投影

从一个关系中找出若干个属性组成新的关系的操作称为投影。投影是从列的角度对二维表格内容进行的筛选或重组,经过投影运算后得到的结果可以形成新的关系,其属性排列的顺序则有所不同。

例如,从图 1.3 所示学生情况表中抽取"姓名"、"性别"、"入学成绩"3 个字段构成一个新表的操作,就是一种投影运算,可得到如图 1.5 所示的结果。

学生情况表

姓名	性别	入学成绩
罗丹	女	520.0
李国强	男	490.0
梁建华	男	510.0
覃丽萍	女	507.0
韦国安	男	495.0
农雨英	女	470.0
莫慧霞	女	475.0
陆涛	男	515.0
王哲	男	580.0

图 1.5 投影运算举例

3. 连接

连接是两个关系中的元组按一定的条件横向结合,拼接成一个新的关系。最常见的连接运算是自然连接,它是利用两个关系中共有的一个属性,将该属性值相等的元组内容连接起来,去掉其中的重复属性,作为新关系中的一个元组。

连接过程是通过连接条件来控制的,不同关系中的公共属性是实现连接运算的纽带,满足连接条件的所有元组将构成一个新的关系。需要指出的是,选择运算和投影运算的操作对象通常是一个关系,相当于对一个二维表中的数据进行横向的或纵向的选取,而连接运算则是对两个关系进行操作,或者说是对两个相关的二维表格进行操作。

综上所述,在对关系数据库的操作中,利用关系的选择、投影和连接运算,可以方便地在一个或多个关系中抽取所需的各种数据,建立或重组一个新的关系。

1.4 Visual FoxPro 6.0 简介

1.4.1 Visual FoxPro 的发展历程

Visual FoxPro 是继 DBMS、FoxBASE、FoxPro 之后的又一微型计算机中关系数据库管理系统的新产品。它与 DBMS、FoxBASE、FoxPro 是兼容的。

从1995年以来，微软公司陆续发布了三个版本的Visual FoxPro，即Visual FoxPro 3.0、Visual FoxPro 5.0、Visual FoxPro 6.0及其中文版本。其中Visual FoxPro 6.0（中文版）是Microsoft公司1998年发布的可视化编程工具之一。它是可运行于Windows 95/98、Windows NT平台下的32位数据库开发系统，能充分发挥32位微处理机的强大功能。它采用了面向对象的可视化程序设计方法，大大地简化了应用程序开发过程，提高了系统的模块性和完整性。

1.4.2 Visual FoxPro 6.0的特点

Visual FoxPro 6.0起源于xBASE微机数据库系列，是第一个真正与Windows 95/98和Windows NT兼容的32位数据库开发系统。它采用可视化的操作界面及面向对象的程序设计方法，使用Rushmore优化查询技术，大大提高了系统性能，其主要特点是：

(1) 加强了数据完整性验证机制，引进和完善了关系数据库的三类完整性：实体完整性、参照完整性和用户自定义完整性。

(2) 采用面向对象和可视化编程技术，用户可以重复使用各种类型，直观而方便地创建和维护应用程序。

(3) 提供了大量辅助性设计工具，如设计器、向导、生成器、控件工具、项目管理器等，用户无需编写大量程序代码，就可以很方便地创建和管理应用程序中的各种资源。

(4) 采用快速查询技术，能够迅速地从数据库中查找出满足条件的记录，查询的响应时间大大缩短，极大地提高了数据查询的效率。

(5) 支持客户机/服务器结构，提供其所需的各种特性，如多功能的数据词典、本地和远程视图、事务处理及对任何ODBC（开放式数据库连接）数据资源的访问等。

(6) 同其他软件高度兼容，可以使原来的广大xBASE用户迅速转为使用VFP。此外，还能与其他许多软件共享和交换数据。

1.4.3 Visual FoxPro 6.0的功能

Visual FoxPro 6.0在5.0版本的基础上功能得到了进一步加强，该产品有机地结合了数据库各程序设计语言，在设计桌面数据库系统方面具有明显的优势。Visual FoxPro 6.0加强了项目管理器、向导、生成器、查询与视图、OLE连接、Active集成、帮助系统制作、数据导入和导出以及面向对象程序设计等方面的功能，从而使用户能更加方便、快捷地开发出优秀的数据库系统。

随着Office办公软件的不断升级和广泛应用，Visual FoxPro 6.0注重了同Office办公软件的结合，性能得到了进一步的扩展。此外，Visual FoxPro 6.0在远程数据共享、数据安全管理及文档管理、客户机/服务器应用技术等方面也具有很强的优势。

1.4.4 Visual FoxPro 6.0的启动与退出

安装了Visual FoxPro 6.0后，用户就可以启动它，一般默认的安装路径为“c:\program files”。下面介绍Visual FoxPro 6.0的启动与退出方法。

1. 启动 Visual FoxPro 6.0

假设在我们的计算机中已经安装了 Visual FoxPro 6.0 程序，则启动 Visual FoxPro 6.0 的步骤如下：

(1) 单击 开始 菜单，将鼠标移动到 程序(P)，如图 1.6 所示。

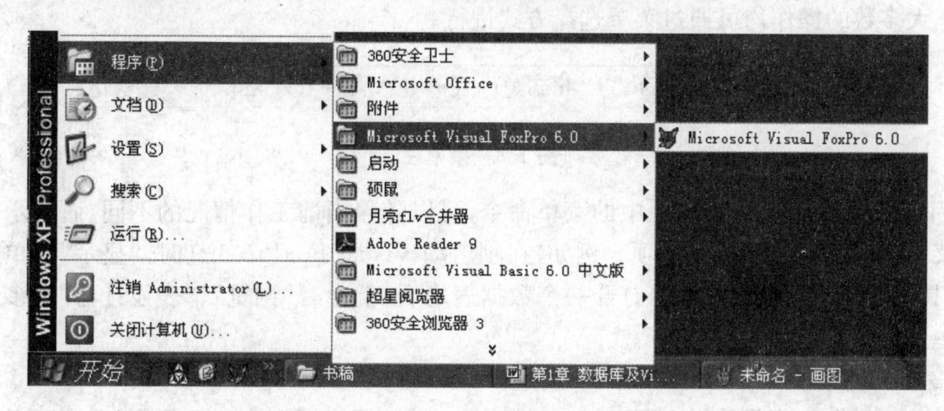

图 1.6　开始菜单

(2) 选择"Microsoft Visual FoxPro 6.0"。

(3) 选择 Microsoft Visual FoxPro 6.0 ，则可以启动 Visual FoxPro 6.0 程序。

2. 退出 Visual FoxPro 6.0

在 Visual FoxPro 6.0 操作窗口中，选择"文件(F)/退出(X)"菜单项，或者在命令窗口中输入命令"quit"，都可以实现 Visual FoxPro 6.0 的退出操作。

1.4.5　Visual FoxPro 6.0 系统环境介绍

启动 Visual FoxPro 6.0 以后，将进入 Visual FoxPro 6.0 系统的主界面，如图 1.7 所示。

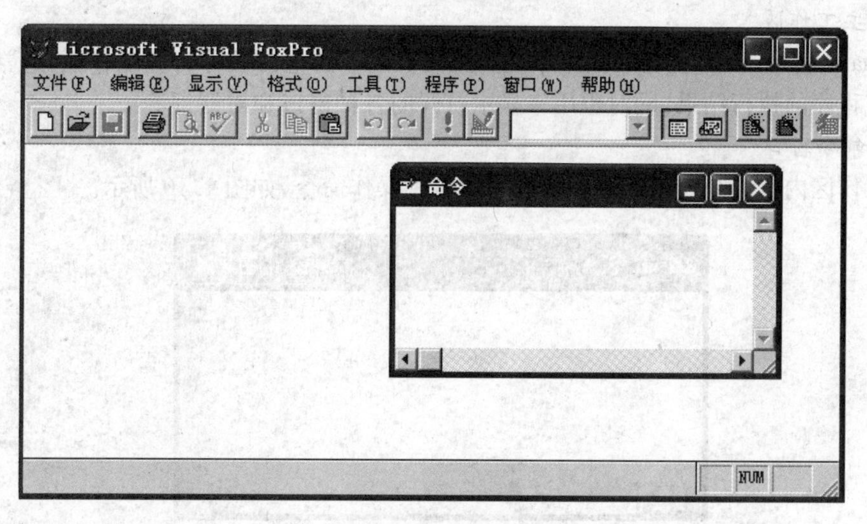

图 1.7　系统界面

1. 系统界面组成

Visual FoxPro 6.0 的主窗口界面由菜单栏、工具栏、命令窗口、结果显示区及状态栏等几个部分构成。

(1) 菜单栏

Visual FoxPro 6.0 主窗口的菜单栏为用户提供了各种操作命令，其中包括“文件”、“编辑”、“显示”、“格式”、“工具”、“程序”、“窗口”和“帮助”8 个下拉式菜单及其菜单项，如图 1.8 所示。大多数的操作均可通过菜单选择方式进行。

文件(F) 编辑(E) 显示(V) 格式(O) 工具(T) 程序(P) 窗口(W) 帮助(H)

图 1.8 菜单栏

Visual FoxPro 6.0 菜单栏中的菜单命令，可以随着当前工作情况的不同，而显示不同的主菜单项和不同的下拉菜单项。例如，在刚启动 Visual FoxPro 6.0 时，“显示”菜单中只有“工具栏”一个菜单项，然而当打开一个数据表之后，就会有“浏览”、“表设计器”等多个菜单项。

(2) 工具栏

工具栏通常位于菜单栏之下。Visual FoxPro 6.0 提供了多个工具栏，每一个工具栏由若干个工具按钮组成，如图 1.9 所示，每个按钮对应一个经常使用的特定菜单命令，当鼠标在某个按钮上停留片刻后，即会出现一个说明该按钮功能的提示框。显然，若要执行某个操作命令，点击工具栏中的相应按钮要比进行菜单命令的选择方便和快捷得多。

图 1.9 工具栏

在默认情况下，Visual FoxPro 6.0 的主窗口中只显示“常用”工具栏。实际上 Visual FoxPro 6.0 还提供了其他 10 种工具栏，这些工具栏将随着工作环境的需要和变化，而自动地显示出来。

(3) 主工作区

Visual FoxPro 6.0 主窗口内菜单栏和工具栏以下的范围被称为主工作区，通常用于显示命令或程序的执行结果，同时也用来显示打开的各种窗口和对话框等。

(4) 命令窗口

主工作区内的命令窗口用来输入和显示各种操作命令，如图 1.10 所示。

图 1.10 命令窗口

当用户在命令窗口输入正确的命令并按〈Enter〉键之后，系统就会执行该命令。另外，当用户采用菜单方式操作时，每当某个操作完成后，系统也会自动把与该菜单操作对应的命令显示在命令窗口中。显示在命令窗口中的命令可以被再次执行或者加以修改后再执行，用户只需将插入点光标置于需要再次执行的命令之中并按〈Enter〉键即可。此外，用鼠标右键单击命令窗口，在弹出的快捷菜单中可以对所显示的命令文本进行剪切、复制、粘贴和清除等操作。

与其他 Windows 程序的窗口一样，命令窗口也可以被放大、缩小。若要显示或隐藏命令窗口，可采用以下几种方法：

• 选择"窗口"菜单中的"命令窗口"命令，可显示命令窗口中的"隐藏"命令，可隐藏命令窗口。

• 单击"常用"工具栏中的"命令窗口"按钮，可显示或隐藏命令窗口。

• 按〈Ctrl〉+〈F2〉组合键可以显示命令窗口，按〈Ctrl〉+〈F4〉组合键可以隐藏命令窗口。

(5) 状态栏

状态栏位于 Visual FoxPro 6.0 主窗口的最下方，用于显示当前的工作状态。如图 1.11 所示。

图 1.11　状态栏

当打开一个数据表之后，将在状态栏上显示该数据表的名称，其拥有的记录数目，以及当前的记录号。状态栏还可以显示当前被选择的菜单命令或工具栏上命令按钮的功能等。此外，在状态栏的右侧还将显示当前的键盘按键状态。

2. Visual FoxPro 6.0 系统工作方式

Visual FoxPro 6.0 是一个面向最终用户，同时又面向数据库应用开发人员的数据库管理系统。它支持 3 种工作方式，即菜单方式、命令方式和程序执行方式。

(1) 菜单方式

菜单选择方式是指利用系统提供的菜单、工具栏、窗口、对话框等进行交互操作。菜单选择方式的突出优点是操作简单、直观、不需要记忆命令格式，因而是最终用户常用的一种工作方式。与命令工作方式相比，其不足之处是操作步骤往往较为繁琐。

(2) 命令方式

命令执行方式是指用户在命令窗口中输入一条命令后按〈Enter〉键，系统立即执行该命令并显示执行结果(有时也会弹出对话框要求进行对话)。采用命令执行方式时，用户需要熟悉各种命令的格式、功能和使用方法，对于熟练用户而言，采用命令执行方式往往比采用菜单选择方式具有更高的效率。

Visual FoxPro 6.0 会将对应于菜单选择方式的等价命令显示在命令窗口中，所以命令执行方式和菜单选择方式的效果是一样的。事实上，菜单方式和命令方式都属于交互工作方式，Visual FoxPro 6.0 启动成功后，即处在交互工作方式环境下。交互工作方式简便，不需要编程，运行结果清晰直观。然而这种方式不宜解决复杂的数据处理问题。

(3) 程序执行方式

程序执行方式是指根据实际工作需要，将所要执行的一批相关命令按照要完成的任务和系统的约定编写成程序，并将其存储为程序文件（或称命令文件），待需要时执行该程序文件，就可以自动地执行其内包含的一系列命令，完成相应任务。

程序执行方式的突出优点是运行效率高，而且编制好的程序可以反复执行。对于最终用户来说，采用程序执行方式可以不必了解程序中的命令和内部结构，而只需了解程序运行时的人机交互要求，就能方便地完成程序所规定的功能。

对于一些复杂的数据处理与管理问题，通常都采用程序执行方式运行。Visual FoxPro 6.0 支持结构化的程序设计方法和面向对象程序设计方法，开发人员可以结合此两种方法并根据所要解决问题的具体要求，编制出相应的应用程序。

3. Visual FoxPro 6.0 的辅助设计工具

Visual FoxPro 6.0 提供了真正的面向对象的可视化设计工具，包括向导、设计器和生成器等。这些工具都支持通过简单直观的人机交互手段，帮助用户轻松地完成应用程序组件的设计任务。

（1）向导

Visual FoxPro 6.0 提供的向导是一种交互式的快速设计工具，它通过一系列的对话框向用户提示每一个操作步骤，引导用户一步一步地完成各项任务。例如，使用向导可以创建数据库、建立查询、创建表单、编制报表和创建应用程序框架等。

向导所能完成的任务一般比较简单，其最大特点是方便快捷。在实际应用中，用户可以先利用向导创建一个比较简单的任务框架，然后再用相应的设计器进行修改和完善。

（2）设计器

Visual FoxPro 6.0 的设计器是创建和修改应用程序各种组件的可视化工具。设计器是用户最基本、最常用的设计工具，可用来创建和修改数据库、数据表、表单、报表、查询和视图等。表 1.1 列出了 Visual FoxPro 6.0 完成各种不同任务所使用的设计器。

表 1.1　Visual FoxPro 6.0 设计器一览表

设计器名称	主要用途
数据库设计器	创建或修改数据库，管理库中的表、视图和表之间的关系
报表设计器	可视化地创建或修改表用于显示或打印数据报表
查询设计器	创建或修改在本地表中运行的一个查询
菜单设计器	创建或修改应用程序的菜单或快捷菜单
连接设计器	为远程视图创建或修改命名的连接
表设计器	创建或修改一个表及表的各字段、索引，并实现有效性检查等
表单设计器	可视化地创建或修改表单或表单集
标签设计器	可视化地创建或修改标签布局和标签内容
视图设计器	创建或修改视图，即创建或修改可更新的查询
数据环境设计器	创建或修改表单或报表所使用的数据源，包括表、视图和关系等

（3）生成器

Visual FoxPro 6.0 的生成器是带有多个选项卡的对话框，主要用来在某个应用程序的组件中创建、生成或修改某种控件。各种生成器通过简单的对话帮助用户设置对象的属性，简化其操作过程。例如可使用有关生成器在表单中生成或修改文本框、组合框、命令按钮组和选项按钮组，以及在数据库表中生成参照完整性等。

1.4.6 项目管理器

Visual FoxPro 6.0 不仅支持用户以交互方式对数据进行操作和管理，而且支持用户在此基础上开发基于数据库的应用程序系统，例如创建人事档案管理程序、财务管理程序、销售管理程序等。用户创建的每一个应用程序系统对应一个项目(Project)，Visual FoxPro 6.0的项目管理器就是用来对某个项目中所包含的数据、程序、文档、对象等各种相关文件进行统一管理和维护的工具。项目管理器以简便、直观的方式组织和处理应用系统项目中所包含的各类文件。一方面，它对项目中的数据和文档进行集中的管理，另一方面借助其集成环境使得项目的创建和维护更为轻松和方便。

在 Visual FoxPro 6.0 中，创建一个项目就将创建一个项目文件。项目文件的扩展名为.PJX，用来存放与该应用项目有关的所有数据、文档、类库、代码及其他对象的联系信息。

在项目管理器中，用户同样可启动相应的向导或设计器来创建数据表、数据库、表单、报表、查询和其他各种文件，并可修改、运行、添加和移去这些文件。此外，通过项目管理器，还可将与一个项目有关的所有文件编译成一个扩展名为.APP 的应用程序文件或者扩展名为.EXE 的可执行文件。

1. 项目管理器的启动

以下一些方法可以启动 Visual FoxPro 6.0 项目管理器，启动成功后将打开如图 1.12 所示的“项目管理器”窗口。

- 执行主窗口“文件”菜单中的“新建”命令新建一个项目文件。
- 执行主窗口“文件”菜单中的“打开”命令打开一个已有的项目文件。
- 在命令窗口执行“CREATE PROJECT”命令或“MODIFY PROJECT”命令。

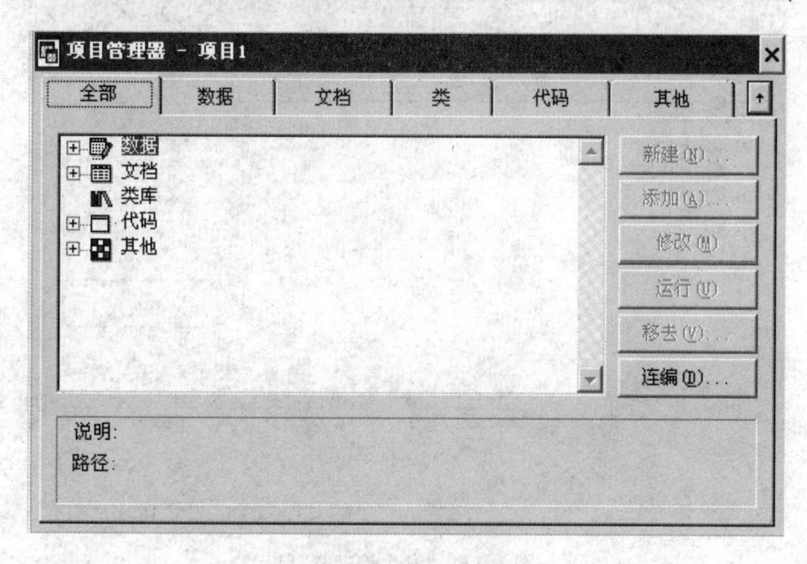

图 1.12 项目管理器

“项目管理器”窗口采用树型目录结构来显示和管理本项目所包含的所有内容。在窗口内选中某个文件后，可单击右侧的“新建”、“添加”或“修改”等按钮进行相应的操作，同时在窗口底部还将显示当前选中文件的简单说明和访问路径。“项目管理器”窗口中共有6个选项卡，各选项卡的功能如下：

- “全部”选项卡：用于显示和管理项目包含的所有文件。
- “数据”选项卡：包含项目中所有的数据，如数据库、自由表、查询和视图等。
- “文档”选项卡：包含显示、输入和输出数据时所涉及的所有文档，如表单、报表和标签等。
- “类”选项卡：显示和管理用户自定义类。可以在此新建自定义类，也可将已创建的类库文件添加到当前的项目中来，并可以修改或移去自定义类。
- “代码”选项卡：显示与管理各种程序代码文件，包括扩展名为.PRG的程序文件和扩展名为.APP的应用程序文件以及API函数库等。
- “其他”选项卡：显示与管理有关的菜单文件、文本文件、位图文件、图标文件和帮助文件等。

此外，在打开“项目管理器”窗口后，主窗口的菜单栏上将增加一个“项目”菜单，该菜单中的命令大多与“项目管理器”窗口内的命令按钮相同，并增加了“项目信息”、“清理项目”等其他一些命令。

例如要创建一个名为“学生管理”的项目文件，可进行以下操作：

(1) 执行“文件”菜单中的“新建”命令，在弹出的“新建”对话框中选中“项目”，然后单击“新建文件”命令，弹出“创建”对话框。

(2) 在“保存”框中输入项目文件的保存位置，在“项目文件”框中输入新建的项目名称“学生管理”，然后单击“保存”按钮。

此时，Visual FoxPro 6.0将在指定的磁盘目录位置建立一个名为“学生管理.PJX”的项目文件。此后，在打开该项目文件时将同时打开“项目管理器”窗口，如图1.13所示。

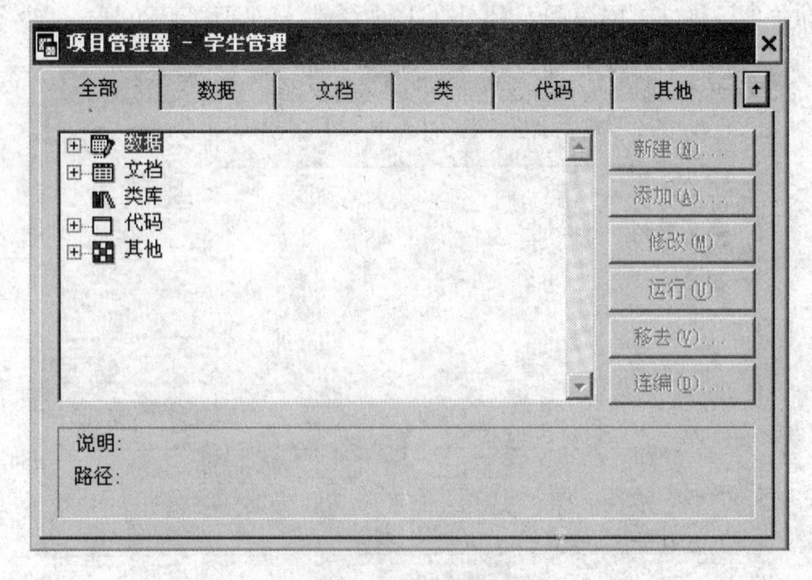

图1.13 “学生管理”项目

2. 项目管理器的操作

开发数据库应用程序时，可以先创建完成有关的各个数据和程序文件，然后再创建一个项目将它们添加到这个项目中来。也可以先创建一个项目，然后再在该项目中创建所包含的各个相关文件。

需要说明的是：包含在项目中的每个文件仍是以独立文件形式存在的，通常所说的某个项目包含了某些文件仅仅表明这些文件已与该项目建立起了一种联系。

(1) 创建文件

用户可以利用项目管理器来创建各种文件，在项目管理器中创建的文件将自动被包含在当前打开的项目文件中。在项目中创建一个新文件的步骤是：

① 在“项目管理器”窗口的某个选项卡中选定要创建的文件类型。例如选取“数据库”可创建一个数据库文件，选取“自由表”可创建一个自由表文件。

② 单击“新建”按钮，或者执行“项目”菜单下的“新建文件”命令，即可打开相应的设计器创建一个新文件。

(2) 添加文件

利用项目管理器可将已经存在的文件添加到打开的项目文件中，其操作步骤为：

① 在“项目管理器”窗口的某个选项卡中选定要添加的文件类型。例如选取“自由表”即可添加一个自由表文件。

② 单击“添加”按钮，或者执行“项目”菜单下的“添加文件”命令，在弹出的“打开”对话框中选择要添加的文件，然后单击“确定”按钮。

(3) 修改文件

在项目管理器中可修改任意一个本项目中指定的文件，其操作步骤为：

① 在“项目管理器”窗口的某个选项卡中选定要修改的某个具体文件，例如选定数据库中的一个数据表。

② 单击“修改”按钮，或者执行“项目”菜单下的“修改文件”命令，Visual FoxPro 6.0 将根据所要修改的文件类型启动相应的设计器并打开要修改的文件。

③ 在设计器中修改指定的文件，修改完成后存盘退出。

(4) 移去文件

如果要从项目中移去某个文件，可打开该项目并在项目管理器中进行如下操作：

① 在“项目管理器”窗口的某个选项卡中选定要移去的文件。

② 单击“移去”按钮，或者执行“项目”菜单下的“移去文件”命令，Visual FoxPro 6.0 将弹出如图 1.14 所示的对话框。

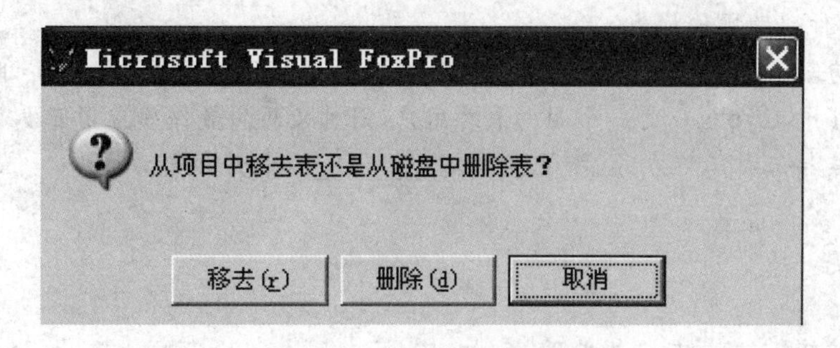

图 1.14　移去或删除对话框

③ 如果单击对话框中的“移去”按钮，将从本项目中移去所选定的文件，被移去的文件仍保存在原来的磁盘位置上；如果单击对话框中的“删除”按钮，则不仅从项目中移去所选定

的文件,而且被移去的文件还将被从磁盘上删除。

习　题　1

一、选择题

1. 现在大多数数据库都采用何种数据模型?(　　)

A. 关系　　B. 层次

C. 树型　　D. 图形

2. 关系模型的一个关系可用一张二维表表示,它是 Visual FoxPro 中的一个(　　)。

A. 数据表文件　　B. 记录

C. 字段　　D. 数据库文件

3. 启动 Visual FoxPro 6.0 后屏幕上出现两个窗口:一个是 Visual FoxPro 6.0 的主窗口,另一个是(　　)窗口。

A. 文本　　B. 命令

C. 帮助　　D. 对话框

4. 以下不属于关系运算的操作为(　　)。

A. 选择　　B. 投影

C. 联系　　D. 连接

二、填空题

1. 用二维表的形式来表示实体之间联系的数据模型叫做________。

2. 二维表中的列称为关系的________,二维表中的行称为关系的________。

3. 在关系数据库的基本操作中,从表中取出满足条件元组的操作称为________,把两个关系中相同属性值的元组连接到一起形成新的二维表的操作称为________,从表中抽取属性值满足条件列的操作称为________。

4. 实体与实体之间的联系有三种:一对一联系、________联系和________联系。

5. Visual FoxPro 6.0 是一个面向最终用户,同时又面向数据库应用开发人员的数据库管理系统,它支持三种工作方式,即菜单方式、________和程序执行方式。

三、简答题

1. 什么是信息、数据与数据处理?

2. 数据库技术的发展经历了哪几个发展阶段?

3. 在 Visual FoxPro 6.0 中,构成一个关系必须满足的条件有哪些?

4. 简述 Visual FoxPro 6.0 的特点。

第2章　Visual FoxPro 6.0 语言基础

本章导读

本章介绍 Visual FoxPro 6.0 语言的基础知识，主要包括数据类型、常量与变量、运算符及表达式、函数、命令等内容。Visual FoxPro 可以处理很多类型的数据，常量和变量是数据运算和处理的基本对象，运算符、表达式和函数体现了语言对数据的运算和处理能力，命令是用户与系统交互的重要方式。因此，学习和掌握 Visual FoxPro 6.0 语言的基础知识至关重要，可为今后学习 Visual FoxPro 编程打下良好的基础。

知识点

- Visual FoxPro 的数据类型
- 常量和变量
- 运算符与表达式
- 函数
- 命令

2.1　Visual FoxPro 的数据类型

数据类型决定了数据的取值范围，不同类型的数据在计算机内的存储形式不同，并且不同数据类型所支持的运算也不相同。只有类型相同的数据之间才能直接运算，否则就会出现类型不匹配的错误。Visual FoxPro 6.0 具有丰富的数据类型。

1. 字符类型(Character)

字符类型数据包括普通字符类型和二进制字符类型两种。

(1) 普通字符类型(Character)

普通字符类型简称字符类型。它是由 ASCII 字符集、汉字、数字、符号等组成的一个字符串，其长度不超过 254 个字节。普通字符类型数据作为常量使用时，必须用定界符括起来。定界符可为双引号(“”)、单引号(‘’)或方括号([])，并且定界符必须成对使用。例如，“北京天安门”、‘China’、[江山如此多娇]，都是字符类型数据。

当字符类型数据本身含有某种定界符时，应该选择另外一种定界符作为字符类型数据的定界符。例如，[子曰：“学而时习之，不亦悦乎？有朋自远方来，不亦乐乎？人不知而不愠，不亦君子乎？”]是一字符类型数据，其中的双引号是字符类型数据的一部分，方括号才是字符类型数据的定界符。

(2) 二进制字符类型(Binary Character)

二进制字符类型与字符类型基本相同，只是在代码页改变时，其值不会随之改变。代码页要求不同语系的国家必须使用不同的代码。当代码页改变时，Visual FoxPro 6.0 会自动转换成相应的语系，但二进制字符类型数据却不能随着代码页的改变而自动转变。该数据类型主要用于在表中存储不同国家的用户密码等。

2. 数值型(Numeric)

数值型数据用来表示数量，它包含数字 0～9，以及正负号和小数点，如 345、196、3.1415、−156.184 等。

数值型也可用于数据库中表的字段，用户在创建数值型字段时，需确定小数部分的长度，并将其作为总长度的一部分。数值型字段的总长度等于该字段的整数位数＋小数位数＋1，其中“1”表示小数点占用 1 位。

3. 浮点型(Float)

包含此类型是为了提供数据兼容性，在功能上包括在数值型之中。

4. 双精度型(Double Float)

当需要存储精度较高、位数固定的数值，或者存储真正的浮点数值时，可使用双精度型代替数值型。

双精度型只能用于表中的字段。在表中设置双精度型字段与设置数值型不同，双精度型的宽度是固定的，因为它代表的是该字段实际占用的字节数是 8，用户只能设置小数位的宽度；而设置数值型时，宽度和小数位都可设置，此时设置的只是显示的宽度。

5. 整型(Integer)

如果对性能和表的存储空间要求严格，可使用整数字段类型保存信息。因为整型字段在表中以二进制存储，只占用 4 个字节的存储空间，所以整型字段比其他类型所需的内存都少，而且二进制值不需要做 ASCII 转换。整型也只能用于表中的字段。

6. 货币型(Currency)

货币型用来存储与货币有关的数据。货币型数据以 8 个字节存储，取值范围从 −922337203685477.5808到＋922337203685477.5807。在表达式中使用货币型数据时，应在数据前加上前缀“$”。Visual FoxPro 6.0 中，货币型数据仅保留 4 位小数。货币型数据同数值型数据一样均能进行各种运算。

7. 日期型(Date)

日期型是用来表示日期的数据类型，其缺省格式为：mm/dd/yy，mm 代表月份，dd 代表日，yy 代表年份，日期型数据的长度固定为 8 位。注意，当输入此类数据时，应采用{^yyyy/mm/dd}的格式，而数据的显示格式则因设置不同而不同。

8. 日期时间型(Date Time)

日期时间型数据是用来表示日期和时间的数据类型，其缺省格式是：mm/dd/yy hh：mm：ss，其中，前半部分表示日期，与日期型相同；后半部分表示时间，hh 代表小时，mm 代表分，ss 代表秒。在创建表时，它的长度固定为 8。例如，执行“?{^2009/12/25 17:30:25}”命令，屏幕显示信息为：12/25/2009 05:30:25 PM。

9. 逻辑型(Logical)

逻辑型数据是用来进行各种逻辑判断的数据，只有两个值，即逻辑真(.T.)和逻辑假(.F.)，其长度固定为 1 个字节，在输入时，常用 T、t、Y 或 y 来表示逻辑真(.T.)，用 F、f、N 或 n 来表示逻辑假(.F.)。

10. 备注型(Memo)

备注型的符号是M,该类型用于数据块的存储,宽度固定为4个字节,字段内容并不存储在记录中,而是存放在系统为每个含有备注型字段的表自动建立的一个和表同名的备注文件(扩展名为.FPT)中,记录中仅存储指向备注文件中相应内容的指针。

11. 通用型(General)

通用型的符号是G,通用型数据用于存储OLE对象,具体内容可以是电子表格、文档、图片等,这些OLE对象是由其他支持OLE的应用程序建立的。通用型数据只能用于数据表中字段的定义,通用型字段在表中的长度为4个字节,而OLE对象的实际内容、类型、数据取决于具体的OLE对象以及是链接还是嵌入。如果采用链接OLE对象方法,则表中只包含对OLE对象中数据的引用说明,以及创建该OLE对象的应用程序的引用说明。如果采用嵌入OLE对象方法,则表中除包含对创建该OLE对象的应用程序的引用外,还包含OLE对象中的实际数据,此时,通用型字段的长度仅受限于内存的可用空间。

2.2 常量和变量

计算机的处理对象是数据,在实际生活中,有的数据始终固定不变,如3.14159、1981、"I am a student"、[北京欢迎您]等,而有的数据是可以被改变的,这就是所谓的常量和变量。

2.2.1 常量

所谓常量是指其值始终保持不变的量。常量用于描述现实生活中固定不变的数据,它相当于数学中的常数。每个常量都属于某一确定的数据类型,Visual FoxPro 6.0中常用的常量类型有字符型常量、数值型常量、逻辑型常量、日期型常量、日期时间型常量、货币型常量。

1. 字符型常量

字符型常量是用定界符括起来的由英文、汉字、数字或空格组成的字符串。定界符可以为单引号、双引号、方括号,且必须成对使用。当某一种定界符本身是字符型常量的一部分时,必须选用另外一种定界符。

例如,"安徽三联学院"、'信息与通信技术系'、[电子信息工程专业]、[She say "I am a doctor"]都是字符型常量。

2. 数值型常量

数值型常量又简称数字,由数字(0～9)、小数点和正负号组成,是可以进行算术运算的常数。例如,200、-123、9.127等都是合法的数值型常量。

3. 逻辑型常量

逻辑型常量由表示判断结果为"真"或"假"的符号组成,它只有两个值:.T.和.F.,或.t.和.f.。

4. 日期型常量

日期型常量是由一对花括号括起来的日期型数据,其一般格式为:{^yyyy/mm/dd},其中，yyyy 是表示年份的四位数字，mm 是表示月份的两位数字，dd 是表示日的两位数字。各部分之间用分隔符进行分隔，系统默认的分隔符为斜杠(/)，除此之外，常用的分隔符还有连字符(-)、句点(.)等。

例如，{^2009/06/18}、{^2008-03-12}、{^2009.05.16}等都是合法的日期型常量。

5. 日期时间型常量

日期时间型常量默认的格式为{^yyyy/mm/dd　hh:mm:ss}，前半部分表示日期，与日期型常量相同；后半部分表示时间，hh 代表小时，mm 代表分，ss 代表秒。需要注意的是，日期和时间数据间必须有空格。

例如，{^2009/12/25　09:18:45}、{^2009/02/25　19:16:42}、{^2009/02/20　09:08:05}等都是合法的日期时间型常量。

6. 货币型常量

货币型常量用来表示货币值，其书写格式为在数字前加上一“$”。货币型常量在存储和运算时保留 4 位小数，多于 4 位小数时采用四舍五入。

2.2.2　变量

变量是指在命令操作或程序运行期间，其值可以被改变的量。Visual FoxPro 6.0 的变量分为字段变量、内存变量和系统内存变量三大类。

由于表中的各条记录对同一个字段名可能取值不同，因此，表中的字段名就是变量，称为字段变量。

内存变量是内存中的一个存储区域，变量值就是存放在这个存储区域里的数据，变量的类型取决于变量值的类型。例如，当把一个常量赋给一个变量时，这个常量就被存放到该变量对应的存储位置中而成为该变量新的取值。在 Visual FoxPro 6.0 中，变量的类型可以改变，也就是说，可以把不同类型的数据赋给同一个变量。

内存变量的数据类型包括字符型(C)、数值型(N)、货币型(Y)、逻辑型(L)、日期型(D)和日期时间型(T)。

系统内存变量一般是与系统内部环境设置有关的变量。Visual FoxPro 6.0 提供一批系统内存变量，它们都以下划线开头，分别用于控制外部设备(如打印机、鼠标等)、屏幕输出格式或处理有关计算器、日历、剪贴板等方面的信息。

每一个变量都有一个名字，可以通过变量名访问变量。如果当前表中存在一个同名的字段变量，则在访问内存变量时，必须在变量名前加上前缀“M.”(或“M->”)，否则系统将访问同名的字段变量。

向内存变量赋值不必事先定义，在赋值时若变量不存在，系统会自动建立。变量的赋值有以下两种格式：

- **〈内存变量名〉=〈表达式〉**

功能：一次只能对一个变量赋值。

- **STORE〈表达式〉TO〈内存变量名表〉**

功能：一次可对多个变量赋相同的值，多个内存变量名之间用逗号分开。

说明：

(1) 等号一次只能给一个内存变量赋值；STORE 命令可以同时给若干个变量赋相同的

值,各内存变量名之间必须用逗号分开。

(2) 在 Visual FoxPro 6.0 中,一个变量在使用之前并不需要特别的声明或定义。当用 STORE 命令给变量赋值时,如果该变量并不存在,那么系统会自动建立它。

(3) 可以通过对内存变量重新赋值来改变其内容和类型。

【例 2.1】 内存变量和字段变量的访问。这里用到一个表文件"XSDA.DBF",其结构如下:

XSDA(学号 C(8),姓名 C(6),性别 C(2),出生日期 D(8))

在命令窗口键入的命令和主屏幕显示的内容如下:

```
USE  XSDA     &&USE 是打开表的命令
LIST     &&LIST 是显示表中各条记录的命令
记录号  学号        姓名    性别    出生日期
    1  DS1030011   李明    女      03/22/82
    2  DS1030021   赵业    男      05/20/83
    3  DS1030015   李艳梅  女      01/22/83
    4  DS1050010   黄丽    女      01/15/82
    5  DS1050021   周超    男      03/13/82
? 姓名,性别,学号                 && 显示内存变量
李明  女  DS1030011
STORE "赵刚" TO 姓名             && 用字符串向内存变量"姓名"赋值
Y=500                            && 用数值型常量 500 赋值内存变量 Y
XM=姓名                          && 用字段变量赋值内存变量 XM
STORE  10  TO  Xl,X2             && 对两个内存变量 X1、X2 赋相同值
STORE  .t.  TO  Q                && 用逻辑常量赋值内存变量 Q
? 姓名,M.姓名,X1,X2,Y
李明  赵刚  10  10  500
```

2.2.3 数组

数组是一组按一定顺序排列的内存变量,数组中的各个变量称为数组元素,每个数组元素可以通过数组名和下标进行访问,数组必须先定义后使用。

数组定义格式为:

格式 1:**DIMENSION 〈数组名〉(〈下标上限 1〉[,〈下标上限 2〉][,…])**

格式 2:**DECLARE 〈数组名〉(〈下标上限 1〉[,〈下标上限 2〉][,…])**

功能:定义一个一维或二维数组,同时定义该数组的下标上限。

说明:

(1) 定义数组时必须指定数组名、数组维数、数组的大小。系统规定数组的下标下限为 1。

(2) 数组中各个元素的位置由下标决定。

(3) 数组定义后,数组中各元素的初始值为.f.。

(4) 数组中各元素的取值类型可以互不相同。

(5) 在同一运行环境中,数组名不能与简单内存变量名相同。

(6) 在一切使用简单内存变量的地方,均可以使用数组元素。

(7) 在赋值语句和输入语句中使用数组名时,表示对该数组的所有元素赋同一值。

例如,"DIMENSION x(5),y(2,3)"命令定义了两个数组:

一维数组 x 含 5 个元素:x(1),x(2),x(3),x(4),x(5)。

二维数组 y 含 6 个元素:y(1,1),y(1,2),y(1,3),y(2,1),y(2,2),y(2,3)。

整个数组的数据类型为 A(Array),而各个数组元素可以分别存放不同类型的数据。

(8) 可以用一维数组的形式访问二维数组。

例如,上面定义的数组 y 中的各元素用一维数组形式可依次表示为:y(1),y(2),y(3),y(4),y(5),y(6),其中 y(4)与 y(2,1)是同一变量。

2.2.4 内存变量的操作

1. 内存变量的赋值

格式 1:**STORE 〈表达式〉 TO 〈变量名表〉**

格式 2:**〈内存变量名〉=〈表达式〉**

功能:计算表达式并将表达式值赋给一个或多个内存变量,格式 2 只能给一个变量赋值,变量的类型与表达式值的类型相一致。

2. 表达式值的显示

格式 1:? [**〈表达式列表〉**]

格式 2:?? **〈表达式列表〉**

功能:计算表达式列表中的各表达式并输出各表达式值。

不管有没有指定表达式列表,格式 1 最终都会输出一个回车换行符。如果指定了表达式列表,先输出各表达式值,然后换行将后续值在下一行的起始处输出。

格式 2 不会输出一个回车换行符,各表达式值在当前行的光标所在处直接输出,只有输出超出屏幕列宽时,才由系统自动换行。

3. 内存变量的显示

格式 1:**LIST MEMORY [LIKE 〈通配符〉][TO PRINTER|TO FILE 〈文件名〉]**

格式 2:**DISPLAY MEMORY [LIKE 〈通配符〉][TO PRINTER|TO FILE 〈文件名〉]**

功能:显示内存变量的当前信息,包括变量名、作用域、类型、取值。

选用 LIKE 短语只显示与通配符相匹配的内存变量。通配符包括"*"和"?","*"表示任意多个字符,"?"表示任意一个字符。

可选子句"TO PRINTER"或"TO FILE 〈文件名〉"用于在显示的同时送往打印机,或者存入给定文件名的文本文件中,文件的扩展名为. txt。

"LIST MEMORY"一次显示与通配符匹配的所有内存变量,如果内存变量多,一屏显示不下,则自动向上滚动。"DISPLAY MEMORY"分屏显示与通配符匹配的所有内存变量,如果内存变量多,显示一屏后暂停,按任意键之后再继续显示下一屏。

4. 内存变量的清除

格式 1:**CLEAR MEMORY**

格式 2:**RELEASE 〈内存变量名表〉**

格式 3:**RELEASE ALL [EXTENDED]**

格式 4:**RELEASE ALL [LIKE 〈通配符〉|EXCEPT〈通配符〉]**

功能:格式 1 清除所有内存变量。格式 2 清除指定的内存变量。

格式 3 清除所有的内存变量。在人机会话状态其作用与格式 1 相同。如果出现在程序中,则应该加上短语“ENTENDED”,否则不能删除公共内存变量。

格式 4 选用“LIKE”短语清除与通配符相匹配的内存变量,选用“EXCEPT”短语清除与通配符不相匹配的内存变量。

例如,“RELEASE ALL LIKE AB * ”表示只清除变量名以“AB”开头的所有内存变量。“RELEASE ALL EXCEPT X?”表示将现有的内存变量中除变量名为两个字符并且以“X”开头的变量之外的其他内存变量清除。但如果出现在程序中,该命令不能清除公共内存变量。

【例 2.2】 在命令窗口中依次输入下列命令,注意命令执行后的输出情况。

```
CLEAR MEMORY
DIMENSION y(2,2)
STORE  "xxx"  TO xl,y(1,1)
y(3)={^2001-03-23}
x2=$123.23
LIST MEMO LIKE y *
Y          Pub          A
    ( 1,  1)           C      "xxx"
    ( 1,  2)           L      .F.
    ( 2,  1)           D      03/23/01
    ( 2,  2)           L      .F.
RELEASE ALL LIKE y *
X={^2001-08-22,11:30p}
LIST MEMO LIKE x *
X     Pub    T  08/22/01 11:30:00 PM
X1    Pub    C  "xxx"
X2    Pub    Y  123.2300
STORE 32.35 TO A
STORE "安徽三联学院" TO B
STORE .T. TO C
LIST MEMO LIKE ?
A        Pub    N      32.35               (32.35000000)
B        Pub    C    安徽三联学院
C        Pub    L      .T.
```

5. 表中数据与数组数据之间的交换

表文件的数据内容是以记录的方式存储和使用的,而数组是把一批数据组织在一起的数据处理方法,为了使它们之间方便地进行数据交换,以利于程序的使用,Visual FoxPro 提供了相互之间数据传递的功能,可以方便地完成表记录与内存变量之间的数据交换。

(1) 将表的当前记录复制到数组

格式 1：**SCATTER [FIELDS 〈字段名表〉][MEMO]TO 〈数组名〉[BLANK]**

格式 2：**SCATTER [FIELDS LIKE 〈通配符〉|FIELDS EXCEPT 〈通配符〉][MEMO]**

TO 〈数组名〉[BLANK]

格式 1 的功能是将表的当前记录从指定字段名表中的第一个字段内容开始，依次复制到数组名中的从第一个数组元素开始的内存变量中。如果不使用“FIELDS”短语指定字段，则复制除备注型 M 和通用型 G 之外的全部字段。

如果事先没有创建数组，系统将自动创建；如果已创建的数组元素个数少于字段数，系统自动建立其余数组元素；如果已创建的数组元素个数多于字段数，其余数组元素的值保持不变。

若选用“MEMO”短语，则同时复制备注型字段。若选用“BLANK”短语，则产生一个空数组，各数组元素的类型和大小与表中当前记录的对应字段相同。

格式 2 的功能是用通配符指定包括或排除的字段。“FIELDS LIKE〈通配符〉”和“FIELDS EXCEPT〈通配符〉”可以同时使用。

【例 2.3】 打开表文件“XSCJ. dbf”，包括 8 个字段：学号(C,6)，姓名(C,10)，语文(N,3)，数学(N,3)，英语(N,3)，电算(N,3)，总分(N,5.1)，平均分(N,3.1)。当前记录为第 1 记录，把它复制到数组 X 中：

```
USE  XSCJ      && 打开学生成绩表
SCATTER  TO  X
? X(1),X(2),X(3),X(4),X(5),X(6),X(7),X(8)
DS1030015 李艳梅    80  70  90  80  320.0  80.0
```

(2) 将数组数据复制到表的当前记录

格式 1：**GATHER FROM 〈数组名〉[FIELDS 〈字段名表〉][MEMO]**

格式 2：**GATHER FROM 〈数组名〉[FIELDS LIKE 〈通配符〉|**

FIELDS EXCEPT 〈通配符〉][MEMO]

格式 1 的功能是将数组中的数据作为一个记录复制到表的当前记录中。从第一个数组元素开始，依次向字段名表指定的字段填写数据。如果缺省“FIELDS”选项，则依次向各个字段复制，如果数组元素个数多于记录中字段的个数，则多余部分被忽略。若选用“MEMO”短语，则在复制时包括备注型字段，否则备注型字段不予考虑。

格式 2 的功能是用通配符指定包括或排除的字段。“FIELDS LIKE〈通配符〉”和“FIELDS EXCEPT〈通配符〉”可以同时使用。

【例 2.4】 打开表文件“XSCJ. dbf”，追加一条空记录，将数组 X 中的内容复制到空记录中。注意数组中各个数组元素的数据类型必须与字段的数据类型对应一致。

```
DIMENSION  X(8)     && 创建一个一维数组
X(1)="DS1050022"
X(2)="张倩"
X(3)=85
X(4)=90
X(5)=90
X(6)=75
```

```
X(7)=340
X(8)=85
USE XSCJ                    && 打开学生成绩表
APEND BLANK                 && 在表中追加一条空记录
GATHER FROM  X
? 学号,姓名,语文,数学,英语,电算,总分,平均分      && 显示字段变量
DS1050022  张倩  85  90  90  75  340.0  85.0
```

6. 内存变量和数组的作用域

(1) 全局变量

定义为全局变量(Public)的内存变量和数组在应用程序,过程,自定义函数以及它们调用的程序、过程和自定义函数中都有效。即使程序结束,全局内存变量和数组也不被释放。

定义全局变量的命令格式为:

PUBLIC 〈变量名列表〉

释放全局变量的命令格式为:

RELEASE|CLEAR ALL|CLEAR MEMORY

(2) 私有变量

定义为私有变量(Private)的内存变量和数组可以在定义它的程序以及被该程序调用的子程序中有效。一旦定义它的程序运行完毕,私有内存变量和数组将从内存中释放。

定义私有变量的命令格式为:

PRIVATE 〈变量名列表〉

(3) 本地变量

定义为本地变量(Local)的内存变量和数组只能在定义它的程序内有效。当定义它的程序运行结束时,本地内存变量和数组将从内存中释放。

定义本地变量的命令格式为:

LOCAL 〈变量名列表〉

2.3 运算符与表达式

Visual FoxPro 6.0 中常用的运算符有算术运算符、字符串运算符、日期时间运算符、关系运算符和逻辑运算符。用运算符把常量、变量和函数连接起来构成一个有意义的式子,称为表达式。每个表达式都有一个确定的值,表达式值的类型即为该表达式的数据类型。

2.3.1 算术运算符与数值表达式

算术运算符主要用于对数值型数据进行算术运算。算术运算符如表 2.1 所示。

表 2.1 算术运算符

运算符	名 称	优先级	说 明
( )	括号	1	形成表达式内的子表达式
^或 **	乘方	2	乘方运算
*、/、%	乘、除、求余	3	乘、除、求余运算
+、-	加、减	4	加、减运算

用算术运算符连接数值数据可以组成数值型表达式。数值型表达式的运算结果是数值型数据。算术运算符的优先级依次为:括号→乘方→乘、除、求余→加、减。同一优先级运算按照从左到右的顺序依次进行。

例如,计算 3+(5+3**4)-20/5-3*14%5 时,Visual FoxPro 6.0 按照如下顺序进行计算:

```
3+(5+3**4)-20/5-3*14%5        && 先进行括号内的乘方计算
=3+(5+81)-20/5-3*14%5         && 计算括号内数据
=3+86-20/5-3*14%5             && 计算除、乘和求余
=3+86-4-2                     && 计算加、减
=83
```

2.3.2 字符串运算符与字符表达式

字符串运算符用于连接两个字符类型数据。字符串运算符有两种,它们是"+"和"-",其优先级相同。由字符串运算符连接而成的式子称为字符串表达式,字符串表达式的结果仍为字符类型数据。两种字符串运算符如下:

+:将前后两个字符串首尾连接在一起,构成一个新的字符串。

-:连接前后两个字符串,并将前一个字符串尾部的空格移到合并之后新串的尾部。

字符串运算符按从左到右的顺序进行运算。

【例 2.5】 执行下列命令,查看运行结果。

```
?"I "+"am "+"a student"          && 屏幕显示为:I am a student
?"向雷锋"-"同志"+"学习"          && 屏幕显示为:向雷锋同志学习
?"我们"-"一定"+"要努力  "-"学习  "+"天天向上"
&& 屏幕显示为:我们一定要努力学习    天天向上
```

2.3.3 日期时间运算符与日期表达式

日期时间运算符也只有两个,它们是"+"和"-",由"+"和"-"将日期型数据、数值型数据连接起来构成一个有意义的式子,称为日期表达式,日期表达式返回值的类型为日期型或数值型。日期表达式的格式如下:

格式 1:〈**日期**〉+〈**天数**〉 或 〈**天数**〉+〈**日期**〉

功能:求指定日期若干天后的日期,返回值类型为日期类型。

格式 2:〈**日期**〉－〈**天数**〉

功能:求指定日期若干天前的日期,返回值类型为日期类型。

格式 3:〈**日期**〉－〈**日期**〉

功能:计算两个指定日期之间相差的天数,返回值类型为数值类型。

注意:日期表达式的格式有一定的限制,不能任意组合。

【例 2.6】 执行下列命令,查看运行结果。

```
? {^2009/08/06}+2          && 屏幕显示为:09/08/09
? {^2002/07/30}-200        && 屏幕显示为:01/11/02
```

2.3.4 关系运算符与关系表达式

关系运算符用于字符型、数值型、日期型数据的比较运算,由关系运算符连接而成的式子称为关系表达式。关系表达式的一般形式为:〈**表达式 1**〉**关系运算符**〈**表达式 2**〉。如果比较关系成立,其运算结果为真;如果关系不成立,其运算结果为假。关系表达式的运算结果为逻辑值(.t.或.f.)。关系运算符及含义如表 2.2 所示,其优先级相同。

表 2.2 关系运算符

运算符	名 称	运算符	名 称
＞	大于	＞＝	大于或等于
＜	小于	＜＝	小于或等于
＝	等于	＝＝	字符串精确比较
＜＞、!＝、#	不等于	$	字符串包含于

说明:

(1) 关系运算符按从左到右的顺序进行运算。

(2) 关系运算符大于、小于、等于、大于或等于、小于或等于、不等于与数学上对应的运算符意义相似。

(3) 用“$”比较字符串时,如果前一字符串是后一字符串的子串,则结果为逻辑真;否则,结果为逻辑假。

(4) 等于运算符“＝”比较数值型数据时,与数学上的等号意义相同;在做字符串比较时,按照自左向右的顺序依次比较两个字符串,当“＝”后面的字符串是它前面字符串的子串时,结果为真,否则结果为假。

(5) 字符串精确比较运算符“＝＝”用于字符串精确比较,只有两个字符串完全相同时,结果才为真,否则为假。

【例 2.7】 执行下列命令,查看运行结果。

```
? 150>-34                                       && 屏幕显示为:.T.
?"ABCD"<"ABC"                                   && 屏幕显示为:.F.
? {^2007/04/15}>{^2009/08/13}                   && 屏幕显示为:.F.
?"I am" $ "I am a student"                      && 屏幕显示为:.T.
?"Visual FoxPro 6.0"==" Visual foxPro 6.0"      && 屏幕显示为:.F.
```

?. T. >. F. && 屏幕显示为:. T.

由上例显示结果可以得出关系运算符比较数据的一般规则:

(1) 数值型数据按其值的大小进行比较。

(2) 字符按其 ASCII 码值进行比较。

(3) 字符串按从左向右的顺序,依次比较每一个字符,直到字符串尾部。

(4) 日期型数据按日期的先后进行比较,越早的日期值越小。

(5) 逻辑类型数据比较,逻辑值为真(. T.)大于逻辑值为假(. F.)。

2.3.5 逻辑运算符与逻辑表达式

逻辑运算符用于对逻辑型数据进行运算。逻辑运算符有:逻辑非(NOT 或!),逻辑与(AND),逻辑或(OR)。用逻辑运算符连接而成的式子称为逻辑表达式,逻辑表达式的结果仍为逻辑型数值。

逻辑表达式的格式为:

(1) **NOT 表达式** 或 **! 表达式**

(2) **〈表达式 1〉** AND **〈表达式 2〉**

(3) **〈表达式 1〉** OR **〈表达式 2〉**

逻辑运算符及其真值表如表 2.3 所示。

表 2.3 逻辑运算符及其真值表

NOT 表达式	表达式的值	AND 表达式	表达式的值	OR 表达式	表达式的值
NOT . T.	. F.	. F. AND . T.	. F.	. F. OR . T.	. T.
NOT . F.	. T.	. F. AND . F.	. F.	. F. OR . F.	. F.
		. T. AND . F.	. F.	. T. OR . F.	. T.
		. T. AND . T.	. T.	. T. OR . T.	. T.

从真值表中可以看出,AND 运算符的两个操作数只有同时为真时,其表达式的结果才为真,有一个为假时,表达式的结果即为假;OR 运算符的两个操作数只有同时为假时,其表达式的结果才为假,有一个为真时,表达式的结果即为真。

逻辑运算符的优先顺序为:NOT→AND→OR。同一级别运算按从左到右的顺序进行。

【例 2.8】 执行下列命令,查看屏幕运行结果。

```
? NOT "ABC" > "AB"                      && 屏幕显示为:. F.
? . F. OR "AB" $ "ABCD"                 && 屏幕显示为:. T.
? 45<-13 AND 7>6 OR "AB" $ "CDE"        && 屏幕显示为:. F.
```

在 Visual FoxPro 6.0 中,不同类型运算符的优先级为:算术运算符→关系运算符→逻辑运算符。各种运算符的优先级如表 2.4 所示。

表 2.4 算术、关系、逻辑运算符的优先级

运算	优先级	运算符	含义
算术运算	8	()	圆括号
	7	^或**	乘方
	6	×	乘
		/	除
		%	求余
	5	+	加
		−	减
关系运算	4	<	小于
		<=	小于或等于
		>	大于
		>=	大于或等于
		=	等于
		==	精确匹配
		#或<>或!=	不等于
		$	字符串包含于
逻辑运算	3	NOT 或!	逻辑非
	2	AND	逻辑与
	1	OR	逻辑或

2.4 函 数

Visual FoxPro 6.0 提供的函数十分丰富,共有 300 多种,除此之外,还允许用户自己根据实际需要定义函数以满足用户的特殊需求。函数是用程序来实现的一种数据运算或转换。每一个函数都有特定的数据运算或转换功能,它往往需要若干个自变量,即运算对象,但只能有一个运算结果,称为函数值或返回值。函数可以用函数名加一对圆括号加以调用,自变量放在圆括号里,如“TRIM("ABCD")”、“MAX(80,60)”等。

函数调用可以出现在表达式里,表达式将函数的返回值作为自己运算的对象。函数调用也可作为一条命令使用,但此时系统忽略函数的返回值。

在使用函数的过程中,要注意以下几个方面:

(1) 函数的一般形式为:**函数名([参数列表])**。

(2) 函数名、参数和函数值是函数的三要素,没有参数的函数称为无参函数。

(3) 函数对参数的个数、参数的类型有一定要求,使用函数时要注意参数的个数和参数

的类型必须符合函数的要求，否则会产生参数个数及参数类型不匹配错误。

(4) 每个函数都有返回值，函数的类型即为函数返回值的类型。

Visual FoxPro 6.0 提供的函数类型丰富，按函数的功能来分，常用的函数可分为数值函数、字符函数、日期和时间函数、数据类型转换函数和测试函数等类型。

2.4.1 数值函数

数值函数主要用于数值运算，其参数及返回值的类型为数值型。常用的数值函数有：

1. 绝对值函数

格式：**ABS(〈数值表达式〉)**

功能：返回表达式的绝对值。

【例 2.9】
```
? ABS(50)          && 屏幕显示为:50
? ABS(-48.5)       && 屏幕显示为:48.5
? ABS(-2*5.5)      && 屏幕显示为:11
```

2. 符号函数

格式：**SIGN(〈数值表达式〉)**

功能：SIGN()返回指定数值表达式的符号。当表达式的运算结果为正、负和零时，函数值分别为 1、-1 和 0。

【例 2.10】
```
? SIGN(30)         && 屏幕显示为:1
? SIGN(-36)        && 屏幕显示为:-1
? SIGN(0)          && 屏幕显示为:0
```

3. 取整函数

格式 1：**INT(〈数值表达式〉)**

功能：返回数值表达式的整数部分。

格式 2：**CEILING(〈数值表达式〉)**

功能：返回大于或等于指定数值表达式的最小整数。

格式 3：**FLOOR(〈数值表达式〉)**

功能：返回小于或等于指定数值表达式的最大整数。

【例 2.11】
```
? INT(45.85)       && 屏幕显示为:45
? INT(-15.15)      && 屏幕显示为:-15
STORE 5.8 TO x
? INT(x), INT(-x), CEILING(x), CEILING(-x), FLOOR(x),
FLOOR(-x)
&& 屏幕显示为:5      -5      6      -5      5      -6
```

4. 平方根函数

格式：**SQRT(〈数值表达式〉)**

功能：返回指定数值表达式的算术平方根，自变量表达式的值不能为负值。

【例 2.12】
```
? SQRT(3)          && 屏幕显示为:1.73
? SQRT(25)         && 屏幕显示为:5.00
```

5. 四舍五入函数

格式:**ROUND(〈数值表达式 1〉,〈数值表达式 2〉)**

功能:返回指定数值表达式 1 在指定位置四舍五入后的结果。〈数值表达式 2〉指明四舍五入的位置。若〈数值表达式 2〉大于等于 0,那么它表示的是要保留的小数位数;若〈数值表达式 2〉小于 0,那么它表示的是整数部分的舍入位数。

【例 2.13】 ? ROUND(65.1281,3)　　&& 屏幕显示为:65.128
? ROUND(45.48,0)　　&& 屏幕显示为:45
? ROUND(15.584,-1)　　&& 屏幕显示为:20

6. 最大值和最小值函数

(1) 最大值函数

格式:**MAX(〈表达式 1〉,〈表达式 2〉[,〈表达式 3〉…])**

功能:求各个表达式中的最大值,若各表达式为日期表达式,则返回最近的日期表达式的值。

(2) 最小值函数

格式:**MIN(〈表达式 1〉,〈表达式 2〉[,〈表达式 3〉…])**

功能:求各个表达式中的最小值,若各表达式为日期表达式,则返回最远的日期表达式的值。

自变量表达式的类型可以是数值型、字符型、货币型、双精度型、浮点型、日期型和日期时间型,但所有表达式的类型必须相同。

【例 2.14】 ? MAX(80,-34)　　&& 屏幕显示为:80
? MIN({^2004/09/09}, {^2009/08/07})　　&& 屏幕显示为:09/09/04
? MAX(30, -40, 90)　　&& 屏幕显示为:90
? MAX({^2008/01/10}, {^2004/09/16})　　&& 屏幕显示为:01/10/08

7. 求余函数

格式:**MOD(〈数值表达式 1〉,〈数值表达式 2〉)**

功能:返回两个数值相除后的余数。〈数值表达式 1〉是被除数,〈数值表达式 2〉是除数。余数的正负号与除数相同。如果被除数与除数同号,那么函数值即为两数相除的余数;如果被除数与除数异号,则函数值为两数相除的余数再加上除数的值。

【例 2.15】 ? MOD(10,3),MOD(10,-3),MOD(-10,3),MOD(-10,-3)
&& 屏幕显示为:　　1　　-2　　2　　-1

8. 随机函数

格式:**RAND([N])**

功能:返回 0~1 的随机小数。

9. 指数函数

格式:**EXP(〈数值表达式〉)**

功能:求以自然常数 e 为底、以数值表达式的值为指数的值。

10. 对数函数

(1) 自然对数

格式:**LOG(〈数值表达式〉)**

功能:求以自然常数 e 为底的数值表达式值的对数。

(2) 常用对数

格式:**LOG10(〈数值表达式〉)**

功能:求以 10 为底的数值表达式值的常用对数。

【例 2.16】 ? LOG(2.72)　　　　&& 屏幕显示为:1.00
　　　　　　? LOG10(1000)　　　&& 屏幕显示为:3.00

2.4.2　字符函数

字符函数的处理对象一般为字符型数据,但函数的返回值类型可能不同。

1. 字符串长度函数

格式:**LEN(〈字符串表达式〉)**

功能:计算字符串表达式的长度即字符的个数,当字符串表达式为空串时,函数的返回值为 0。

【例 2.17】 ? LEN("Microsoft WORD2007")　　&& 屏幕显示为:18
　　　　　　? LEN("北京欢迎您")　　　　　&& 屏幕显示为:10

2. 空格函数

格式:**SPACE(〈数值表达式〉)**

功能:返回由数值表达式值指定数目的空格组成的字符串。

3. 大小写转换函数

格式:**LOWER(〈字符表达式〉)**
　　UPPER(〈字符表达式〉)

功能:LOWER()将指定字符表达式值中的大写字母转换成小写字母,其他字符不变。
　　UPPER()将指定字符表达式值中的小写字母转换成大写字母,其他字符不变。

【例 2.18】 ? LOWER("VisuAL FoxPRo 6.0")　&& 屏幕显示为:visual foxpro 6.0
　　　　　　? UPPER("VisuAL FoxPRo 6.0")　&& 屏幕显示为:VISUAL FOXPRO 6.0

4. 删除空格函数

格式:**TRIM(〈字符表达式〉)**
　　LTRIM(〈字符表达式〉)
　　ALLTRIM(〈字符表达式〉)

功能:TRIM()返回指定字符表达式值去掉尾部空格后形成的字符串。
　　LTRIM()返回指定字符表达式值去掉前导空格后形成的字符串。
　　ALLTRIM()返回指定字符表达式值去掉前导和尾部空格后形成的字符串。

【例 2.19】 ? "ABC " + "CD EF"　　　　&& 屏幕显示为: ABC CD EF
　　　　　　? LTRIM("ABC ")+"CD EF"　　&& 屏幕显示为: ABC CD EF
　　　　　　? ALLTRIM("ABC ")+"CD EF"　&& 屏幕显示为: ABCCD EF

5. 取字符串函数

格式:**LEFT(〈字符表达式〉,〈长度〉)**
　　RIGHT(〈字符表达式〉,〈长度〉)
　　SUBSTR(〈字符表达式〉,〈起始位置〉[,〈长度〉])

功能:LEFT()从指定字符表达式值的左端取一个指定长度的子串作为函数值。

RIGHT()从指定字符表达式值的右端取一个指定长度的子串作为函数值。

SUBSTR()从指定字符表达式值的指定起始位置取指定长度的子串作为函数值。

在SUBSTR()函数中,若缺省第3个自变量〈长度〉,则函数从指定位置一直取到最后一个字符。

【例2.20】 STORE "GOODBYE!" TO x

? LEFT(x,2),SUBSTR(x,6,2)+SUBSTR(x,6),RIGHT(x,3)

&& 屏幕显示为:GO BYBYE! YE!

6. 复制字符串函数

格式:**REPLICATE(〈字符串表达式〉,N)**

功能:将指定字符串表达式重复N次,返回值为所形成的新字符串。

【例2.21】 ? REPLICATE("GOOD",3) && 屏幕显示为:GOODGOODGOOD

7. 求子串位置函数

格式:**AT(〈字符表达式1〉,〈字符表达式2〉[,〈数值表达式〉])**

ATC(〈字符表达式1〉,〈字符表达式2〉[,〈数值表达式〉])

功能:AT()的函数值为数值型。如果〈字符表达式1〉是〈字符表达式2〉的子串,则返回〈字符表达式1〉值的首字符在〈字符表达式2〉值中的位置;若不是子串,则返回0。第3个自变量〈数值表达式〉用于表明要在〈字符表达式2〉值中搜索〈字符表达式1〉值的第几次出现,其默认值是1。

ATC()与AT()功能类似,但在子串比较时不区分字母大小写。

【例2.22】 STORE "I am a Student. " TO S

? AT("student",S) && 屏幕显示为:0

? ATC("student",S) && 屏幕显示为:8

? AT("a",S,1) && 屏幕显示为:3

8. 字符替换函数

格式:**CHRTRAN(〈字符表达式1〉,〈字符表达式2〉,〈字符表达式3〉)**

功能:该函数的自变量是3个字符表达式。当第1个字符串中的1个或多个字符与第2个字符串中的某个字符相匹配时,就用第3个字符串中的对应字符(相同位置)替换这些字符。如果第3个字符串包含的字符个数少于第1个字符串包含的字符个数,因而没有对应字符时,那么第1个字符串中相匹配的各字符将被删除。如果第3个字符串包含的字符个数多于第2个字符串包含的字符个数,多余字符被忽略。

【例2.23】 ? CHRTRAN("向黄继光同志学习!","黄继光","雷锋")

&& 屏幕显示为:向雷锋同志学习!

? CHRTRAN("计算机技术","计算机","电脑")

&& 屏幕显示为:电脑技术

9. 子串替换函数

格式:**STUFF(〈字符表达式1〉,〈起始位置〉,〈长度〉,〈字符表达式2〉)**

功能:用〈字符表达式2〉替换〈字符表达式1〉中由〈起始位置〉和〈长度〉指明的一个子串。替换和被替换的字符个数不一定相等。如果〈长度〉值是0,〈字符表达式2〉则插在由〈起始位置〉指定的字符前面。如果〈字符表达式2〉值是空串,那么〈字符表达式1〉中由〈起始位置〉和〈长度〉指明的子串被删去。

【例 2.24】 STORE 'GOODBYE!' TO s1

STORE 'MORNING' TO s2

? STUFF(s1,6,3,s2),STUFF(s1,1,4,s2)

&& 屏幕显示为:GOOD MORNING!   MORNINGBYE

10. 字符串匹配函数

格式:**LIKE(〈字符表达式 1〉,〈字符表达式 2〉)**

功能:比较两个字符串对应位置上的字符,若所有对应字符都相匹配,函数返回逻辑真(.T.),否则返回逻辑假(.F.)。

〈字符表达式 1〉中可以包含通配符"*"和"?"。"*"可与任何数目的字符相匹配,"?"可与任何单个字符相匹配。

【例 2.25】 STORE "ABC" TO S

? LIKE("ABC", S),LIKE("abc", S),LIKE("AbC", S)

&& 屏幕显示为:.T. .F. .F.

? LIKE("ABC", S),LIKE("?bc", S),LIKE("A?C", S)

&& 屏幕显示为:.T. .F. .T.

2.4.3 日期时间函数

日期时间函数主要用于对日期时间型参数进行操作,返回值类型可为日期时间类型或其他数据类型。

1. 系统日期和时间函数

格式:**DATE()**

TIME()

DATETIME()

功能:DATE()返回当前系统日期,函数值为日期型。默认格式为 mm/dd/yy,其中 mm 表示月,dd 表示日,yy 表示年。

TIME()以 24 小时制 hh:mm:ss 格式返回当前系统时间,函数值为字符型,其中 hh 表示小时,mm 表示分,ss 表示秒。

DATETIME()返回当前系统日期时间,函数值为日期时间型。

【例 2.26】 ? DATE(),TIME(),DATETIME()

&& 屏幕显示为:03/30/10   10:29:59   03/30/10 10:29:59 AM

2. 求年份、月份、天函数

格式:**YEAR(〈日期表达式〉|〈日期时间表达式〉)**

MONTH(〈日期表达式〉|〈日期时间表达式〉)

DAY(〈日期表达式〉|〈日期时间表达式〉)

功能:YEAR()从指定的日期表达式或日期时间表达式中返回年份。

MONTH()从指定的日期表达式或日期时间表达式中返回月份。

DAY()从指定的日期表达式或日期时间表达式中返回日期中的日。

这 3 个函数的返回值都为数值型。

【例 2.27】 STORE {^2010-03-30} TO rq

? YEAR(rq),MONTH(rq),DAY(rq)

&& 屏幕显示为:2010　3　30

3. 求时、分、秒函数

格式:**HOUR(〈日期时间表达式〉)**

MINUTE(〈日期时间表达式〉)

SEC(〈日期时间表达式〉)

功能:HOUR()从指定的日期时间表达式中返回小时部分(24 小时制)。

MINUTE()从指定的日期时间表达式中返回分钟部分。

SEC()从指定的日期时间表达式中返回秒数部分。

这 3 个函数的返回值都为数值型。

【例 2.28】 STORE　{^2010-03-30 09:30:50AM} TO Time

? HOUR(Time),MINUTE(Time),SEC(Time)

&& 屏幕显示为:9　30　50

2.4.4　数据类型转换函数

数据类型转换函数的功能是将某一种类型的数据转换为另一种类型的数据。常用的数据类型转换函数有以下几种:

1. 数值转换成字符串

格式:**STR(〈数值表达式〉[,〈长度〉[,〈小数位数〉]])**

功能:将〈数值表达式〉的值转换成字符串,转换时根据需要自动进行四舍五入。返回字符串的理想长度 L 应该是〈数值表达式〉值的整数部分位数加上〈小数位数〉值,再加上 1 位小数点。如果〈长度〉值大于 L,则字符串加前导空格以满足规定的〈长度〉要求;如果〈长度〉值大于等于〈数值表达式〉值的整数部分位数(包括负号)但又小于 L,则优先满足整数部分而自动调整小数位数;如果〈长度〉值小于〈数值表达式〉值的整数部分位数,则返回一串星号(*),〈长度〉的默认值为 10,〈小数位数〉的默认值为 0。

【例 2.29】 ? STR(123.4567,8,4)　&& 屏幕显示为:123.4567

? STR(123.4567,8)　&& 屏幕显示为:123

? STR(123.4567)　&& 屏幕显示为:123

? STR(123.4567,2)　&& 屏幕显示为:**

? STR(123.4567,3)　&& 屏幕显示为:123

2. 字符串转换成数值

格式:**VAL(〈字符表达式〉)**

功能:将由数字符号(包括正负号、小数点)组成的字符型数据转换成相应的数值型数据。若字符串内出现非数字字符,那么只转换前面部分;若字符串的首字符不是数字符号,则返回数值零,但忽略前导空格。函数返回值的类型为数值类型。

【例 2.30】 ? VAL("135ABC")　&& 屏幕显示为:135.00

? VAL("30.128")　&& 屏幕显示为:30.13

? VAL("AB135C")　&& 屏幕显示为:0.00

? VAL("1A3B5C")　&& 屏幕显示为:1.00

3. 字符串转换成 ASCII 码值函数

格式:**ASC(〈字符串表达式〉)**

功能:返回字符串表达式值的最左边一个字符的 ASCII 码值。返回值的类型为数值型。

4. ASCII 码值转换成字符函数

格式:**CHR(〈数值表达式〉)**

功能:将数值表达式的值转换为 ASCII 码表中相应的字符。返回值的类型为字符类型。

【例 2.31】 ? ASC("AB105D")　　&& 屏幕显示为:65

? CHR(97)　　&& 屏幕显示为:a

5. 字符串转换成日期时间函数

格式:**CTOD(〈字符表达式〉)**

CTOT(〈字符表达式〉)

功能:CTOD()将〈字符表达式〉值转换成日期型数据。

CTOT()将〈字符表达式〉值转换成日期时间型数据。

字符串中的日期部分格式要与 SET DATE TO 命令设置的格式一致。其中的年份可以用 4 位,也可以用 2 位。如果用 2 位,则世纪由 SET CENTURY TO 语句指定。

【例 2.32】 SET DATE TO YMD

SET CENTURY ON　&& 显示日期或日期时间时,用 4 位数显示年份

X=CTOD('2009/03/12')

Y=CTOT('2009/03/12 08:45:39')

? X,Y

&& 屏幕显示为:2009/03/12　2009/03/12　08:45:39AM

6. 日期时间转换成字符串函数

格式:**DTOC(〈日期表达式〉|〈日期时间表达式〉[,1])**

TTOC(〈日期时间表达式〉[,1])

功能:DTOC()将日期型数据或日期时间型数据的日期部分转换成字符串。

TTOC()将日期时间型数据转换成字符串。

【例 2.33】 ? TTOC ({^2010/03/16　13:15:20 PM})

&& 屏幕显示为:2010/03/16　13:15:20 PM

? DTOC({^2010/03/30})

&& 屏幕显示为:2010/03/30

7. 宏代换函数

格式:**&〈字符型内存变量〉[.〈字符表达式〉]**

功能:替换出字符型内存变量的内容,即 & 的值是变量中的字符串。如果该函数与其后的字符无明确分界,则要用“.”作函数结束标识。宏代换可以嵌套使用。

【例 2.34】 X="ABC"

ABC=58.23

? &X　　&& 屏幕显示为:58.23

? "Y&X"　　&& 屏幕显示为:YABC

2.4.5 测试函数

在数据处理过程中，有时用户需要了解操作对象的状态。例如，要使用的文件是否存在、数据库的当前记录号、是否到达了文件尾、检索是否成功、某工作区中记录指针所指的当前记录是否有删除标记、数据类型等信息。尤其是在运行应用程序时，常常需要根据测试结果来决定下一步的处理方法或程序走向。

1. "空"值测试函数

格式：**EMPTY(〈表达式〉)**

功能：根据指定表达式的运算结果是否为"空"值，返回逻辑真(.T.)或逻辑假(.F.)。

2. NULL 值测试函数

格式：**ISNULL(〈表达式〉)**

功能：判断一个表达式的运算结果是否为 NULL 值，若是 NULL 值则返回逻辑真(.T.)，否则返回逻辑假(.F.)。

注意，这里所指的"空"值与 NULL 值是两个不同的概念。函数 EMPTY(NULL)的返回值为逻辑假(.F.)。其次，该函数自变量表达式的类型除了可以是数值型之外，还可以是字符型、逻辑型、日期型等类型。不同类型数据的"空"值，有不同的规定，如表 2.5 所示。

表 2.5　不同类型数据的"空"值表

数据类型	"空"值	数据类型	"空"值
数值型	0	双精度型	0
字符型	空串、空格、制表符、回车、换行	日期型	空
货币型	0	日期时间型	空
浮点型	0	逻辑型	.F.
整型	0	备注字段	空

3. 数据类型测试函数

格式：**VARTYPE(〈表达式〉[,〈逻辑表达式〉])**

功能：测试〈表达式〉的类型，返回一个大写字母，函数值为字符型。字母的含义如表 2.6 所示。

表 2.6　常用数据类型字符表

数据类型	类型字符	数据类型	类型字符
字符型或备注型	C	通用型	G
数值型、整型、浮点型或双精度型	N	日期型	D
货币型	Y	日期时间型	T
逻辑型	L	NULL	X
对象型	O	未定义	U

4. 表文件首测试函数

格式：**BOF([〈工作区号〉|〈表别名〉])**

功能:测试当前表文件(若缺省自变量)或指定表文件中的记录指针是否指向文件首,若是则返回逻辑真(.T.),否则返回逻辑假(.F.)。表文件首是指第一条记录的前面位置。

若指定工作区上没有打开表文件,函数返回逻辑假(.F.)。若表文件中不包含任何记录,函数返回逻辑真(.T.)。

5. 表文件尾测试函数

格式:**EOF([〈工作区号〉|〈表别名〉])**

功能:测试指定表文件中的记录指针是否指向文件尾,若是则返回逻辑真(.T.),否则返回逻辑假(.F.)。表文件尾是指最后一条记录的后面位置。若缺省自变量,则测试当前表文件。

6. 记录号测试函数

格式:**RECNO([〈工作区号〉|〈表别名〉])**

功能:返回当前表文件(若缺省自变量)或指定表文件中当前记录(记录指针所指记录)的记录号。如果指定工作区上没有打开表文件,函数值为0。如果记录指针指向文件尾,函数值为表文件中的记录数加1。如果记录指针指向文件首,函数值为表文件中第一条记录的记录号。

7. 记录个数测试函数

格式:**RECCOUNT([〈工作区号〉|〈表别名〉])**

功能:返回当前表文件(若缺省自变量)或指定表文件中的记录个数。如果指定工作区上没有打开表文件,函数值为0。

RECCOUNT()返回的是表文件中物理上存在的记录个数。不管记录是否被逻辑删除以及SET DELETED的状态如何,也不管记录是否被过滤(SET FILTER),该函数都会把它们考虑在内。

8. 字段数测试函数

格式:**FCOUNT(〈数值表达式〉)**

功能:测试指定工作区中表文件的字段个数,工作区号由数值表达式的值指定。如果工作区号省略,则表示当前工作区;若指定的工作区无表文件打开,则函数的返回值为0。

9. 字段名测试函数

格式:**FIELD([〈数值表达式〉])**

功能:返回数值表达式指定序号的字段名,返回值为字符类型。

10. 测试记录查找成功函数

格式:**FOUND([〈数值表达式〉])**

功能:测试工作区表的记录查找是否成功,如果成功,则函数返回值为真(.T.),否则函数返回值为假(.F.),工作区号由数值表达式的值指定,如果工作区号省略,则表示当前工作区。

11. 表文件测试函数

格式:**DBF([〈数值表达式〉])**

功能:返回指定工作区的表名,工作区号由数值表达式的值指定,如果工作区号省略,则表示当前工作区。

12. 删除标记测试函数

格式:**DELETED([〈数值表达式〉]|表名)**

功能:测试当前记录是否带有删除标记,如果有删除标记,函数返回值为真(.T.),否则函数返回值为假(.F.)。

【例 2.35】 OPEN DATABASE XSGL

```
USE XSCJ
? BOF()            && 屏幕显示为:.F.
SKIP -1
? BOF()            && 屏幕显示为:.T.
? RECNO()          && 屏幕显示为:1
GO BOTTOM
? EOF()            && 屏幕显示为:.F.
SKIP 1
? EOF()            && 屏幕显示为:.T.
? RECOUNT()        && 屏幕显示为:6
? FIELD(2)         && 屏幕显示为:姓名
LOCATE FOR XH="DS1030021"
? FOUND()          && 屏幕显示为:.T.
? DBF()            && 屏幕显示为:C:\VFP\DATABASE\XSCJ.DBF
```

13. 条件测试函数

格式:**IIF(〈逻辑表达式或关系表达式〉,〈表达式 1〉,〈表达式 2〉)**

功能:首先测试逻辑表达式或关系表达式的值,若为真(.T.)则返回表达式 1 的值,若为假(.F.)则返回表达式 2 的值。

【例 2.36】 X="BEI JING HUAN YING NIN!"

```
Y="BEI JING"
? IIF(Y $ X,"北京欢迎您!","欢迎") && 屏幕显示为:北京欢迎您!
```

2.5 命　　令

Visual FoxPro 6.0 中拥有几百条命令,其功能非常强大,对数据库和数据表的操作可以通过窗口、程序和命令方式进行。数据库管理系统中的命令比一般程序设计语言中的语句更加精炼,功能更强。掌握一些常用的命令可以使操作更方便、更快捷。

2.5.1 命令的格式

Visual FoxPro 6.0 的命令通常由两个部分组成:命令动词和命令子句。命令动词也称命令关键字,表明该命令执行什么操作;命令子句用于说明命令操作的对象、操作条件、范围等。Visual FoxPro 6.0 命令的一般格式为:

命令动词 [〈范围〉] [[FIELDS]〈字段名表〉] [FOR〈条件〉] [WHILE〈条件〉]

说明:

(1) 命令动词一般为英文动词,表示进行何种操作。

(2) 范围子句规定命令操作的作用范围,通常有以下几种形式:

ALL　　　　　表示表中全部记录

RECORD N　　表示表中记录号为 N 的记录

NEXT N　　　表示从表的当前记录开始向下 N 条记录

REST　　　　表示从表的当前记录开始到表的最后一条记录之间的所有记录

(3) “[FIELDS]〈字段名表〉”表示对字段名表中的各字段进行操作。

(4) “FOR〈条件〉”和“WHILE〈条件〉”表示对满足条件的记录进行操作。

“FOR〈条件〉”和“WHILE〈条件〉”在使用时注意有几点不同:

① FOR〈条件〉是从表的首记录开始进行判断,WHILE〈条件〉是从当前记录开始进行判断。

② FOR〈条件〉对表中所有满足条件的记录进行操作;WHILE〈条件〉则从当前开始满足条件的记录进行操作,当遇到不满足条件的记录时则停止操作,不管以后有没有满足条件的记录。

③ FOR〈条件〉和 WHILE〈条件〉在某些命令中可单独使用,也可同时使用,WHILE〈条件〉优先于 FOR〈条件〉。

2.5.2 命令书写的规则

Visual FoxPro 6.0 命令的书写规则如下:

(1) 每条命令以命令动词开头,命令动词后的子句选项顺序任意排列。

(2) 命令动词与子句选项之间、子句选项与子句选项之间必须用空格分隔。

(3) 命令动词、子句选项中的关键字可以只写前 4 个字符,不区分大小写。

(4) 一条命令长度可达 8192 个字符,长命令可通过续行符(;)分成多行来写。

习　题　2

一、选择题

1. 关于表的备注型字段与通用型字段,以下叙述中错误的是(　　)。

　A. 字段宽度都不能由用户设定

　B. 都能存储文字和图像数据

　C. 字段宽度都是 4

　D. 存储的内容都保存在与表文件名相同的.FTP 文件中

2. 以下表达式中不能返回字符串值“FoxPro”的是(　　)。

　A. "Fox"+"Pro"　　　　　　B. TRIM("Fox　"-"Pro")

　C. ALLTRIM("　Fox"+"Pro")　　D. "Fox"-"Pro　"

3. 在 Visual FoxPro 中,以下函数返回值不是数值型的是(　　)。

A. LEN("Visual FoxPro")

B. AT("This", "ThisForm")

C. YEAR(DATE())

D. LEFT("ThisForm", 4)

4. 在 Visual FoxPro 中，表结构中的逻辑型、通用型、日期型字段的宽度由系统自动给出，它们分别为(　　)。

A. 1、4、8　B. 4、4、10　C. 1、10、8　D. 2、8、8

5. 在 Visual FoxPro 中，存储图像的字段类型应该是(　　)。

A. 备注型　B. 通用型　C. 字符型　D. 双精度型

6. 在 Visual FoxPro 中，下面 4 个关于日期或日期时间的表达式中，错误的是(　　)。

A. {^2002.02.01 11:10:10AM}－{^2001.09.01 11:10:10AM}

B. {^01/91/2003}＋20

C. {^2003.02.01}＋{^2001.02.01}

D. {^2000/02/01}－{^2001/02/01}

7. 在 Visual FoxPro 中，如果希望一个内存变量只限于在本过程中使用，说明这种内存变量的命令是(　　)。

A. PRIVATE　B. PUBLIC

C. LOCAL　D. 在程序中直接使用的内存变量

8. 在下面的 Visual FoxPro 表达式中，运算结果是逻辑真的是(　　)。

A. EMPTY(.NULL.)　B. LIKE('acd', 'ac?')

C. AT('a', '123abc')　D. EMPTY(SPACE(2))

9. 设 D=5>6，命令“? VARTYPE(D)”的输出值是(　　)。

A. L　B. C　C. N　D. D

10. 在下列函数中，函数值为数值的是(　　)。

A. BOF()　B. CTOD('05/01/96')

C. AT('人民','中华人民共和国')　D. SUBSTR(DTOC(DATE()),7)

二、填空题

1. 函数 MOD(－42,－3)的返回值为________。

2. 设 n=234，m=432，k=“m＋n”，表达式 1＋&k 的值是________。

3. 在 Visual FoxPro 中说明数组后，数组的每个元素在未赋值之前的默认值是________。

4. 函数 BETWEEN(40,34,50)的运算结果是________。

5. D 型和 L 型字段变量宽度固定，其所占字节数分别为________、________。

6. 定义公共变量、私有变量和局部变量分别使用命令________、________、________。

7. 命令“? ROUND(337.2007,3)”的执行结果是________。

8. 命令“? LEN("THIS IS MY BOOK")”的执行结果是________。

9. TIME()返回值的数据类型是________。

10. 执行命令“STORE {^2009-05-01} TO rq”后，函数 DAY(rq)的值是________。

第3章 数据库的管理

本章导读

在计算机技术中，一切可被计算机接收并处理的信息都可视为数据，人们使用计算机就需要对这些数据进行管理，大量数据需要合理地组织存放，以便于对信息的加工与利用，Visual FoxPro 6.0 就是一种实现上述功能的数据库管理软件。本章重点介绍如何建立表结构，存入数据，以及对表中数据进行查找、增加、删除、修改、排序、求和、分类统计等操作。

知识点

- 表的基本操作
- 表的排序与索引
- 数据检索与统计
- 数据完整性
- 多表的操作

3.1 数据库的建立及操作

3.1.1 数据库的建立

通常情况下，建立数据库的常用方法有以下三种：

1. 在项目管理器中建立数据库

具体操作步骤如下：

(1) 打开项目管理器，在“数据”选项卡中选择“数据库”，如图 3.1 所示。

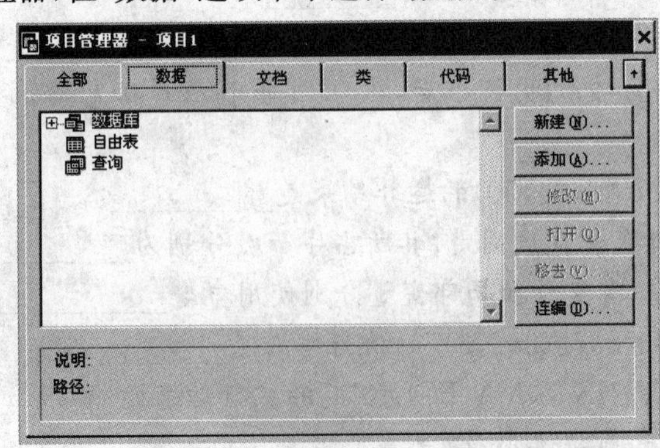

图 3.1 “项目管理器”窗口

(2) 单击“新建”按钮，出现“新建数据库”对话框，如图 3.2 所示。

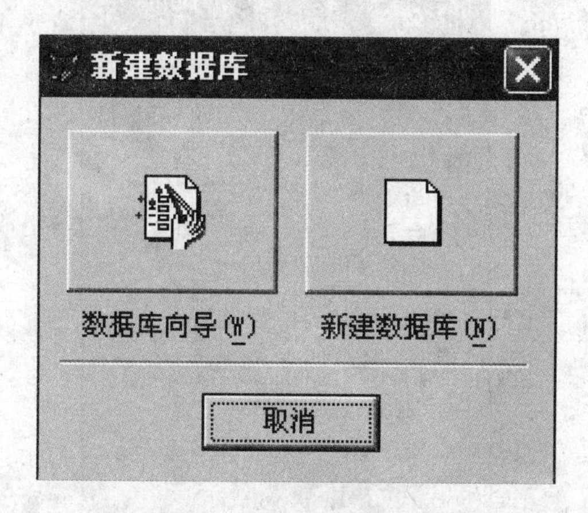

图 3.2 “新建数据库”窗口

(3) 单击“新建数据库”按钮后，弹出“创建”对话框，在“数据库名”文本框中输入新建的数据库名，如图 3.3 所示。

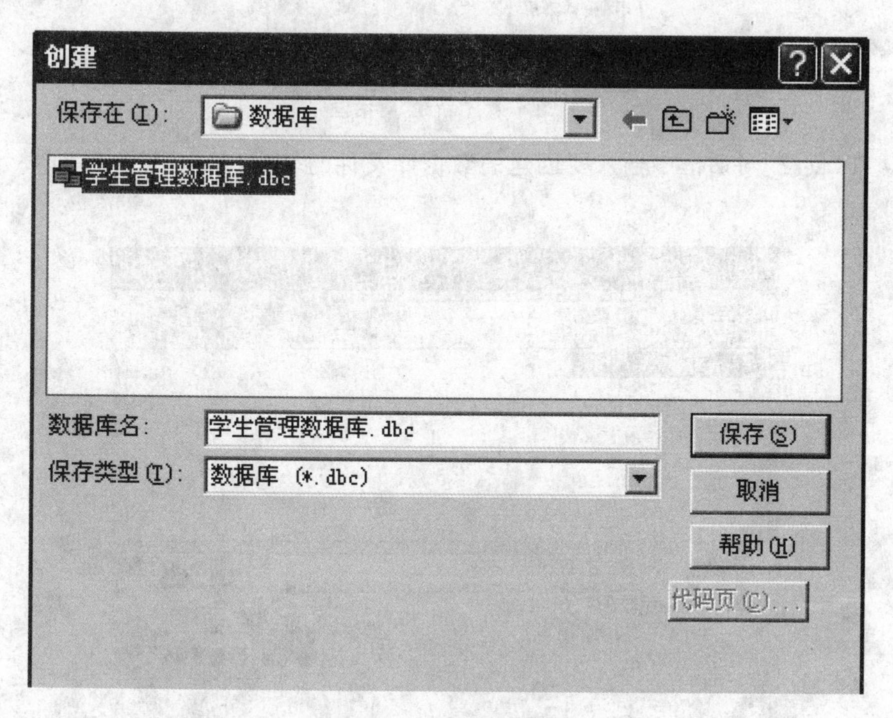

图 3.3 “创建”对话框

(4) 单击“保存”按钮即可完成数据库的建立。

2. 通过“新建”对话框建立数据库

具体操作步骤如下：

(1) 单击“文件”菜单下的“新建”选项或单击常用工具栏上的“新建”按钮，出现“新建”对话框，如图 3.4 所示。

(2) 在“文件类型”组件框中选择“数据库”，单击“新建文件”按钮。

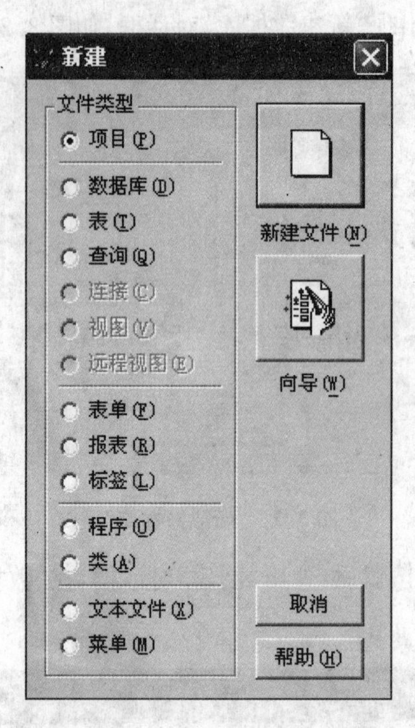

图 3.4 "新建"对话框

(3) 在"创建"对话框中输入要创建的数据库文件的名字,单击"保存"按钮,如图 3.5 所示。

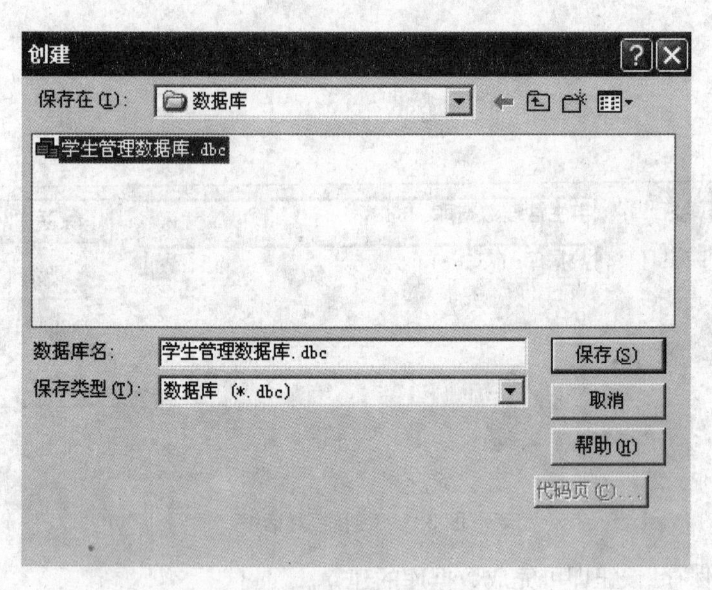

图 3.5 保存文件

3. 使用命令交互建立数据库

命令格式:**CREATE DATABASE** [〈数据库名〉|?]

功能:创建并打开一个数据库。

说明:

(1)〈数据库名〉是指定要创建的数据库的名称。数据库文件的扩展名.dbc 可以省略,由系统默认。

(2) 若省略〈数据库名〉或使用“?”,则 VFP 将弹出“创建”对话框,提示用户输入表文件名和指定保存位置。

(3) 用这种方法建立的数据库不会自动放入项目管理器中,而且创建数据库后不会自动打开“数据库设计器”窗口。

【例 3.1】 如图 3.6 所示,在命令窗口输入“CREATE DATABASE 学生管理数据库”。

图 3.6 命令窗口

如果按下回车键,则会在当前路径下新建一个名为“学生管理数据库”的库文件。

以上 3 种方法都可以建立一个新数据库,如果指定的数据库已经存在,以前的数据库很可能会被覆盖。如果系统环境参数 SAFETY 设置为 OFF 则直接覆盖,否则会提示用户确认。

3.1.2 数据库的打开

在数据库中建立表、查询或使用数据库中的表、查询时,必须先打开数据库。打开数据库的方式有三种:

1. 在项目管理器中打开数据库

首先在项目管理器窗口下切换到“数据”选项卡,然后选择其中要打开的数据库,如图 3.7所示,再单击窗口右侧的“修改”命令按钮,则弹出该数据库的数据库设计器。

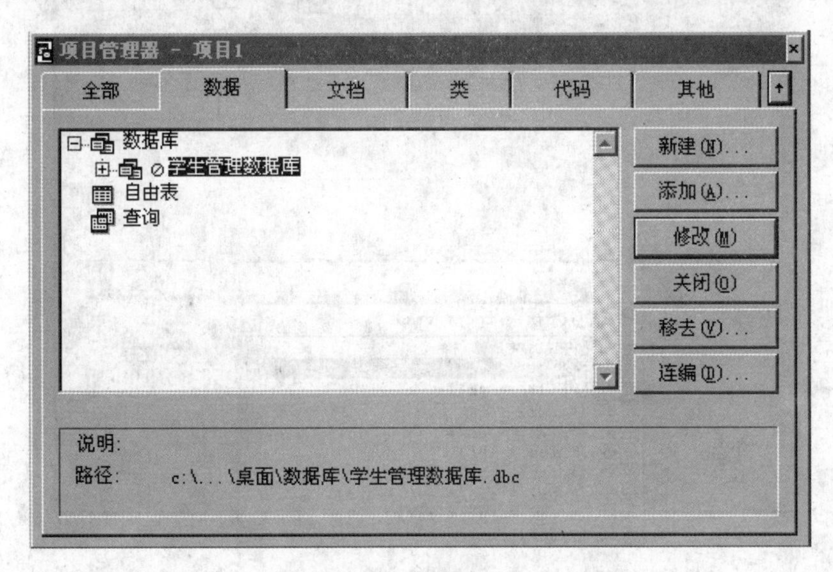

图 3.7 选择数据库

2. 通过"打开"对话框打开数据库

具体操作步骤如下：

(1) 单击"文件"菜单下的"打开"选项或单击常用工具栏上的"打开"按钮，出现"打开"对话框，如图 3.8 所示。

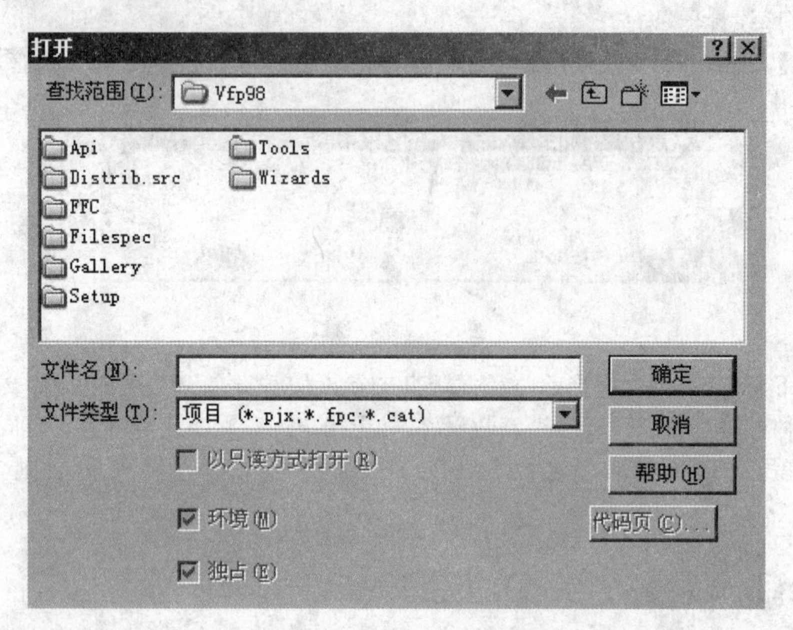

图 3.8 "打开"对话框

(2) 从"查找范围"中选择要打开的文件夹，然后在"文件类型"中选择"数据库(*.dbc)"，如图 3.9 所示。

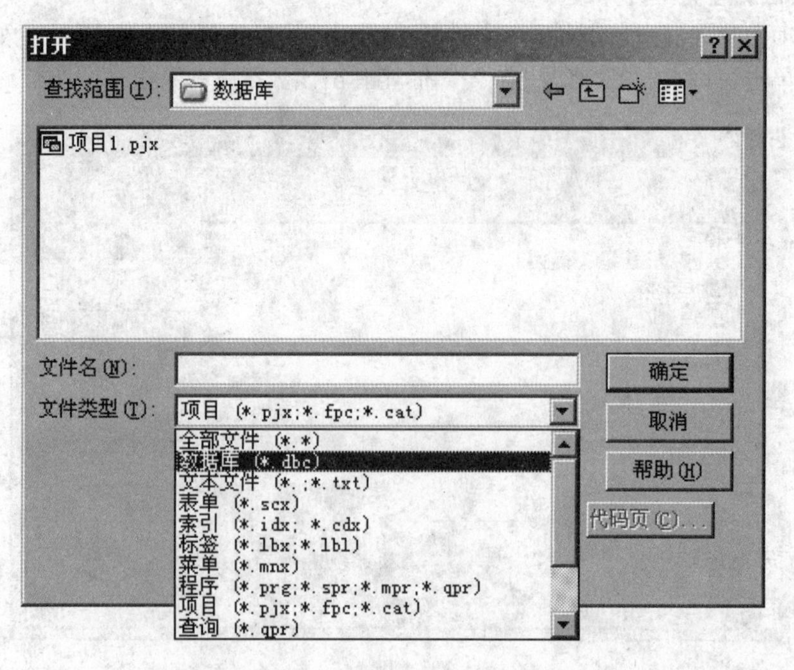

图 3.9 "打开"对话框

(3) 选择或输入文件名,如图 3.10 所示,单击“确定”按钮。

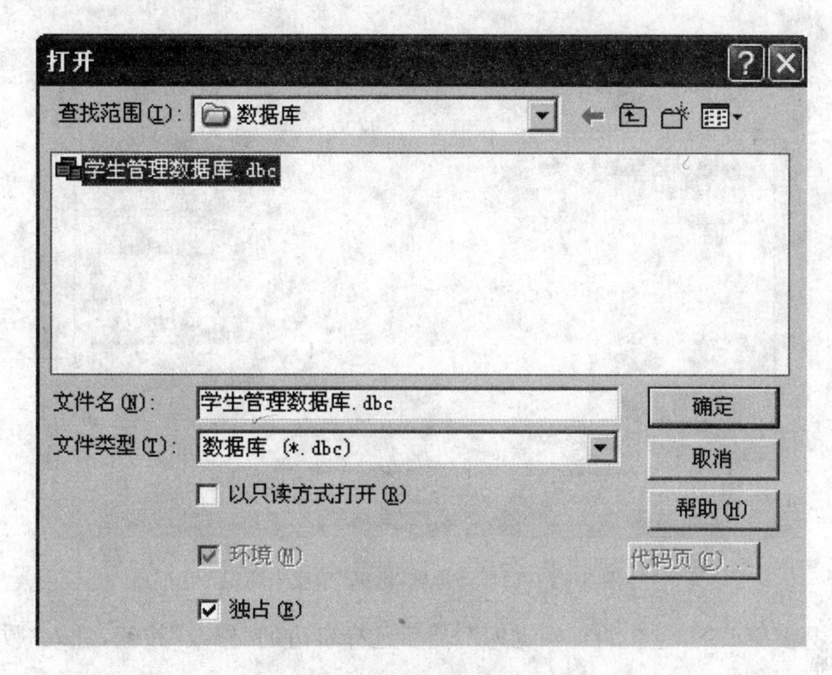

图 3.10 “打开”对话框

3. 用命令方式打开数据库

命令格式:**OPEN　DATABASE　[〈数据库名〉|?]**

[EXCLUSIVE|SHARED][NOUPDATE][VALIDATE]

功能:打开一个指定名称的数据库。

说明:

(1) 如果省略〈数据库名〉或使用“?”,则系统会弹出“打开”对话框;如果缺省扩展名,系统默认为.dbc。

(2) EXCLUSIVE:以“独占”方式打开数据库,不允许其他用户在同一时刻也使用该数据库。

(3) SHARED:以“共享”方式打开数据库,允许其他用户在同一时刻使用该数据库。

(4) NOUPDATE:指定数据库按只读方式打开。

(5) VALIDATE:检查在数据库中引用的对象是否合法。

【例 3.2】 以“独占”方式打开“学生管理”数据库,可在命令窗口中键入如下命令:

OPEN DATABASE 学生管理.dbc EXCLUSIVE

3.1.3 数据库的修改

1. 在项目管理器中修改数据库

Visual FoxPro 6.0 中数据库的修改可以通过“数据库设计器”来实现。用这种方式来修改数据库,必须先打开“数据库设计器”,然后通过“数据库设计器”来完成对数据库的修改操作。操作步骤如下:

(1) 首先打开数据库所在的项目管理器,并选择项目管理器中的“数据”选项卡,如

图 3.11所示。

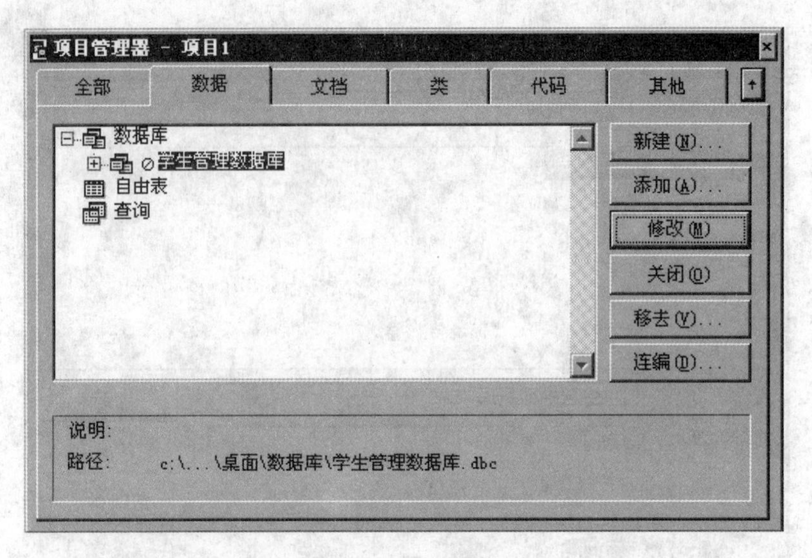

图 3.11　项目管理器“数据”选项卡窗口

(2) 选择要修改的“学生管理数据库”,然后选择右边的“修改”按钮,进入“数据库设计器”,如图 3.12 所示。

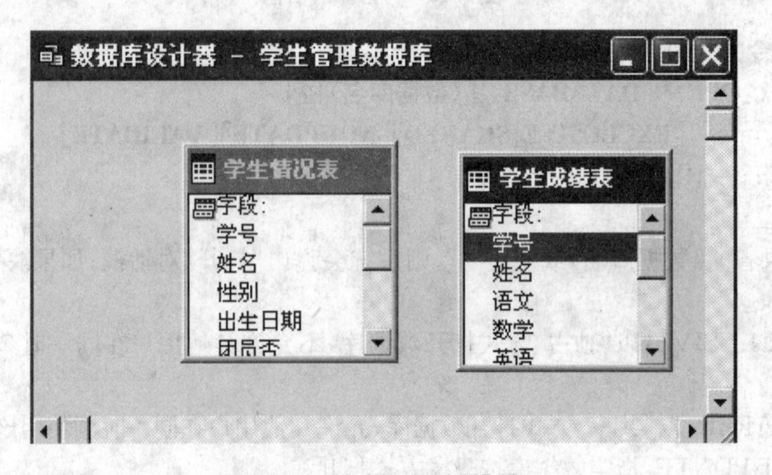

图 3.12　“数据库设计器”窗口

(3) 在图 3.12 所示的窗口中就可以对数据库中的各种资源进行修改、编辑操作了。

2. 通过“打开”对话框进入数据库设计器

从“打开”对话框打开数据库则会自动打开“数据库设计器”,并进入如图 3.12 所示界面窗口。

3. 使用命令方式打开数据库设计器

命令格式:**MODIFY DATABASE [〈数据库名〉|?] [NOEDIT] [NOWAIT]**

功能:修改指定名称的数据库文件。

说明:

(1) 如果省略〈数据库名〉或使用“?”,将出现“打开”对话框,要求用户选择要打开的数据库。

(2) NOWAIT:该选项只在程序方式中使用,在命令窗口下无效。

(3) NOEDIT:表示允许打开数据库,但不允许修改。

【例 3.3】 在命令窗口中输入如下命令:

MODIFY DATABASE 学生管理数据库

该命令执行以后,将打开当前路径下名为"学生管理数据库"的库文件,并进入如图 3.12 所示界面窗口。

3.1.4 数据库的删除

在 Visual FoxPro 6.0 系统中,要删除一个数据库文件,一般有以下两种方法:

1. 在项目管理器中删除数据库

具体操作步骤如下:

(1) 在"项目管理器"的"数据"选项卡中选择要删除的数据库,然后单击"移去",这时会出现提示对话框,如图 3.13 所示。

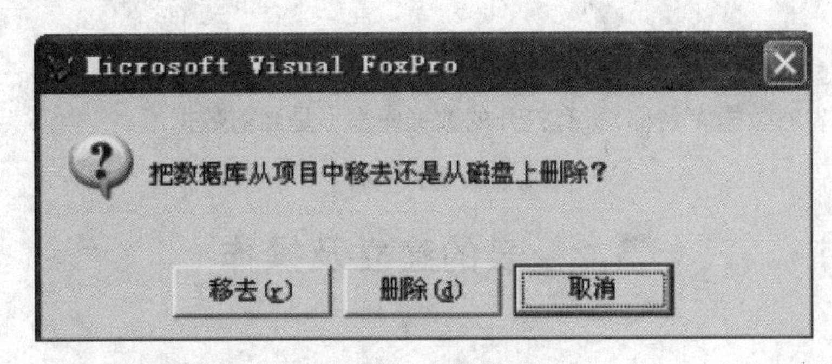

图 3.13 移去对话框

(2) 单击"删除"按钮即可。

需要提醒的是,"移去"是指从项目管理器中删除数据库,但并不从磁盘上删除相应的数据库文件;而"删除"是指从项目管理器中删除数据库,并从磁盘上删除相应的数据库文件。

2. 使用命令方式删除数据库

格式:**DELETE DATABASE [〈数据库文件名〉| ?] [DELETETABLES][RECYCLE]**

功能:删除数据库文件。

说明:

(1)〈数据库文件名〉指定要删除的数据库,此时要删除的数据库必须处于关闭状态。

(2) 使用"?"则会自动打开"删除"对话框,请用户选择要删除的数据库文件。

(3) DELETETABLES 表示在删除数据库的同时从磁盘上删除该数据库所含的表等。

(4) RECYCLE 表示将删除的数据库文件和表文件等放入回收站中,需要时还可以还原它们。

【例 3.4】 在命令窗口中输入如下命令:

DELETE DATABASE 学生管理数据库

该命令执行以后,将删除当前路径下名为"学生管理数据库"的数据库文件。

3.1.5 数据库管理的其他操作

1. 关闭数据库

(1) 利用菜单关闭打开的数据库

单击“文件”菜单下“关闭”菜单命令可以关闭当前数据库。

(2) 利用命令关闭数据库

格式:**CLOSE DATABASE [ALL]**

功能:关闭当前或所有的数据库文件。

说明:指定 ALL 选项,则关闭所有打开的数据库文件;如果没有此选项,则将关闭当前数据库文件。

2. 设置当前数据库命令

格式:**SET DATABASE TO [〈数据库名〉]**

功能:设置当前数据库。

说明:

(1) 〈数据库名〉指定一个打开的数据库,使它成为当前数据库。

(2) 如果省略数据库名称,所有打开的数据库都不是当前数据库。

3.2 表的建立及操作

3.2.1 数据库表的建立

一个数据库中的数据就是由表的集合构成的,一般一个表对应于磁盘上的一个扩展名为. dbf 的文件,如果有备注或通用型字段则磁盘上还会有一个对应扩展名为. fpt 的文件。在数据库中建立的表叫做数据库表,数据库表的建立方法有以下几种:

1. 应用“文件”菜单下的“新建”选项创建数据库表

具体操作步骤如下:

(1) 打开要操作的数据库。

(2) 单击“文件”菜单的“新建”选项,进入“新建”对话框,如图 3.14 所示。

(3) 在“文件类型”中选择“表”,再选择右边的“新建文件”按钮,进入“创建”对话框,如图 3.15 所示。

(4) 输入要创建的表的名称,则进入“表设计器”对话框,如图 3.16 所示。

(5) 在表设计器中分别定义字段名、类型、宽度等,完成后单击“确定”按钮,出现输入记录提示对话框,如图 3.17 所示。

(6) 选择“是”,可立即输入记录;选择“否”,暂不输入记录。

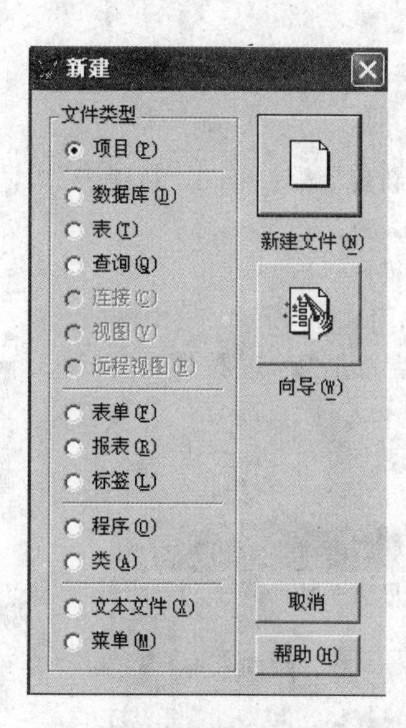

图 3.14 “新建”对话框

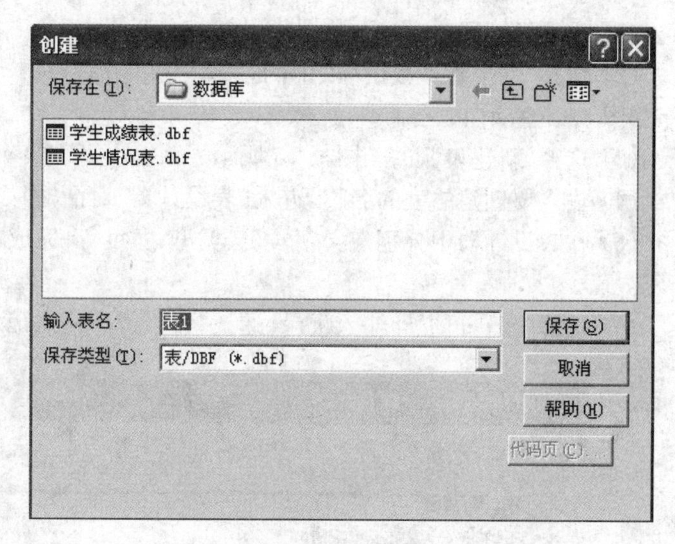

图 3.15 “创建”对话框

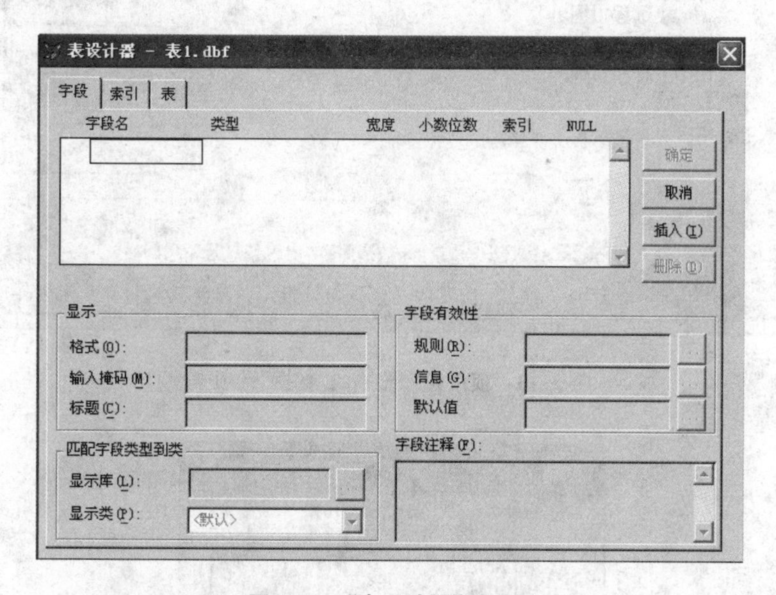

图 3.16 “表设计器”对话框

图 3.17 输入记录提示对话框

2. 应用“项目管理器”创建表

具体操作步骤如下：

(1) 在项目管理器下打开数据库，如图 3.18 所示。

(2) 选择“学生管理数据库”中的“表”，并单击右边的“新建”按钮，出现“新建表”对话框，如图 3.19 所示。

(3) 选择“新建表”，进入图 3.15 所示界面。

(4) 输入要创建的表的名称，进入“表设计器”对话框，如图 3.16 所示。

(5) 在表设计器中分别定义字段名、类型、宽度等，完成后单击“确定”按钮，进入图 3.17 所示界面。

(6) 选择“是”，可立即输入记录；选择“否”，暂不输入记录。

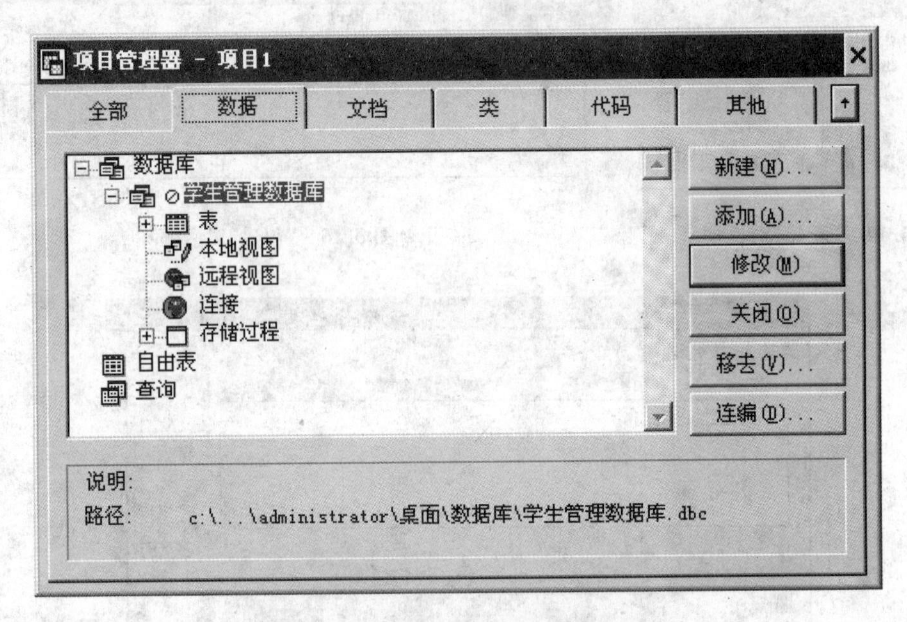

图 3.18　项目管理器中的“数据”选项卡

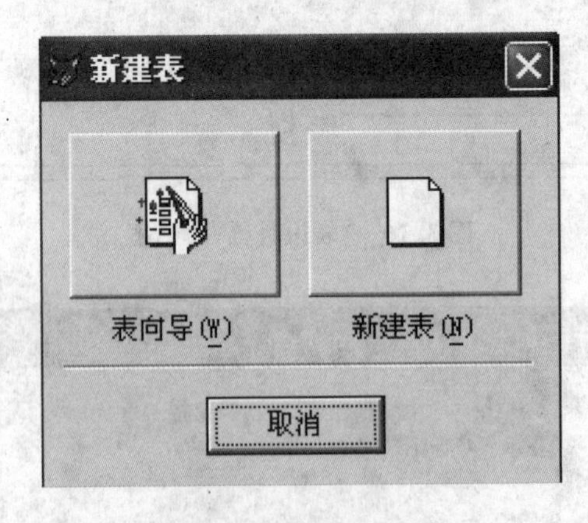

图 3.19　“新建表”对话框

另外请注意，在这里需要对表设计器中涉及的一些基本内容和概念做一些解释。

• **字段名**

记录中的每一个字段都是有名称的，但在命名字段时，要遵守如下规则：

① 字段名必须以字母或汉字开头。

② 字段名可以由字母、汉字、下划线和数字组成。

③ 数据库表字段名最大长度不能超过 128 个字符。

④ 自由表字段名最大长度不能超过 10 个字符。

⑤ 字段名中不能有空格。

• **字段类型**

字段可以使用的数据类型有字符型、数值型、浮点型、日期型、日期时间型、双精度型、备注型、通用型、整型、字符型(二进制)、备注型(二进制)。

• **字段宽度**

每一种数据类型都有其宽度规定，其中：

① 字符型字段的最大宽度为 254 个字节。

② 货币型字段的宽度固定为 8 个字节。

③ 数值型字段的最大宽度为 20 个字节，小数位数最大为 19。

④ 浮点型字段在功能上等价于数值型字段。

⑤ 日期型字段的宽度固定为 8 个字节。

⑥ 日期时间型字段的宽度固定为 8 个字节。

⑦ 双精度型字段的宽度固定为 8 个字节。

⑧ 备注型字段的宽度固定为 4 个字节，用于存储一个 4 个字节的指针，指向存储的 FPT 文件中真正的备注内容。备注字段存储文本长度仅受可用磁盘空间大小的限制。

⑨ 通用型字段的宽度固定为 4 个字节，用于存储一个 4 个字节的指针，指向该字段的实际内容。

⑩ 整型字段的宽度固定为 4 个字节。

• **小数位数**

当字段类型为“Numeric”或“Float”时，应在“小数位数”栏中设置小数的位数。

• **空值**

如果允许字段为“NULL”值，则应选中“NULL”栏所在框，否则不选中该栏，表的字段不允许为“NULL”值。

• **格式**

控制字段在浏览窗口、表单、报表等中的显示样式。

• **输入掩码**

控制输入该字段的数据的格式。例如，商品编号的格式由一个字母和一个 5 位数字组成，则掩码可以定义为 S99999。

• **标题**

若表结构中字段名用的是英文，则可以在标题中输入汉字，这样显示该字段值时就比较直观了。如没有设置标题，则将表结构中的字段名作为字段的标题。

• **规则**

限制该字段数据的有效范围。例如，在规则中输入“性别＝"男". OR. 性别＝"女"”，这样当给“性别”字段输入记录值时就只能输入“男”或“女”了。

• **信息**

当向设置了规则的字段输入不符合规则的数据时，就会将所设置的信息显示出来。

• **默认值**

当往表中添加记录时，系统向该字段预置的值。例如，“性别”字段设置输入默认值为“男”，输入记录时只有女生才需要改变默认值，这样可以减少输入。

3. 应用命令方式创建表

命令格式：**CREATE［〈表文件名〉|?］**

功能：建立一个表。

说明：若在命令中使用“?”或省略该参数，将打开“创建”对话框，提示输入表名并选择保存表的位置；若在 CREATE 后加上表文件名，屏幕将直接弹出“表设计器”对话框，以后的操作方法与菜单操作方式相同。

3.2.2　自由表的建立

一般情况下，在没有任何数据库文件打开状态下新建一个表文件，则这个表文件就是自由表。新建一个自由表，有以下几种方法：

1. 应用“文件”菜单下的“新建”选项创建自由表

具体操作步骤如下：

(1) 打开“文件”菜单，选择“新建”选项，则进入图 3.14 所示“新建”对话框。

(2) 在“文件类型”中选择“表”，再选择右边的“新建文件”按钮，进入图 3.15 所示窗口。

(3) 输入要创建的表的名称，则进入如图 3.20 所示“表设计器”对话框。

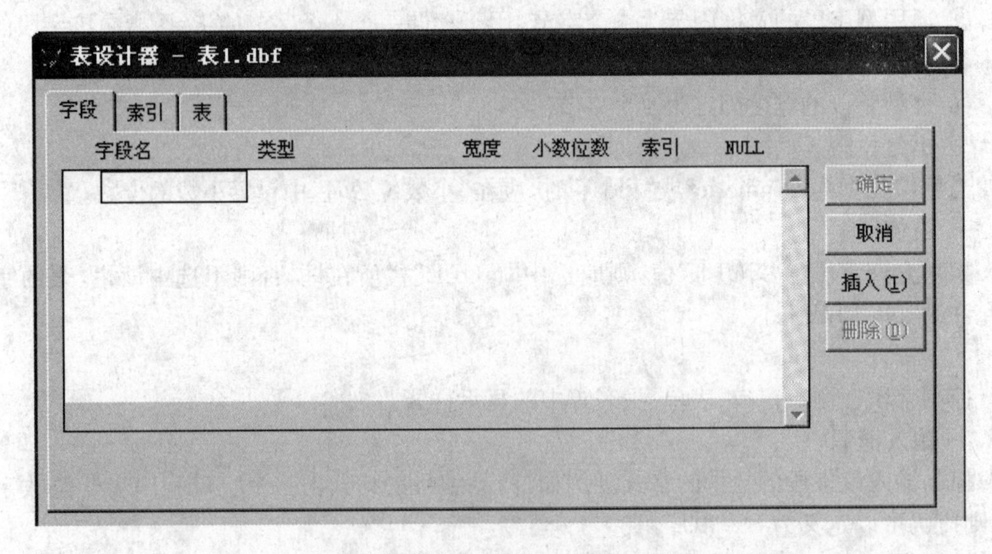

图 3.20　自由表的“表设计器”对话框

(4) 在表设计器中分别定义字段名、类型、宽度等，完成后单击“确定”按钮，进入图 3.17 所示界面。

(5) 选择“是”，可立即输入记录；选择“否”，暂不输入记录。

2. 应用“项目管理器”创建自由表

具体操作步骤如下：

(1) 打开“项目管理器”，选择“数据”选项卡，如图 3.21 所示。

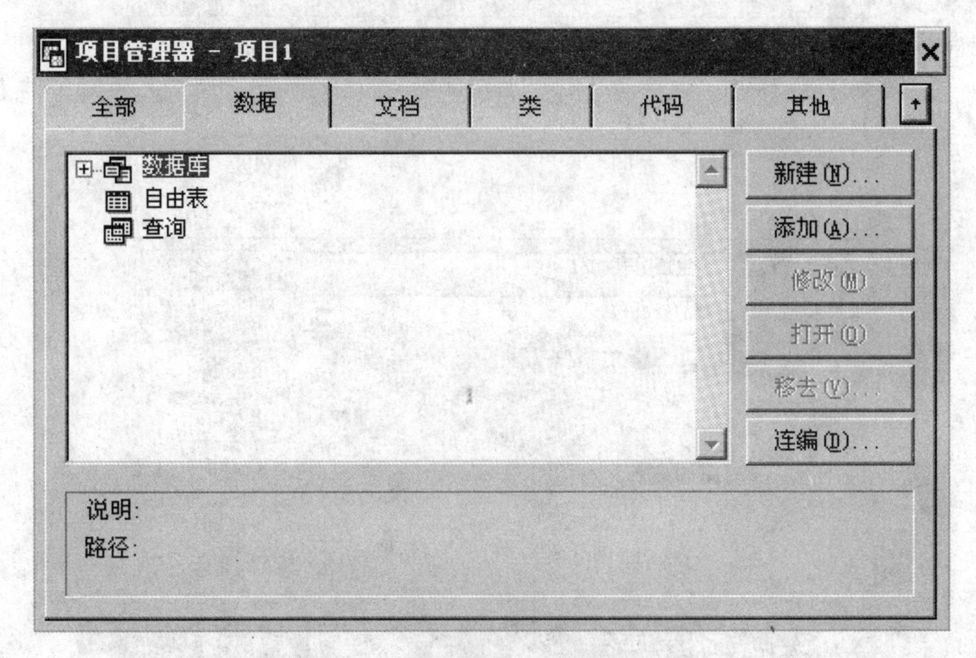

图 3.21　项目管理器中的“数据”选项卡

(2) 在“数据”选项卡中选择“自由表”，然后单击右边的“新建”按钮，进入图 3.19 所示“新建表”窗口。

(3) 选择“新建表”，进入图 3.15 所示界面。

(4) 输入要创建的表的名称，则进入“表设计器”对话框，如图 3.20 所示。

(5) 在表设计器中分别定义字段名、类型、宽度等，完成后单击“确定”按钮，进入图3.17 所示界面。

(6) 选择“是”，可立即输入记录；选择“否”，暂不输入记录。

3.2.3　表结构的修改

在 Visual FoxPro 6.0 中，表结构可以任意修改：可以增加、删除字段，可以修改字段的宽度，可以建立、修改、删除有效性规则、索引等。以数据库表为例（自由表和数据库表类似），表结构的修改有以下几种方式：

1. 菜单方式

具体操作步骤为：

(1) 打开“文件”菜单，选择“打开”菜单项，打开指定的表文件，如图 3.22 所示。

(2) 打开“显示”菜单，选择“表设计器”菜单项，进入表设计器，如图 3.23 所示。

(3) 在表设计器中，我们就可以对以前所设计的表的结构进行任意的修改了。

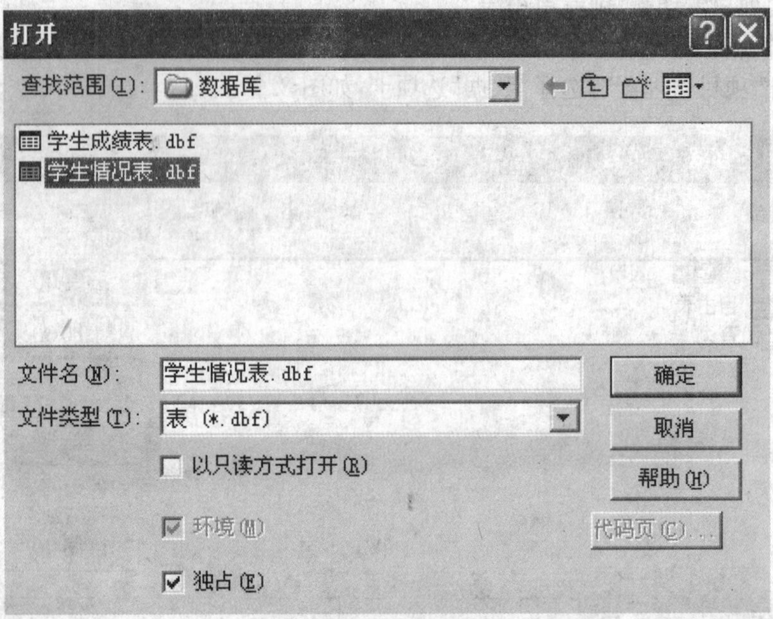

图 3.22 “打开”对话框

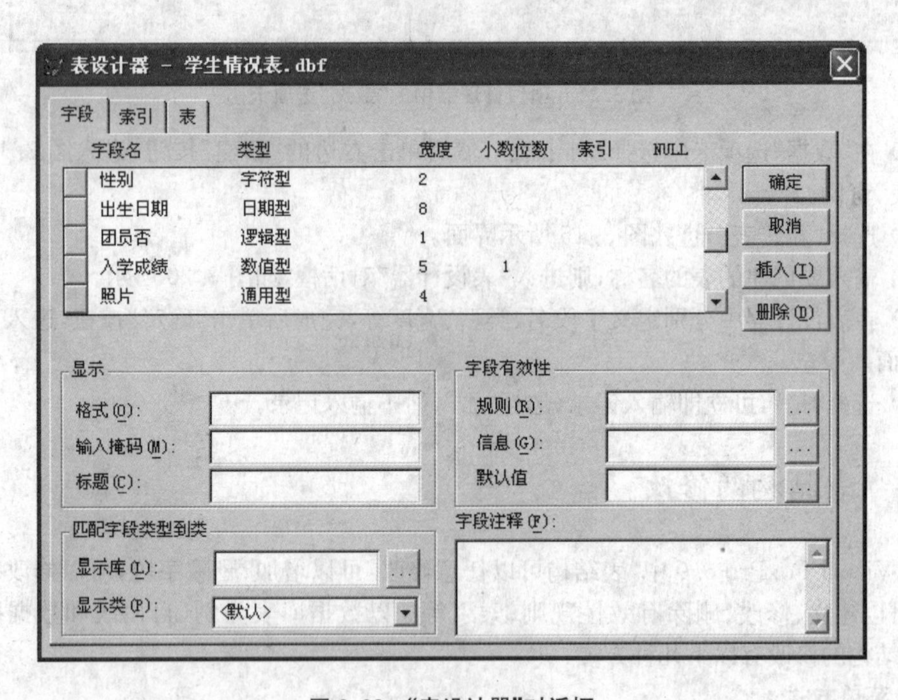

图 3.23 “表设计器”对话框

2. 项目管理器方式

具体操作步骤为：

(1) 在项目管理器窗口中选择“数据”选项卡，如图 3.24 所示。

(2) 选定要修改的表，再单击“修改”按钮，就可以进入表设计器中完成表结构的修改工作了。

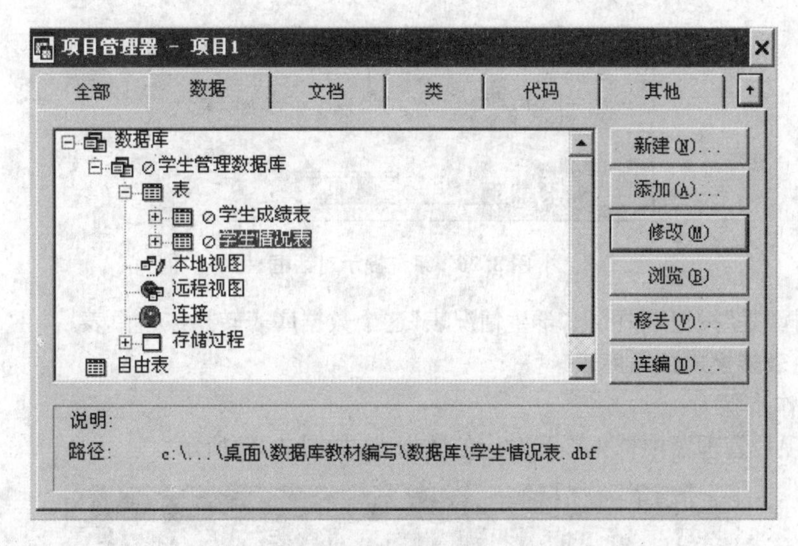

图 3.24　项目管理器中的"数据"选项卡

3. 命令方式

命令格式:**MODIFY STRUCTURE**

功能:打开"表设计器"对话框,修改当前表的结构。

【例 3.5】 USE　学生情况表

MODIFY STRUCTURE

3.2.4　数据库表与自由表

在 Visual FoxPro 中,表被分为数据库表和自由表两种。数据库表是与具体的数据库绑定的表,而自由表就是没有绑定到任何一个数据库中的普通表。对于自由表而言,关系数据库的许多约束机制在自由表中无法实现,而数据库表则可以实现。这一点大家通过两种表的表设计器的结构就可以看出来。

另外,数据库表和自由表是可以相互转化的。

1. 数据库表转换成自由表

具体操作步骤为:

(1) 在项目管理器中选中要转换的数据库表,如图 3.24 所示。

(2) 选择右边的"移去"按钮,将出现如图 3.25 所示的提示对话框。

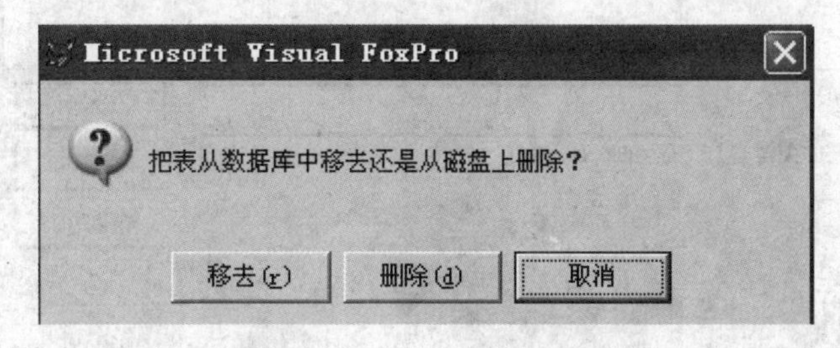

图 3.25　系统提示对话框

(3) 单击"移去"按钮,系统会弹出如图 3.26 所示的系统提示对话框。

图 3.26　系统提示对话框

(4) 选择"是"按钮,即可把"学生情况表"这个数据库表转换成自由表。

2. 自由表转换成数据库表

具体操作步骤为:

(1) 在项目管理器中首先展开对应的数据库,如图 3.27 所示。

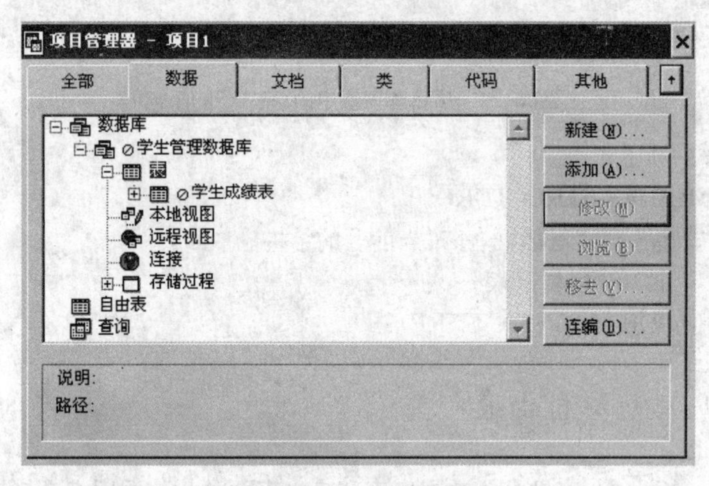

图 3.27　项目管理器

(2) 选择"表",并选择右边的"添加"按钮,出现"打开"对话框,如图 3.28 所示。

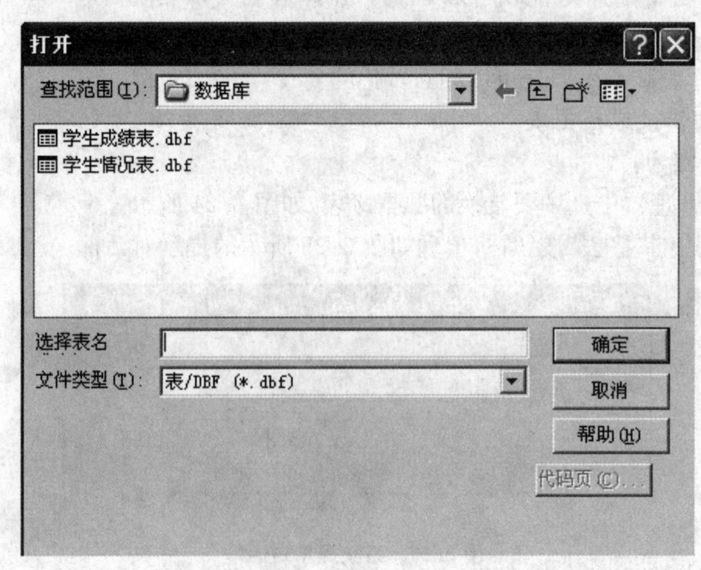

图 3.28　"打开"对话框

(3) 选择要转换的表,然后单击“确定”按钮即可。

3.3 表的基本操作

3.3.1 表的打开与关闭

对表的任何操作,都必须将原存于磁盘上的表调入内存后方可进行,这个过程叫打开表。对已操作完的表,则应由内存转到磁盘方可保存下来,这个过程则称之为表的关闭。

1. 表的打开

打开表可以使用以下三种方式:

- **通过菜单方式**

具体操作步骤为:

(1) 打开“文件”菜单,选择“打开”命令,弹出“打开”对话框。

(2) 在“打开”对话框中,“文件类型”里选择“表(*.dbf)”,注意勾选“以独占方式打开”。

(3) 在所列出的表中选择要打开的表,然后单击“确定”按钮,如图 3.29 所示。

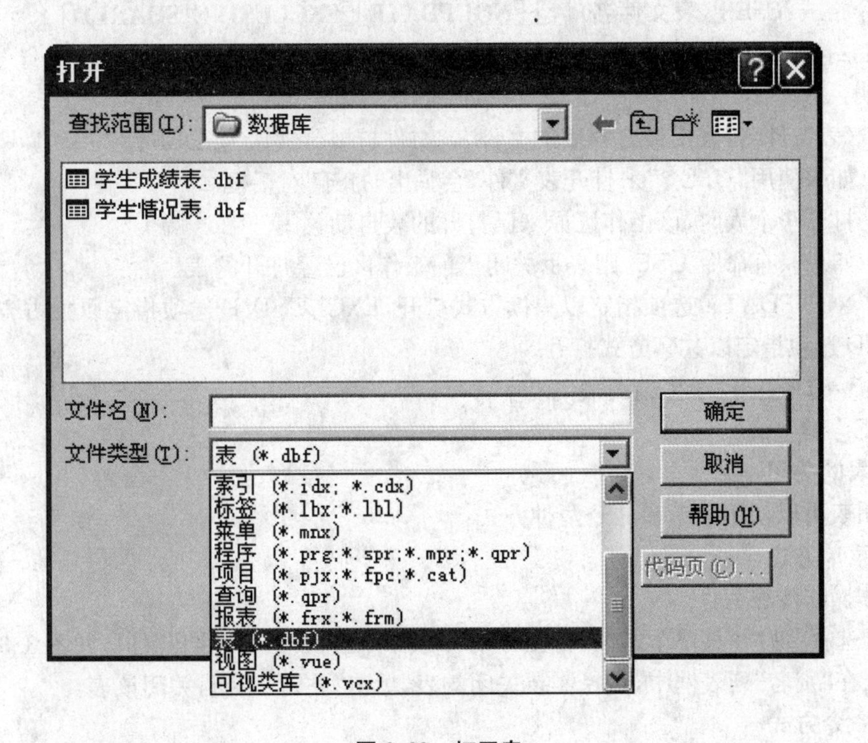

图 3.29 打开表

- **通过项目管理器**

具体操作步骤为:

(1) 打开项目管理器,将数据库展开至表,并选择要操作的表,如图 3.30 所示。

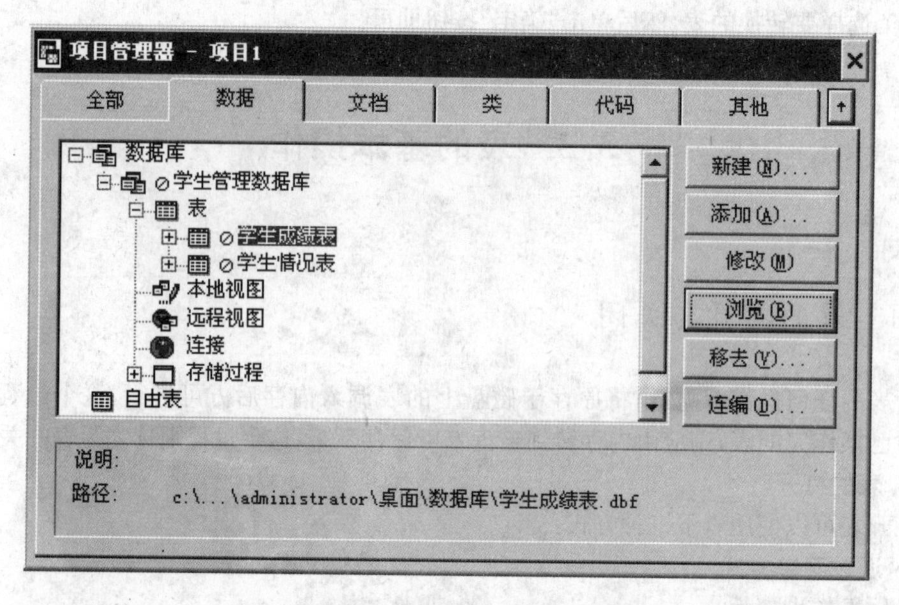

图 3.30　在项目管理器中选择要打开的表

(2) 单击项目管理器右侧的“浏览”命令按钮。

• **命令方式**

命令格式:**USE [〈表文件名〉|?] [NOUPDATE][EXCLUSIVE|SHARED]**

功能:打开表文件,当 USE 后不加文件名时,为关闭已打开的表。

说明:

(1) 〈表文件名〉表示被打开表的文件名,文件扩展名默认为.DBF。

(2) 如果使用“USE ?”来打开表文件,会弹出“打开”对话框。

(3) 打开一个表时,该工作区原来已打开的表自动关闭。

(4) 如果只有命令 USE,则表示关闭当前工作区已经打开的表。

(5) NOUPDATE 选项指定以只读方式打开,EXCLUSIVE 选项指定以独占方式打开,SHARED 选项指定以共享方式打开。

【例 3.6】 打开“学生情况表”。

USE　学生情况表

2. 表的关闭

关闭表可以使用菜单和命令两种方式:

• **菜单方式**

具体操作步骤为:

(1) 选择“窗口”菜单下的“数据工作期”命令,弹出“数据工作期”窗口,如图 3.31 所示。

(2) 在“别名”列表框中,选择需要关闭的表,单击“关闭”按钮,关闭该表。

• **命令方式**

在当前工作区关闭表可以使用以下命令:

(1) 命令格式:**USE**

功能:关闭当前打开的表文件。

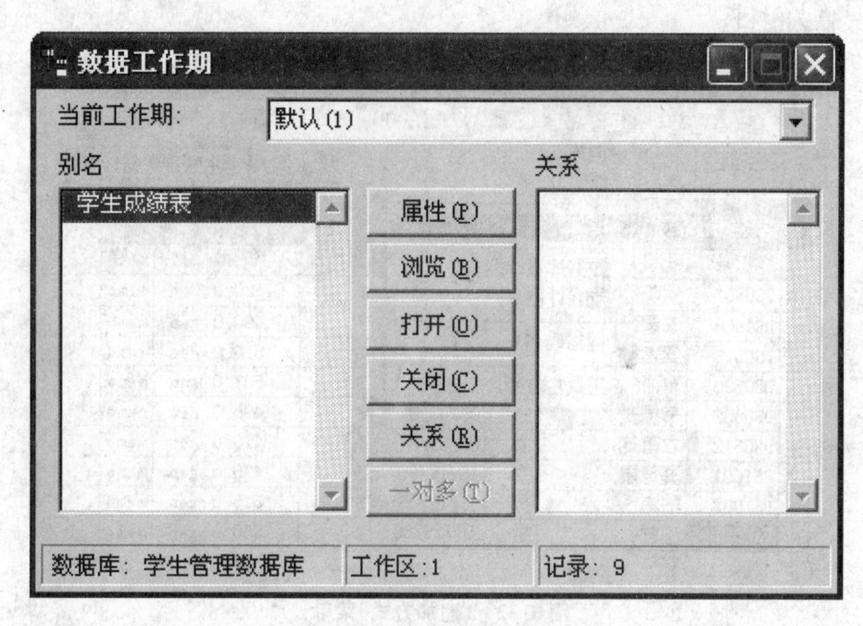

图 3.31 “数据工作期”窗口

【例 3.7】 打开“学生情况表”,然后关闭该表。

USE 学生情况表

USE

(2) 命令格式:**CLOSE ALL**

功能:关闭所有打开的表,同时释放所有的内存变量。

(3) 命令格式:**CLOSE TABLES**

功能:关闭当前数据库中所有打开的表。

(4) 命令格式:**CLOSE TABLES ALL**

功能:关闭所有数据库中所有打开的表及自由表。

3.3.2 向表中追加记录

在 Visual FoxPro 中,向表中添加记录的方法有许多种。大致可分为两类:菜单方式和命令方式。

1. 菜单方式

具体操作步骤为:

(1) 打开表后,在“显示”菜单里,打开“浏览”或“编辑”窗口。

(2) 选择“显示”菜单下的“追加方式”选项,系统会在表的末尾添加一条空记录并显示一输入框,如图 3.32 所示。

(3) 在输入框中输入新记录。

2. 命令方式

命令格式:**APPEND [BLANK]**

功能:在当前打开表的末尾追加一条或多条记录。

说明:如果后面跟参数 BLANK,则在末尾添加一条空记录。如果不选 BLANK,则进入全屏幕记录输入窗口。

Microsoft Visual FoxPro

文件(F) 编辑(E) 显示(V) 工具(T) 程序(P) 表(A) 窗口(W) 帮助(H)

✓浏览(B)
编辑(E)
追加方式(A)
数据库设计器(D)
表设计器(L)
✓网格线(G)
工具栏(T)...

学生管理数据库

学生情况表

学号				团员否	入学成绩	照片	备注
DS0501	罗晓丹			T	520.0	Gen	memo
DS0506	李国强			F	490.0	gen	memo
DS0515	梁建华			T	510.0	gen	memo
DS0520	覃丽萍			T	507.0	gen	memo
DS0802	韦国安	男	06/03/84	F	495.0	gen	memo
DS0812	农雨英	女	08/05/84	T	470.0	gen	memo
DS1001	莫慧霞	女	10/14/85	F	475.0	gen	memo
DS1003	陆涛	男	01/12/85	T	515.0	gen	memo
DS0601	王哲	男	09/25/86	T	568.0	gen	memo

图 3.32 “追加方式”菜单

3.3.3 记录指针定位

数据表中每条记录都有一个记录号，对于打开的表，系统会自动产生一个记录指针，用以指示当前指向哪条记录。所谓记录指针的定位，就是根据需要移动记录指针到某条记录上，然后对其进行操作。

1. 菜单方式

打开“浏览”窗口后，记录指针总是指向表中的第一个记录。如果想定位到某一条记录，可以在系统菜单中，选择“表”菜单下的“转到记录”选项，通过其子菜单下的 6 个选项，灵活方便地移动记录指针。如图 3.33 所示。

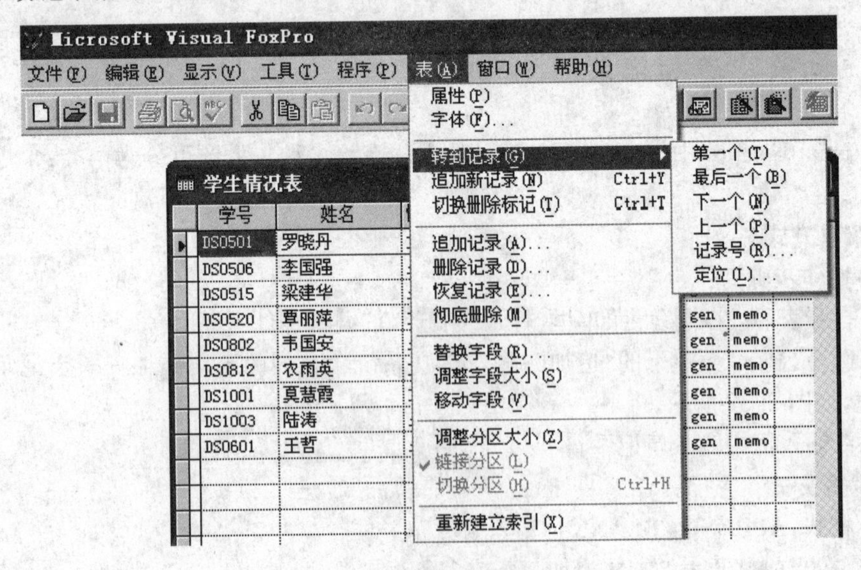

图 3.33 “转到记录”菜单

在“转到记录”菜单中，选择“记录号”时将弹出“转到记录”对话框，如图 3.34 所示，直接输入记录号或通过上下箭头确定记录号，然后单击“确定”按钮，即可将记录指针指向该记录号所对应的记录。

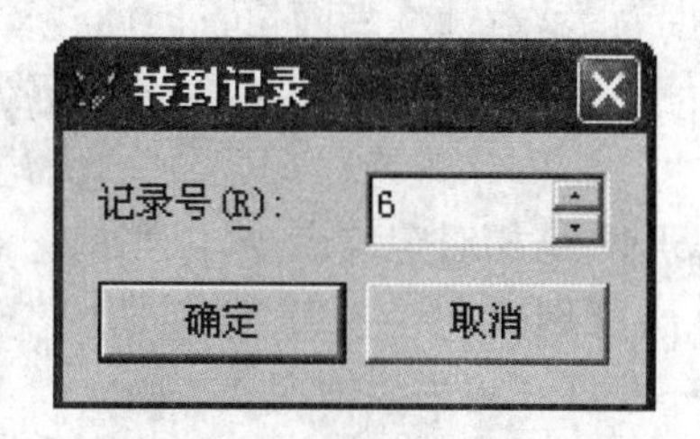

图 3.34 “转到记录”对话框

在“转到记录”菜单中，选择“定位”时将弹出“定位记录”对话框，如图 3.35 所示，在此设置查找记录的条件，设置好之后，单击“定位”按钮，即可将记录指针移到符合条件的记录上。

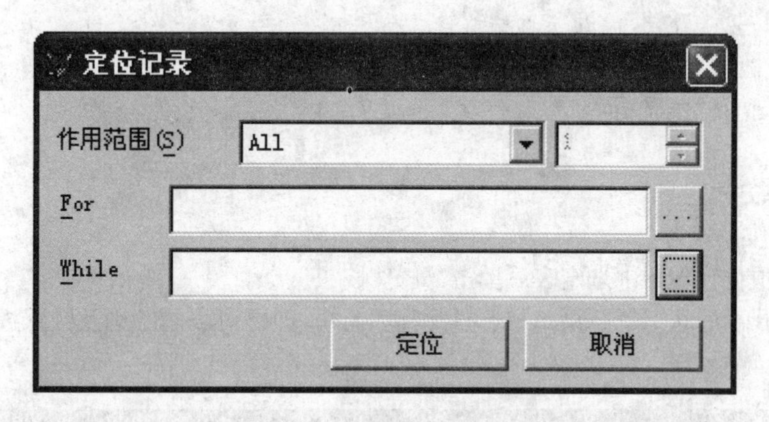

图 3.35 “定位记录”对话框

2. 命令方式

(1) 绝对定位

命令格式:[**GO** | **GOTO**]〈**数值表达式**〉[**TOP** | **BOTTOM**]

功能:将记录指针移到指定记录上。

说明:

① GO〈数值表达式〉:将记录指针移动到表达式所指定记录号的记录上。

② GO TOP:将记录指针移动到第一条记录上。

③ GO BOTTOM:将记录指针移动到最后一条记录上。

④〈数值表达式〉的值必须大于 0,且不大于当前表文件的记录个数。

⑤ 命令中 GO、GOTO 可任选一种,二者的作用是等价的。

【例 3.8】 打开“学生情况表”,在命令窗口中逐条执行如下命令,观察执行结果。

```
USE  学生情况表
GO   TOP          && 将记录指针移到第一个记录
GO   BOTTOM       && 将记录指针移到最后一个记录
GO   2            && 将记录指针移到第二个记录
GO   7            && 将记录指针移到第七个记录
```

(2) 相对定位

命令格式:**SKIP** [+ | -] [〈**数值表达式**〉]

功能:以当前记录为基准向上或向下移动记录指针。

说明:

① 当〈数值表达式〉为正值时,记录指针从当前位置向后移动;当〈数值表达式〉为负值

时，记录指针从当前位置向前移动。

② 缺省〈数值表达式〉，则记录指针向下移动1条记录。

③ GO是绝对定位命令，无论指针在什么位置，执行GO命令后，都定位到指定的记录。SKIP是相对定位命令，以当前记录为中心，按指定的表达式值相对地上下移动若干记录。

【例3.9】 打开“学生情况表”，在命令窗口中逐条执行如下命令，观察执行结果。

```
USE  学生情况表
SKIP        && 将记录指针后移一个
SKIP   3    && 将记录指针后移三个
SKIP  -2    && 将记录指针前移二个
```

3.3.4 记录的显示

1. 菜单方式

具体操作步骤为：

(1) 在项目管理器中选定表后单击“浏览”按钮。

(2) 打开表后从“显示”菜单中选择“浏览”命令，即可对表的结构及数据进行浏览，如图3.36所示。

学生情况表

学号	姓名	性别	出生日期	团员否	入学成绩	照片	备注
DS0501	罗晓丹	女	10/12/84	T	520.0	Gen	memo
DS0506	李国强	男	11/20/84	F	490.0	gen	memo
DS0515	梁建华	男	09/12/84	T	510.0	gen	memo
DS0520	覃丽萍	女	02/22/84	T	507.0	gen	memo
DS0802	韦国安	男	06/03/84	F	495.0	gen	memo
DS0812	农雨英	女	08/05/84	T	470.0	gen	memo
DS1001	莫慧霞	女	10/14/85	F	475.0	gen	memo
DS1003	陆涛	男	01/12/85	T	515.0	gen	memo
DS0601	王哲	男	09/25/86	T	568.0	gen	memo

图3.36 浏览窗口中显示表中的记录

2. 命令方式

(1) BROWSE命令

命令格式：**BROWSE [FIELDS〈字段名表〉] [FOR〈条件表达式〉] [LAST]**

功能：在浏览窗口中显示或修改数据。

说明：

① 如果有FIELDS选项，则只显示〈字段名表〉中的字段，默认显示全部字段。

② 如果有FOR选项，则只显示满足条件的记录。

【例3.10】 使用BROWSE命令浏览“学生情况表”中“姓名”、“性别”、“出生日期”三个字段的内容。

USE　学生情况表

BROWSE　FIELDS　姓名,性别,出生日期

运行结果如图 3.37 所示。

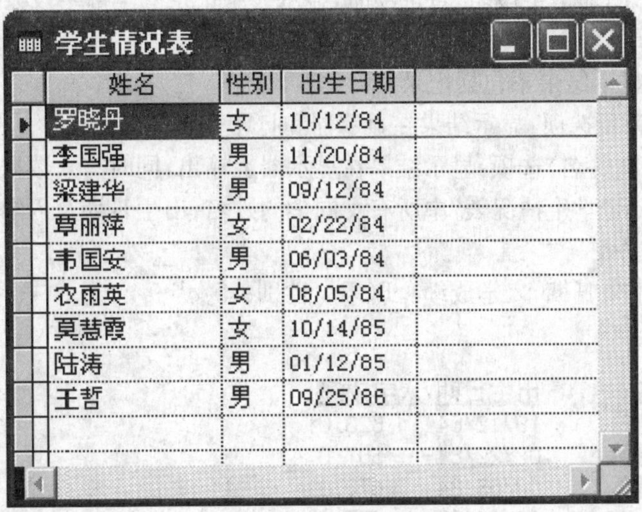

学生情况表

姓名	性别	出生日期
罗晓丹	女	10/12/84
李国强	男	11/20/84
梁建华	男	09/12/84
覃丽萍	女	02/22/84
韦国安	男	06/03/84
农雨英	女	08/05/84
莫慧霞	女	10/14/85
陆涛	男	01/12/85
王哲	男	09/25/86

图 3.37　浏览记录

【例 3.11】　使用 BROWSE 命令在“学生情况表”中浏览“性别”为“男”的记录。

USE　学生情况表

BROWSE　FOR　性别="男"

运行结果如图 3.38 所示。

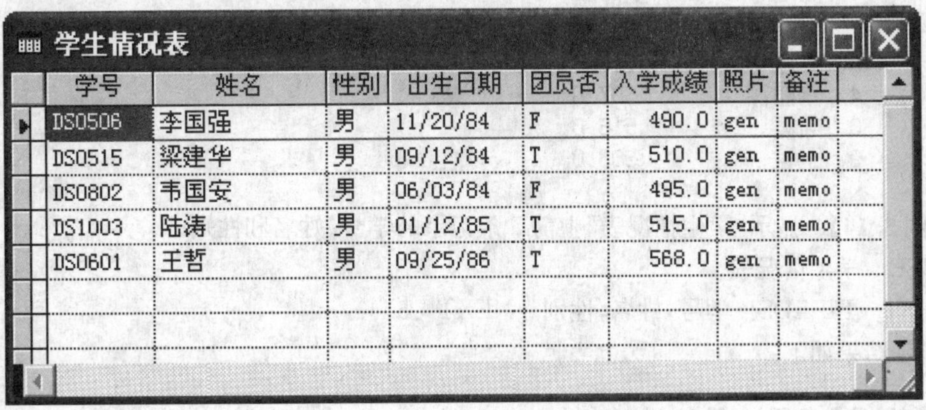

学生情况表

学号	姓名	性别	出生日期	团员否	入学成绩	照片	备注
DS0506	李国强	男	11/20/84	F	490.0	gen	memo
DS0515	梁建华	男	09/12/84	T	510.0	gen	memo
DS0802	韦国安	男	06/03/84	F	495.0	gen	memo
DS1003	陆涛	男	01/12/85	T	515.0	gen	memo
DS0601	王哲	男	09/25/86	T	568.0	gen	memo

图 3.38　浏览记录

(2) LIST 和 DISPLAY 命令

命令格式:**LIST/DISPLAY [〈范围〉] [FIELDS 〈字段名表〉] [FOR 〈条件〉] [OFF] [TO PRINTER] [TO FILE 〈文件名〉]**

功能:显示当前表中满足指定范围和条件的数据记录。

说明:

① LIST 命令表示连续显示;DISPLAY 命令表示显示满一屏时暂停,按任意键继续

显示。

② 当省略了〈范围〉和〈条件〉选项时，LIST 命令显示表中所有记录，DISPLAY 命令只显示当前一条记录。

③ 当省略了 FIELDS〈字段名表〉选项时，显示表中记录的全部字段数据，否则按指定的字段显示记录数据。

④ OFF 选项：显示结果不包括记录号。

⑤ TO PRINTER 选项：显示结果在显示器和打印机上同时输出。

⑥ TO FILE 〈文件名〉选项：显示结果在显示器上输出，同时写入数据表中。

【例 3.12】 显示"学生情况表"中所有女同学的姓名、出生日期及入学成绩。

USE 学生情况表

LIST 姓名,出生日期,入学成绩 FOR 性别="女"

显示结果如下：

记录号	姓名	出生日期	入学成绩
1	罗晓丹	10/12/84	520.0
4	覃丽萍	02/22/84	507.0
6	农雨英	08/05/84	470.0
7	莫慧霞	10/14/85	475.0

【例 3.13】 显示"学生情况表"中入学成绩在 500 分以上的学生的姓名、入学成绩。

USE 学生情况表

LIST FOR 入学成绩>500 FIELDS 姓名,入学成绩

显示结果如下：

记录号	姓名	入学成绩
1	罗晓丹	520.0
3	梁建华	510.0
4	覃丽萍	507.0
8	陆涛	515.0
9	王哲	568.0

【例 3.14】 显示"学生情况表"中前 5 条记录的学号、姓名和性别。

USE 学生情况表

LIST FIELDS 学号,姓名,性别 NEXT 5

显示结果如下：

记录号	学号	姓名	性别
1	DS0501	罗晓丹	女
2	DS0506	李国强	男
3	DS0515	梁建华	男
4	DS0520	覃丽萍	女
5	DS0802	韦国安	男

【例 3.15】 显示"学生情况表"中 1985 年以前出生的同学记录。

USE 学生情况表

LIST FOR 出生日期<{^1985/1/1}

显示结果如下：

记录号	学号	姓名	性别	出生日期	团员否	入学成绩	照片	备注
1	DS0501	罗晓丹	女	10/12/84	.T.	520.0	Gen	memo
2	DS0506	李国强	男	11/20/84	.F.	490.0	gen	memo
3	DS0515	梁建华	男	09/12/84	.T.	510.0	gen	memo
4	DS0520	覃丽萍	女	02/22/84	.T.	507.0	gen	memo
5	DS0802	韦国安	男	06/03/84	.F.	495.0	gen	memo
6	DS0812	农雨英	女	08/05/84	.T.	470.0	gen	memo

【例 3.16】 显示“学生情况表”中团员同学记录。

USE　学生情况表

LIST　FOR　团员否　OFF

显示结果如下：

学号	姓名	性别	出生日期	团员否	入学成绩	照片	备注
DS0501	罗晓丹	女	10/12/84	.T.	520.0	Gen	memo
DS0515	梁建华	男	09/12/84	.T.	510.0	gen	memo
DS0520	覃丽萍	女	02/22/84	.T.	507.0	gen	memo
DS0812	农雨英	女	08/05/84	.T.	470.0	gen	memo
DS1003	陆涛	男	01/12/85	.T.	515.0	gen	memo
DS0601	王哲	男	09/25/86	.T.	568.0	gen	memo

3.3.5　记录的修改

1. 菜单方式

选择“显示”菜单的“浏览”命令打开浏览窗口，即可在浏览状态下对记录进行修改。此时若选择“显示”菜单的“编辑”命令，即可在编辑窗口中对记录进行修改。如图 3.39 所示。可通过滚动条浏览所有记录。

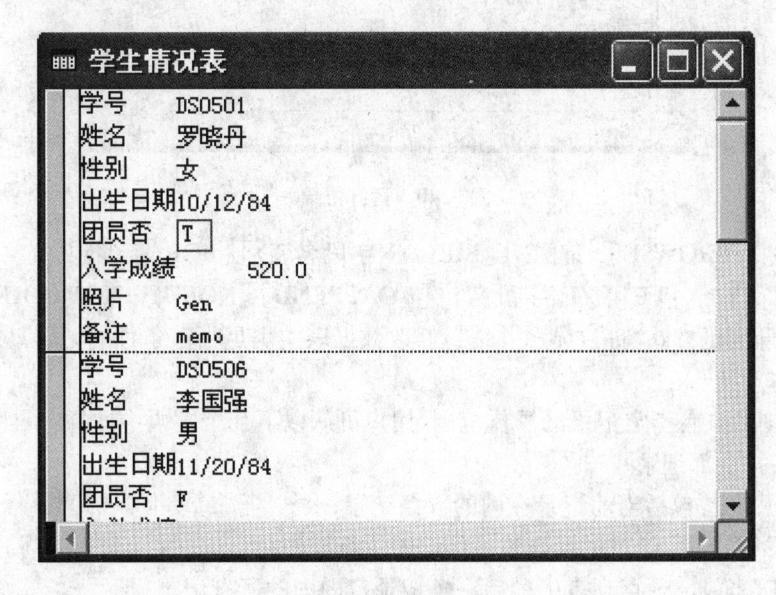

图 3.39　修改记录

2. 命令方式

命令格式1:**CHANGE|EDIT [〈范围〉] [FIELDS 〈字段名表〉] [FOR|[WHILE 〈条件〉]**

功能:打开编辑方式窗口,显示并修改数据表中满足指定范围和条件的记录。

说明:

(1) 如果不指定任何选项,从当前记录开始显示所有字段的数据。

(2) FIELDS〈字段名表〉选项:指定在窗口中显示的字段,供编辑修改。如不指定此项,则显示全部字段。

【例3.17】 修改"学生情况表"中的记录。

USE　学生情况表

EDIT　FIELDS　姓名,学号　&& 只显示姓名,学号两个字段供修改

运行结果如图3.40所示。

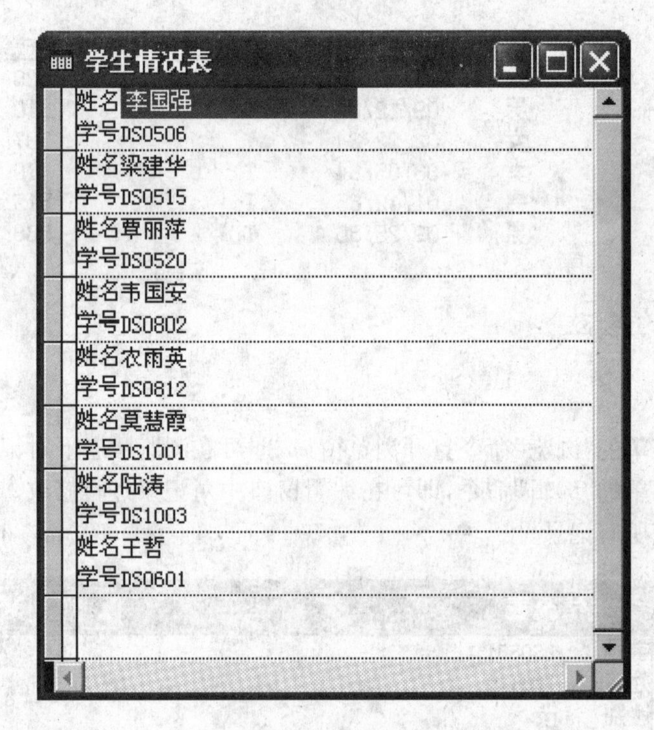

图3.40　运行结果

命令格式2:**BROWSE [〈范围〉] [FIELDS〈字段名表〉] [FOR〈条件〉]**
[FREEZE〈字段名〉] [NOAPPEND] [NOEDIT|NOMODIFY]

功能:打开浏览方式窗口,显示并编辑修改数据表中满足指定条件的记录。

说明:

(1) 〈范围〉选项:指定记录的操作范围,用户可从以下几个短语中选择:

① ALL:指全部记录;

② NEXT 〈n〉:包括当前记录在内的n条记录;

③ RECORD 〈n〉:仅对记录号为n的记录进行操作;

④ REST:当前记录直到表中最后一条记录范围内的所有记录。

(2) FIELDS〈字段名表〉选项:使浏览窗口只显示〈字段名表〉列出的字段。

(3) FOR〈条件〉选项：显示满足条件的记录，缺省时为全部记录。

(4) FREEZE〈字段名〉选项：只允许修改由〈字段名〉指定的字段，其他字段只能显示不能修改。缺省则允许修改所有字段。

(5) NOAPPEND选项：禁止用户通过按〈Ctrl〉＋Y键，或选择“表”菜单的“追加记录”命令来追加记录。

(6) NOEDIT|NOMODIFY选项：禁止用户修改表，用户可以浏览或搜索表，可以添加或删除记录，但不能编辑。

【例3.18】 在浏览窗口中将“学生情况表”的标题改为“学生基本情况表”。

```
USE 学生情况表
BROWSE TITLE "学生基本情况表"
```

运行结果如图3.41所示。

学生基本情况表

学号	姓名	性别	出生日期	团员否	入学成绩	照片	备注
DS0501	罗晓丹	女	10/12/84	T	520.0	Gen	memo
DS0506	李国强	男	11/20/84	F	490.0	gen	memo
DS0515	梁建华	男	09/12/84	T	510.0	gen	memo
DS0520	覃丽萍	女	02/22/84	T	507.0	gen	memo
DS0802	韦国安	男	06/03/84	F	495.0	gen	memo
DS0812	农雨英	女	08/05/84	T	470.0	gen	memo
DS1001	莫慧霞	女	10/14/85	F	475.0	gen	memo
DS1003	陆涛	男	01/12/85	T	515.0	gen	memo
DS0601	王哲	男	09/25/86	T	568.0	gen	memo

图3.41 修改后的表

命令格式3：**REPLACE [〈范围〉] 〈字段名1〉 WITH 〈表达式1〉 [ADDITIVE] [,〈字段名2〉 WITH 〈表达式2〉 [ADDITIVE] …] [FOR 〈条件〉]**

功能：根据命令中指定的条件和范围，用表达式的值去成批更新指定字段的内容。

(1)〈字段名1〉子句指定要替换的字段。

(2) WITH〈表达式1〉子句指定用来进行替换的表达式或值。

(3)〈范围〉子句指定进行替换的记录范围。缺省时为当前记录。

(4) FOR〈条件〉子句指定要进行字段替换记录应满足的条件。

(5) WITH后面的表达式的类型必须与WITH前面的字段的类型一致。

(6) [ADDITIVE]：只能在替换备注型字段时使用。使用ADDITIVE，备注型字段的替换内容将附加到备注型字段原来内容的后面，否则用表达式的值改写备注型字段内容。

【例3.19】 将“学生情况表”中所有是团员的学生的入学成绩加10分。

```
USE 学生情况表
REPLACE 入学成绩 WITH 入学成绩+10 FOR 团员否=.T.
BROWSE
```

运行结果如图 3.42 所示。

学生情况表

学号	姓名	性别	出生日期	团员否	入学成绩	照片	备注
DS0501	罗晓丹	女	10/12/84	T	530.0	Gen	memo
DS0506	李国强	男	11/20/84	F	490.0	gen	memo
DS0515	梁建华	男	09/12/84	T	520.0	gen	memo
DS0520	覃丽萍	女	02/22/84	T	517.0	gen	memo
DS0802	韦国安	男	06/03/84	F	495.0	gen	memo
DS0812	农雨英	女	08/05/84	T	480.0	gen	memo
DS1001	莫慧霞	女	10/14/85	F	475.0	gen	memo
DS1003	陆涛	男	01/12/85	T	525.0	gen	memo
DS0601	王哲	男	09/25/06	T	578.0	gen	memo

图 3.42 修改后的表

3.3.6 记录的插入

可以使用浏览窗口或 APPEND 命令来实现记录的追加,但是追加记录只能将记录添加在表的末尾,在实际应用中有时希望在表中间的某个位置插入新记录,这就需要用其他命令来实现。

命令格式:**INSERT [BLANK] [BEFORE]**

功能:在当前记录之前或之后插入一条或多条新记录。

说明:

(1) 省略所有选项,是在当前记录之后插入一条记录。

(2) 选择[BEFORE]子句,是在当前记录之前插入一条新记录,显示这条记录,并且在窗口中可以编辑这条记录。

(3) 选择[BLANK]子句,则插入一条空记录,不显示编辑窗口。

(4) 执行“INSERT BLANK”命令时,系统弹出编辑窗口,用户可以在编辑窗口中增加记录。

(5) 插入空记录后,其后所有记录的记录号加 1,空记录只有记录号而无内容。

【例 3.20】 在“学生情况表”的第 2 条记录后增加一条记录。

```
USE  学生情况表
GO  2
INSERT
```

3.3.7 记录的删除

随着表文件中记录的不断更新,必然会出现一些无用的记录,这时就要从表中将这些无用的记录删除掉。Visual FoxPro 中删除记录分两步进行,首先对要删除的记录打上删除标记“*”,但记录仍在表中,称为逻辑删除;然后是把带有删除标记的记录真正删除,此时记录无法恢复,称为物理删除或永久性删除。

1. 菜单方式

(1) 逻辑删除

逻辑删除只是给记录标记上删除标志,带有删除标志的记录并未真正从表中删除。具体操作步骤如下:

① 打开要操作的表。

② 从“显示”菜单中选择“浏览”选项,即可打开“浏览”窗口。

③ 选定要删除的记录,然后用鼠标单击该记录左侧的小方框,小方框立即以黑色填充,表示该记录已被标记上删除标记。

若想恢复被删除的记录(即取消删除标记),可用鼠标单击记录左侧的小黑框,或在系统菜单上选择“表”菜单中的“恢复记录”选项,或在当前记录上按下〈Ctrl〉+T 组合键,即可恢复被删除的记录。

(2) 物理删除

物理删除是真正地、永久性地删除已做删除标记的记录。若想从表中彻底删除带有删除标记的记录,可在系统菜单上选择“表”菜单中的“彻底删除”,即可删除带有删除标记的记录;也可以通过指定删除条件来删除标记记录,从“表”菜单中选择“删除记录”选项,在其后弹出的“删除”对话框中输入删除条件。

2. 使用命令

(1) 逻辑删除记录

格式:**DELETE** [〈**范围**〉] [**FOR**〈**条件**〉]

功能:给指定的记录做删除标记。

说明:

① 该命令在指定记录的第一个字段前打上“*”作为删除标记。记录并未真正删去,可用命令恢复。

② 省略所有可选项,仅对当前记录做删除标记。

【例 3.21】 对“学生情况表”中性别为“女”的记录进行逻辑删除。

USE 学生情况表

DELETE FOR 性别="女"

LIST

显示结果如下:

记录号	学号	姓名	性别	出生日期	团员否	入学成绩	照片	备注
1	*DS0501	罗晓丹	女	10/12/84	.T.	520.0	Gen	memo
2	DS0506	李国强	男	11/20/84	.F.	490.0	gen	memo
3	DS0515	梁建华	男	09/12/84	.T.	510.0	gen	memo
4	*DS0520	覃丽萍	女	02/22/84	.T.	507.0	gen	memo
5	DS0802	韦国安	男	06/03/84	.F.	495.0	gen	memo
6	*DS0812	农雨英	女	08/05/84	.T.	470.0	gen	memo
7	*DS1001	莫慧霞	女	10/14/85	.F.	475.0	gen	memo
8	DS1003	陆涛	男	01/12/85	.T.	515.0	gen	memo
9	DS0601	王哲	男	09/25/06	.T.	568.0	gen	memo

(2) 恢复删除

格式:**RECALL** [〈**范围**〉][**FOR**〈**条件**〉]

功能:恢复当前表中带删除标记的记录,即去掉删除标记“*”。

说明：

① 当省略所有的选项时，仅去掉当前记录的删除标记。

② “RECALL ALL”命令可恢复所有带删除标记的记录。

③ 若使用 FOR〈条件〉子句，则恢复指定范围内所有符合条件的带有删除标记的记录。

【例 3.22】 将“学生情况表”中性别为“女”的记录恢复删除。

```
USE  学生情况表
RECALL  FOR  性别="女"
LIST
```

(3) 物理删除记录

格式：**PACK**

功能：清除所有已做删除标记的记录。

说明：该命令永久删除已做删除标记的记录，余下记录重新按顺序排列记录号，PACK 命令不受 DELETED 状态的影响。

(4) 删除全部记录

格式：**ZAP**

功能：删除当前表中的全部记录，不可以恢复，只留下表结构。

说明：

① ZAP 命令等价于 DELETE ALL 和 PACK 联用。

② 用 ZAP、PACK 命令删除的记录不可恢复。

③ SET SAFETY ON 状态下使用 ZAP 命令会提示是否删除全部记录，OFF 状态时不提示。系统默认 OFF。

3.4 表的排序与索引

表文件中的数据记录是按其输入时的先后顺序排列存放的，但是在实际的数据处理应用中，经常需要将表中的记录按照一定的顺序排列或显示，因此，数据库系统经常需要按照用户的要求对数据表文件中的记录进行重新组织排列。Visual FoxPro 提供了两种重新组织数据的方法，即物理排序与逻辑排序。物理排序（简称排序）方法是另外生成一个与原表类似但各记录已按要求排好序的数据表文件；逻辑排序方法即索引方法，是在原表的基础上生成一个简单的排序索引表，在其中仅记载各记录的记录号及应有的排列顺序，该索引表与原数据表一起使用，这样原数据表各记录的实际存储位置并没有改变，但对其操作时却可按索引表排列的记录顺序进行。

3.4.1 物理排序

排序就是根据表的某些字段重新排列记录。排序后将产生一个新表，其记录按新的顺序排列，但源文件不变。

命令格式：**SORT TO 〈表文件名〉 ON 〈字段名 1〉 [/A] [/D] [/C] [,〈字段名 2〉 [/A]**

[/D] [/C]…] [**ASCENDING**|**DESCENDING**] [〈范围〉][**FIELDS**〈字段名表〉] [**FOR**|**WHILE**〈条件〉]

功能:对当前数据表中指定范围内满足条件的记录,按指定字段的升序或降序重新排列,并将排序后的记录按 FIELDS 子句指定的字段写入新的表文件中。

说明:

(1)〈表文件名〉:存放排序后记录的新表名。

(2) 若没有选择[〈范围〉]和[FOR〈条件〉],则对表中全部记录进行排序。

(3) 若有选择项[FIELDS〈字段名表〉],新表的结构由〈字段名表〉的字段组成。

(4) [/A]和[/D]分别表示升序和降序,升序符号可以省略不写。[/C]使排序时不区分大小写字母。/C 可以和/A 或/D 连用。两种选择可以只用一条斜线,如/AC 或/DC。

(5) ASCENDING 和 DESCENDING 仅对那些没有指定/A 和/D 的关键字段起作用。/A 和/D 只对它前面的一个关键字段起作用。如果没有指定/D 和 DESCENDING,则关键字段默认按升序/A 排序。

(6) 排序后生成的新表文件是关闭的,使用时必须先打开。

【例 3.23】 将"学生情况表"记录按入学成绩升序排列,排序后的表名为 ST.DBF。

```
USE  学生情况表
SORT  TO  ST  ON  入学成绩
USE  ST
LIST
```

显示结果如下:

记录号	学号	姓名	性别	出生日期	团员否	入学成绩	照片	备注
1	DS0812	农雨英	女	08/05/84	.T.	470.0	gen	memo
2	DS1001	莫慧霞	女	10/14/85	.F.	475.0	gen	memo
3	DS0506	李国强	男	11/20/84	.F.	490.0	gen	memo
4	DS0802	韦国安	男	06/03/84	.F.	495.0	gen	memo
5	DS0520	覃丽萍	女	02/22/84	.T.	507.0	gen	memo
6	DS0515	梁建华	男	09/12/84	.T.	510.0	gen	memo
7	DS1003	陆涛	男	01/12/85	.T.	515.0	gen	memo
8	DS0501	罗晓丹	女	10/12/84	.T.	520.0	Gen	memo
9	DS0601	王哲	男	09/25/06	.T.	568.0	gen	memo

3.4.2 索引类型

1. 索引文件的类型

根据索引文件包含的个数和索引文件打开方式的不同,索引文件分为单索引文件和复合索引文件,复合索引文件又分为结构化复合索引文件和非结构化复合索引文件。

(1) 单索引文件

单索引文件的扩展名为.IDX,是只包含一个索引键的文件。通常在程序中使用单索引作为临时索引,在需要时再重建或重新对索引排序,以用来优化应用程序的运行性能。

(2) 结构化复合索引文件

结构化复合索引文件的扩展名为.CDX。它是在表设计器中系统自动生成的,它的主文件名自动与表文件的主文件名同名,而且随着表文件的打开关闭而打开关闭。当用户对表中的记录进行添加、修改或删除等操作时,系统会自动维护.CDX 结构复合索引文件,使其和新的.DBF文件相匹配。同时,结构化复合索引文件也是数据库表之间建立永久关系的基础,所以结构化复合索引文件是 Visual FoxPro 6.0 中用得最多的也是最重要的一种索引文件。

(3) 非结构化复合索引文件

非结构化复合索引文件.CDX可以看作是多个.IDX文件的组合,实际上,.IDX索引文件完全可以加到.CDX索引文件中去。

说明:

① 结构化复合索引文件的标识符优先于其他索引文件,因此表设计器的索引页面自动产生它们。其他类型的索引文件必须在命令窗口中建立。

② 单索引文件与非结构化复合索引文件都不能与表文件同名。

2. 索引项的类型

索引关键字是由一个或若干个字段构成的索引表达式。索引表达式的类型决定了不同的索引方式。在 Visual FoxPro 中,有 4 种类型的索引:主索引、候选索引、普通索引和惟一索引。

(1) 主索引

主索引是一种只能在数据库表中而不能在自由表中建立的索引。在指定的字段或表达式中,主索引的关键字绝对不允许有重复值。主索引主要用来在永久关系的父表与子表之间建立参照完整性设置。一个表只能创建一个主索引。

(2) 候选索引

和主索引类似,它的值也不允许在指定的字段或表达式中重复。候选一词是指索引的状态。因为候选索引禁止重复值,因此它们在表中有资格被选做主索引,即主索引的候选。一个表中可以有多个候选索引。

(3) 普通索引

普通索引允许索引关键字有重复的值,且并不要求数据的惟一性。一个数据库表或自由表中可以建立多个普通索引。

(4) 惟一索引

惟一索引允许索引关键字在表中的记录有重复的值。但在创建的索引文件里不允许包含有索引关键字的重复值,若表中有重复的字段值,索引文件只保留该关键字段值前面的第一条记录。

3.4.3 索引文件的建立

1. 利用表设计器建立索引

(1) 单项索引

打开“表设计器”对话框,如图 3.43 所示。

在“表设计器”对话框中有“字段”、“索引”和“表”3 个选项卡,在“字段”选项卡中定义字段时就可以直接指定某些字段是否是索引项,在“索引”列的下拉列表框中,可以选择“无”、“升序”或“降序”(默认为“无”)。如果选择“升序”或“降序”,则在对应的字段上建立一个普通索引,此索引项的标识名与该字段同名,索引表达式就是对应的字段。

对于已经建立的索引,如果要改变为其他类型的索引,可切换到“索引”选项卡,然后根据需要从“类型”下拉列表框中选择“主索引”、“普通索引”、“候选索引”或“惟一索引”，如图 3.44所示。如果当前打开的是数据库表，则还可以选择“主索引”。

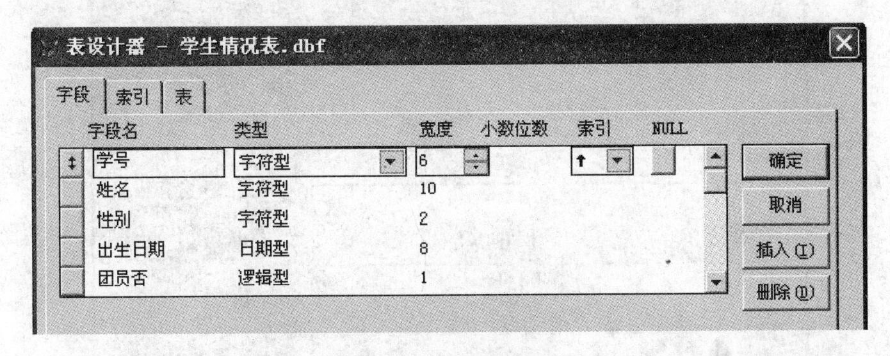

图 3.43 表设计器

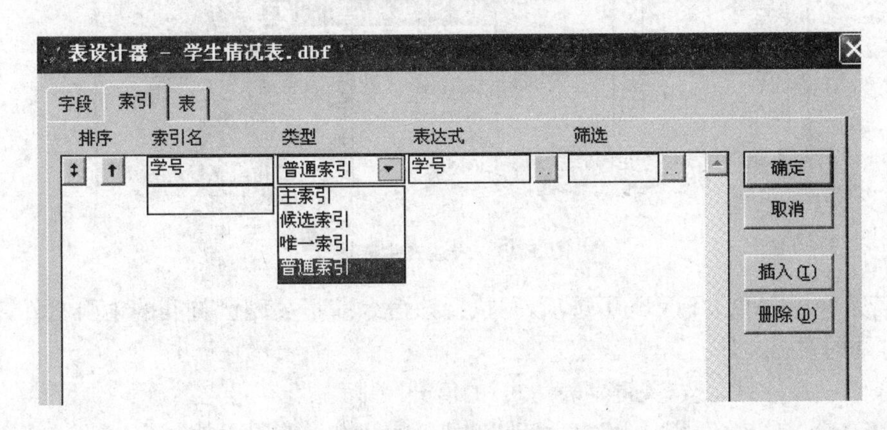

图 3.44 表设计器的“索引”选项卡

(2) 复合字段索引

建立复合字段索引的具体操作步骤如下：

① 在如图 3.44 所示的“索引”选项卡中，单击“插入”，将出现新索引行。

② 在“索引名”文本框中输入索引名。

③ 在“类型”下拉列表中选择索引类型。

④ 单击“表达式”栏右侧的按钮打开“表达式生成器”，如图 3.45 所示。

⑤ 在“表达式生成器”中输入索引表达式，最后单击“确定”按钮。

2. 命令操作方式

(1) 建立单索引文件

命令格式：**INDEX ON 〈关键字表达式〉 TO 〈单索引文件名〉[FOR|WHILE 〈条件〉] [ADDITIVE]**

功能：对当前数据表中记录按〈关键字表达式〉值的大小排列，建立一个单索引文件。

说明：

①〈关键字表达式〉只能是字符型、数值型、日期型或逻辑型数据。

②〈关键字表达式〉可以是表中的一个字段或多个字段组成的表达式，当表达式中各字段的数据类型不同时，必须转换为相同的数据类型，且必须转换成字符型。

③ [FOR|WHILE 〈条件〉]选项是只对满足条件的记录建立索引文件。

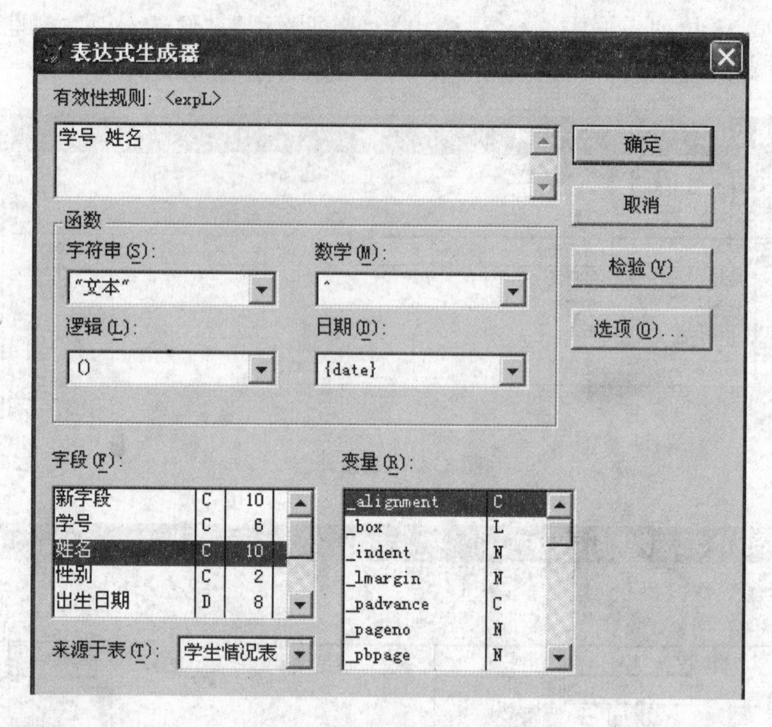

图 3.45 表达式生成器

④ 若选择了[ADDITIVE]可选项，则执行该命令前不关闭已打开的索引文件，否则将关闭已打开的索引文件。

⑤ 单索引文件只能按〈关键字表达式〉的值升序排列。

【例 3.24】 对"学生情况表"按"性别"字段升序建立单索引文件，索引文件名为 XBST。命令序列为：

```
USE 学生情况表
INDEX ON 性别 TO XBST
LIST
```

结果显示如下：

记录号	学号	姓名	性别	出生日期	团员否	入学成绩	照片	备注
2	DS0506	李国强	男	11/20/84	.F.	490.0	gen	memo
3	DS0515	梁建华	男	09/12/84	.T.	510.0	gen	memo
5	DS0802	韦国安	男	06/03/84	.F.	495.0	gen	memo
8	DS1003	陆涛	男	01/12/85	.T.	515.0	gen	memo
9	DS0601	王哲	男	09/25/86	.T.	568.0	gen	memo
1	DS0501	罗晓丹	女	10/12/84	.T.	520.0	Gen	memo
4	DS0520	覃丽萍	女	02/22/84	.T.	507.0	gen	memo
6	DS0812	农雨英	女	08/05/84	.T.	470.0	gen	memo
7	DS1001	莫慧霞	女	10/14/85	.F.	475.0	gen	memo

(2) 建立结构复合索引文件

命令格式：**INDEX ON 〈关键字表达式〉 TAG 〈标识名〉 [FOR|WHILE 〈条件〉]**
[ASCENDING|DESCENDING]

功能：对当前数据表中记录按〈关键字表达式〉值的大小排列，建立一个复合索引文件中的索引标识。

说明：

① 结构复合索引文件一旦建立，将随着数据表文件的打开而同时自动打开，但对记录的操作顺序不影响。

② ASCENDING 短语指明按升序索引，DECENDING 短语指明按降序索引，默认为按升序索引。

【例 3.25】 在“学生情况表”中，按“性别”升序排列，性别相同时按“入学成绩”建立结构复合索引，其标识名为 XIST。

```
USE 学生情况表
INDEX ON 性别+入学成绩 TAG XIST
LIST
```

结果显示如下：

记录号	学号	姓名	性别	出生日期	团员否	入学成绩	照片	备注
2	DS0506	李国强	男	11/20/84	.F.	490.0	gen	memo
3	DS0515	梁建华	男	09/12/84	.T.	510.0	gen	memo
5	DS0802	韦国安	男	06/03/84	.F.	495.0	gen	memo
8	DS1003	陆涛	男	01/12/85	.T.	515.0	gen	memo
9	DS0601	王哲	男	09/25/86	.T.	568.0	gen	memo
1	DS0501	罗晓丹	女	10/12/84	.T.	520.0	Gen	memo
4	DS0520	覃丽萍	女	02/22/84	.T.	507.0	gen	memo
6	DS0812	农雨英	女	08/05/84	.T.	470.0	gen	memo
7	DS1001	莫慧霞	女	10/14/85	.F.	475.0	gen	memo

3.4.4 索引的使用

建立索引的目的是通过使用索引提高对表、数据库的有效操作。

1. 索引文件的打开

命令格式 1：**USE 〈表文件名〉 INDEX 〈索引文件名表〉**

功能：在打开表文件的同时打开索引文件。

命令格式 2：**SET INDEX TO [〈索引文件名表〉] [ADDITIVE]**

功能：在表文件已打开的情况下，打开与之相关的一系列索引文件。

说明：

(1) 〈索引文件名表〉是用逗号分开的相关索引文件名，可以包含.idx 文件和.cdx 文件，列表中的第一个索引文件是主控索引文件。

(2) 若缺省所有选项，则关闭当前表的所有索引文件（结构复合索引文件除外），同时取消主控索引。

2. 设置当前主控索引

命令格式：**SET ORDER TO [〈数值表达式〉|〈单索引文件名〉|[TAG]〈索引标识〉 [ASCENDING|DESCENDING]]**

功能：设定主控索引文件或主控索引标识。

3. 删除索引

(1) 在“表设计器”中删除索引

在“表设计器”窗口的“索引”选项卡中，选中某个需要删除的索引，单击“删除”按钮即可删除索引。

(2) 用命令删除索引

命令格式：**DELETE TAG ALL | 〈索引标识 1〉[,〈索引标识 2〉…]**

功能:删除打开的复合索引文件的索引标识。

说明:

① ALL 子句用于删除复合索引文件的所有索引标识。若某索引文件的所有索引标识都被删除,则该索引文件也自动删除。

② 该命令只能删除打开的复合索引文件的索引标识,对于单索引文件不能使用该命令。

4. 重新索引

命令格式:**REINDEX**

功能:重新建立打开的索引文件。

说明:使用重新索引命令时,需要打开数据表文件和需要更新的索引文件。

5. 关闭索引文件

命令格式 1:**SET INDEX TO**

功能:关闭当前工作区中打开的索引文件。

命令格式 2:**CLOSE INDEX** 或 **CLOSE ALL**

功能:关闭所有工作区中打开的索引文件。

命令格式 3:**USE**

功能:关闭表文件的同时,也关闭与其相关的所有已打开的索引文件。

3.5 数据检索

表中记录的检索就是在表的所有记录中查找满足条件的记录,并把记录指针定位在要查询的记录上。VFP 提供了 4 条用于数据检索的命令:FIND、SEEK、LOCATE、CONTINUE,前两条命令用于索引检索,后两条命令用于顺序检索。

3.5.1 查找命令

命令格式:**FIND 〈字符串〉|〈数字〉**

功能:在索引文件中找到索引关键字值与指定字符串或数值相等的第 1 个记录并将记录指针指向它。

说明:

(1) FIND 命令只能查找字符型或数值型数据。

(2) 字符串不用定界符,但如果字符串以空格开始,必须用定界符。

(3) 从表的索引文件中查找与指定字符串或数字相匹配的记录,如果查找到,将记录指针指向此记录,函数 FOUND()返回逻辑真值;如果未查找到,函数 FOUND()返回逻辑假值。

【例 3.26】 用 FIND 命令在"学生情况表"中查找姓李的同学的记录。

```
USE 学生情况表
INDEX ON 姓名 TO IST
```

FIND 李

DISP

结果显示如下：

记录号	学号	姓名	性别	出生日期	团员否	入学成绩	照片	备注
2	DS0506	李国强	男	11/20/84	.F.	490.0	gen	memo

3.5.2 检索命令

命令格式：**SEEK〈表达式〉**

功能：从表中查找索引关键字的值等于〈表达式〉的记录。SEEK 命令比 FIND 命令功能更强。

说明：

(1) 表达式为字符型数据时，必须用单引号、双引号或括号括起来；如果是内存变量或数值型表达式，不用定界符。

(2) SEEK 扩大了 FIND 的查找功能，FIND 不能查找日期型数据，而 SEEK 可以直接查找日期索引关键字的内容。内存变量可直接用 SEEK 检索，不用加宏替换函数 &。

【例 3.27】 用 SEEK 命令在"学生情况表"中查找姓李的同学的记录。

USE 学生情况表

INDEX ON 姓名 TO IST

SEEK "李"

DISP

结果显示如下：

记录号	学号	姓名	性别	出生日期	团员否	入学成绩	照片	备注
2	DS0506	李国强	男	11/20/84	.F.	490.0	gen	memo

3.5.3 顺序查找命令

顺序查找包括 LOCATE 和 CONTINUE 两条命令，可以查找没有建立排序和索引的表，也可查找建立过排序和索引的表。

命令格式：**LOCATE [〈范围〉] [FOR|WHILE〈条件〉] [NOOPTIMIZE]**

功能：把当前表指针定位到符合指定条件的第一个记录上。

命令格式：**CONTINUE**

功能：按照 LOCATE 命令的条件，继续查找下一个满足条件的记录。

说明：

(1) CONTINUE 命令不能单独使用，必须与 LOCATE 命令配合使用。可重复执行 CONTINUE，直到到达范围边界或表尾。

(2) LOCATE 和 CONTINUE 命令只能检索数据，不能显示数据。

(3) 执行 LOCATE 和 CONTINUE 命令检索时，如果检索成功，系统将把记录指针移到找到的记录上，如果失败将把记录指针移到文件尾。

【例 3.28】 在"学生情况表"中查找性别为男的同学的记录。

USE 学生情况表

```
LOCATE  FOR  性别="男"
DISP
CONTINUE
DISP
```

显示结果如下：

```
记录号  学号      姓名      性别  出生日期   团员否  入学成绩  照片  备注
     2  DS0506    李国强    男    11/20/84   .F.        490.0  gen   memo

记录号  学号      姓名      性别  出生日期   团员否  入学成绩  照片  备注
     3  DS0515    梁建华    男    09/12/84   .T.        510.0  gen   memo
```

3.6 统 计 命 令

VFP提供了对数据表中的记录进行统计的功能。统计主要包括计数、求和、求平均值以及分类汇总计算等。统计操作多适用于表中的数值型字段。

3.6.1 求和命令

命令格式：**SUM [〈字段表达式表〉] [〈范围〉] [TO〈内存变量表〉] [FOR|WHILE〈条件〉]**

功能：对当前数据表中满足条件的记录根据指定的数值型字段表达式按列求和。

说明：

(1) 没有任何选项时，对当前数据表中的所有数值型字段求和。

(2) 〈字段表达式表〉指定求和的各个字段，各字段之间用逗号分隔。若没有此项，则对全部数值型字段分别按列求和。

(3) TO〈内存变量表〉指定保存求和结果的各内存变量，其数目必须与求和字段的数目相同。

【例3.29】 对"学生情况表"中的入学成绩求和。

```
USE  学生情况表
SUM  入学成绩
```

显示结果如下：

```
入学成绩
4550.00
```

3.6.2 求平均值命令

命令格式：**AVERAGE [〈数值表达式表〉] [〈范围〉] [TO〈内存变量表〉] [FOR|WHILE〈条件〉]**

功能：在打开的表中，对〈数值表达式表〉中的各个表达式分别求平均值。

【例3.30】 对"学生情况表"中的入学成绩求平均值。

USE　学生情况表
AVERAGE　入学成绩
显示结果如下：

入学成绩
505.56

3.6.3　计数命令

命令格式：**COUNT［〈范围〉］［FOR|WHILE〈条件〉］［TO〈内存变量〉］**

功能：在当前数据表文件中，统计指定范围内满足条件的记录个数。

说明：

(1) 如果默认全部选项，则统计数据表中的全部记录个数。

(2) TO〈内存变量〉选项指定用来存放统计结果的内存变量。如果没有此项，统计结果只显示不保存。

【例3.31】 统计"学生情况表"中男、女学生的人数。

```
USE　学生情况表
COUNT　FOR　性别="男"　TO　NAN
COUNT　FOR　性别="女"　TO　NV
?"男同学人数为：　",NA
?"女同学人数为：　",NV
?"男女同学人数为：　",NAN+NV
```

结果显示如下：

```
男同学人数：          5
女同学人数：          4
男女同学人数：          9
```

3.6.4　求统计量命令

命令格式：**CALCULATE〈数值表达式表〉［〈范围〉］［FOR|WHILE〈条件〉］［TO〈内存变量表〉］**

功能：在指定范围内，对表文件的字段或字段表达式做统计计算。

说明：

(1) 如没有选择范围或没有［FOR|WHILE〈条件〉］选项，则统计计算表中的全部记录，否则只统计计算指定范围内满足条件的记录。

(2) 表达式列表中的表达式至少应包含一种财务统计函数。VFP共提供了8种财务统计函数：

- AVG(数值表达式)：求数值表达式的平均值。
- CNT()：统计表中指定范围内满足条件的记录个数。
- MAX(表达式)：求表达式的最大值。表达式可以是数值、日期或字符型。
- MIN(表达式)：求表达式的最小值。表达式可以是数值、日期或字符型。
- SUM(数值表达式)：求表达式之和。

• NPV(数值表达式 1,数值表达式 2[,数值表达式 3]):求数值表达式的净现值。

• STD(数值表达式):求数值表达式的标准偏差。

• VAR(数值表达式):求数值表达式的均方差。

【例 3.32】 计算“学生情况表”中入学成绩的平均数、合计数、最大值、最小值,并统计记录个数。

USE　学生情况表

CALCULATE　AVG(入学成绩),SUM(入学成绩),CNT(),MAX(入学成绩),MIN(入学成绩)

显示结果如下:

AVG(入学成绩)	SUM(入学成绩)	CNT()	MAX(入学成绩)	MIN(入学成绩)
505.56	4550.00	9	568.00	470.00

3.6.5　分类汇总命令

命令格式:**TOTAL TO 〈表文件名〉 ON 〈关键字段〉 [FIELDS〈数值型字段名表〉]**
[〈范围〉] [FOR〈条件〉] [WHILE〈条件〉]

功能:在打开的表中,按关键字分类,汇总计算,将结果存入新文件中。

说明:

(1) 表必须按关键字排序或索引,即表文件必须有序,否则不能汇总。

(2) 〈表文件名〉指定存放计算结果的新表文件名。若该表不存在,系统会自动创建。

(3) 如果没有任何选择项,将按关键字段分组,并对所有数值型字段求和生成一个新的表。

(4) 有[〈范围〉]短语时,将按指定的数值型字段分组求和。

(5) 有[FIELDS〈数值型字段名表〉]短语时,将按指定的数值型字段分组求和。

(6) 有[FOR〈条件〉]短语时,将对满足条件的那些记录的数值型字段分组求和。

【例 3.33】 统计“学生情况表”,按“性别”分组求和。

USE　学生成绩表

INDEX　ON　性别　TO　XBST

TOTAL　TO　XB　TEMP　性别

USE　TEMP

BROWSE

显示结果如下:

学号	姓名	性别	出生日期	团员否	入学成绩	照片
DS0506	李国强	男	11/20/84	F	2578.0	gen
DS0501	罗晓丹	女	10/12/84	T	1927.0	Gen

3.7　数据完整性

数据完整性是为了保证数据库中数据的正确性和相容性,对数据库提出的某种约束条件或规则。数据完整性通常包括实体完整性、参照完整性和域完整性，Visual FoxPro 提供了实现这些完整性的手段和方法。

3.7.1 实体完整性与主关键字

实体完整性是保证表中实体(记录)惟一的特性，即在一个表中不允许有重复的记录。在 Visual FoxPro 中利用主关键字或候选关键字来保证表中的记录惟一，即保证实体惟一性。

如果一个字段的值或几个字段的值能够惟一标识表中的一条记录，则这样的字段称为候选关键字。在一个表上可能会有几个具有这种特性的字段或字段的组合，这时从中选择一个作为主关键字。

在 Visual FoxPro 中将主关键字称作主索引，将候选关键字称作候选索引。由上所述，Visual FoxPro 中主索引和候选索引有相同的作用。

3.7.2 域完整性与约束规则

域完整性又称用户定义完整性规则，是根据应用环境的要求和实际的需要，对某一具体应用所涉及的数据提出的约束条件。在 VFP 中主要用字段有效性规则来实现，在插入或修改字段值时被激活，主要用于数据输入正确性的检验。

设置字段有效性规则比较简单的方法仍然是在表设计器中，如图 3.46 所示。

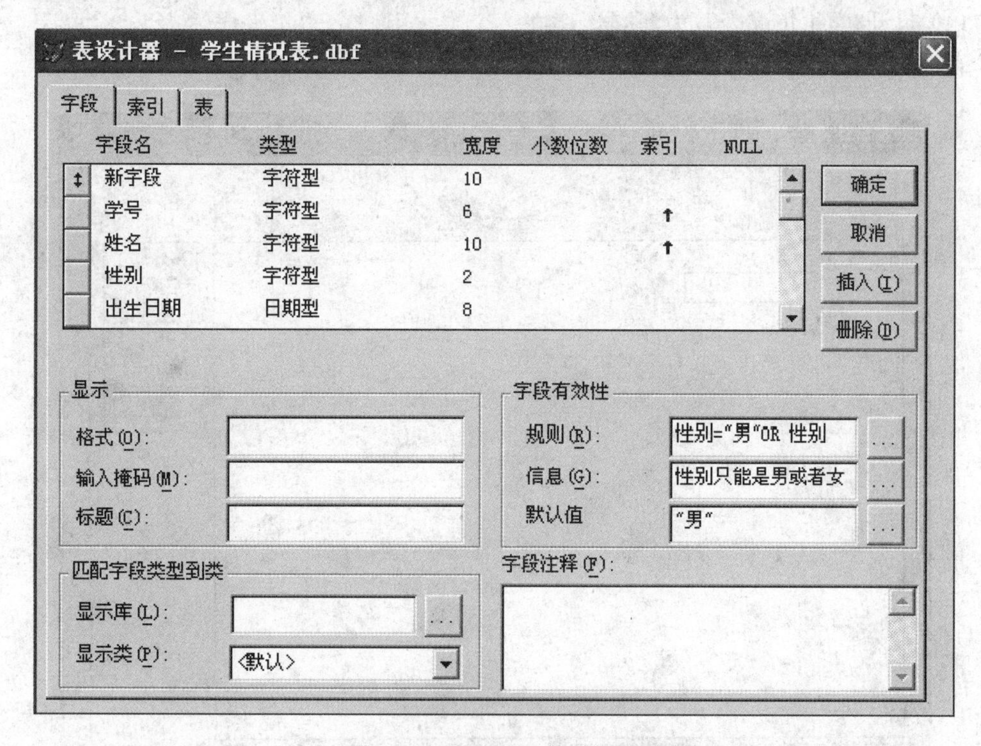

图 3.46 在表设计器中设计字段有效性

图 3.46 中，“规则”栏用于指定字段在修改或编辑时应满足的条件。在“规则”栏中输入

一个逻辑表达式，如对性别字段输入：性别＝"男" OR 性别＝"女"，对该字段输入数据时，VFP将根据表达式对其进行检验，如不符合规则，则要修改数据，直到符合规则才允许光标离开该字段。“信息”栏用于指定输入有误时的提示信息，如“性别只能是男或者女”。“默认值”栏用于指定当前字段的默认值，在增加新记录时，默认值会在新记录中显示出来，当该字段值与默认值相同时不用输入，以提高输入速度。有效性规则只在数据库表中才存在。如果从数据库中移去或删除一个表，则所有属于该表的字段有效性规则都会从数据库中删除。

3.7.3 参照完整性与表之间的关联

参照完整性是定义数据表之间主关键字与外部关键字引用的约束条件。具体地说，当插入、删除或修改一个表中的数据时，通过参照相互关联的另一个表中的数据，来检查操作是否正确。

在 Visual FoxPro 中建立参照完整性，首先必须建立表之间的联系。最常见的联系类型是一对多的联系，在关系数据库中通过连接字段来体现和表示联系。连接字段在父表中一般是主关键字，在子表中是外部关键字。如果一个字段或字段的组合不是本表的关键字，而是另一个表的关键字，则这样的字段称为外部关键字。

1. 建立表之间的联系

为了设置表的参照完整性，必须先在表之间建立永久联系。表之间的永久联系是基于索引建立的一种关系，这种联系被作为数据库的一部分而保存在数据库中。以建立“学生管理数据库”为例，建立表之间永久联系的具体操作方法如下：

(1) 打开“学生情况表”，为“学号”建立一个主索引，打开“学生成绩表”，为“学号”建立一个普通索引，如图 3.47、图 3.48 所示。

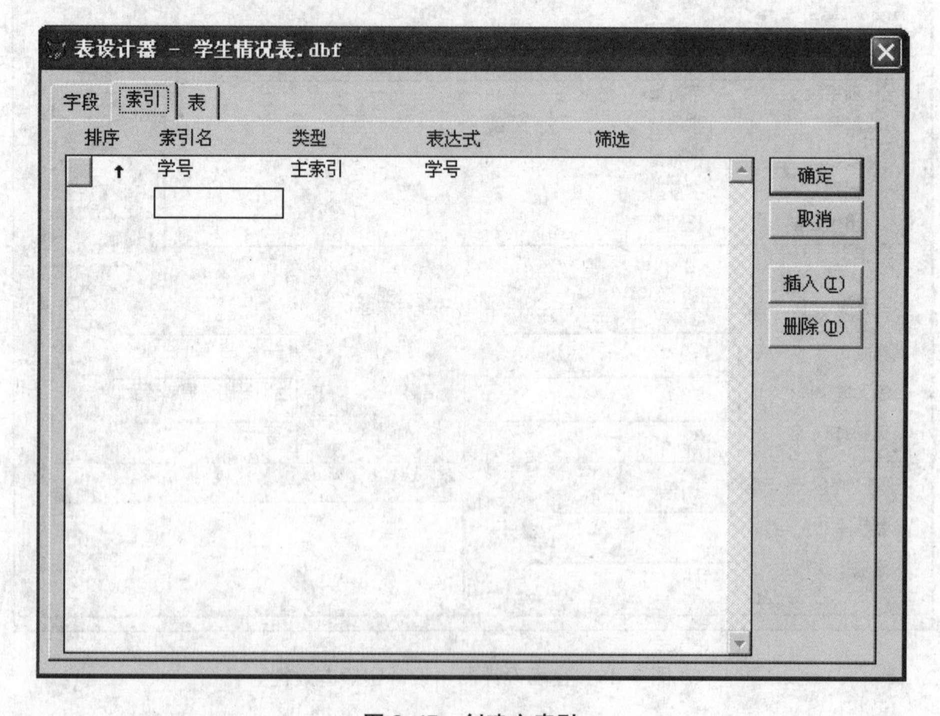

图 3.47 创建主索引

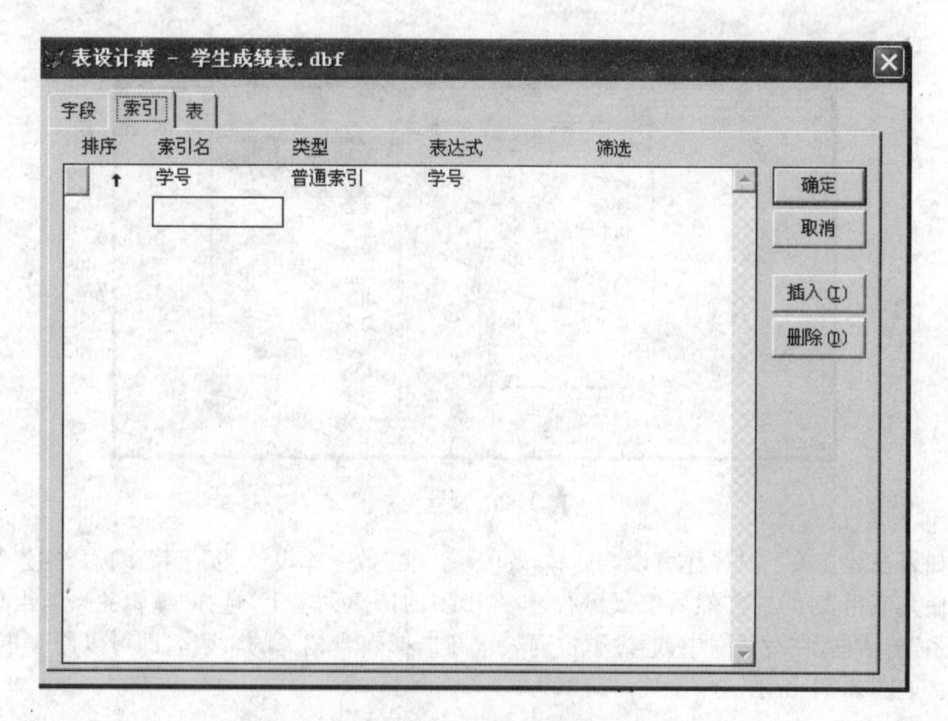

图 3.48　创建普通索引

(2) 建好索引后，打开“数据库设计器”，如图 3.49 所示。

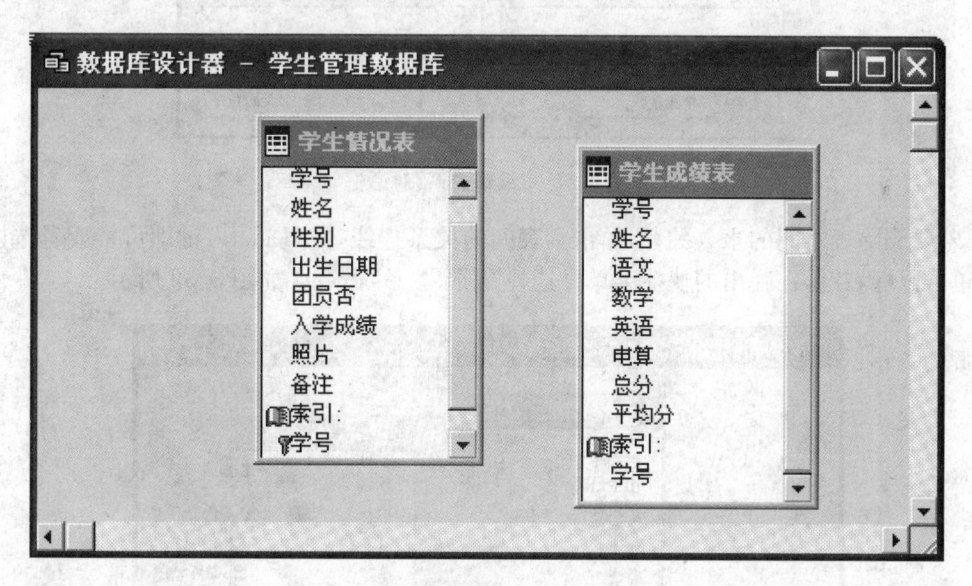

图 3.49　建好索引之后的两个数据库

(3) 在“数据库设计器”上将鼠标放在主表(学生情况表)的“学号”索引标识上，按住左键拖到子表(学生成绩表)的“学号”索引标识上，两个表之间就多了一条连线，其一对一的关系就建立了。如图 3.50 所示。

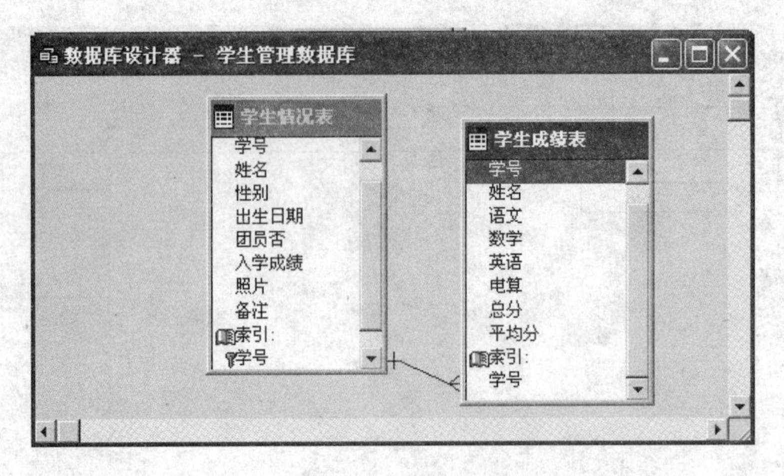

图 3.50 建立关系

如果在建立关系时操作有误,可以修改关系。在"数据库设计器"上将鼠标放在连线上,单击使其变粗表示选择,然后按鼠标右键,在出现的快捷菜单上,选择"编辑关系",出现"编辑关系"对话框,在对话框中,通过下拉列表重新选择表或相关的索引名即可以修改指定的关系。如图 3.51 所示。

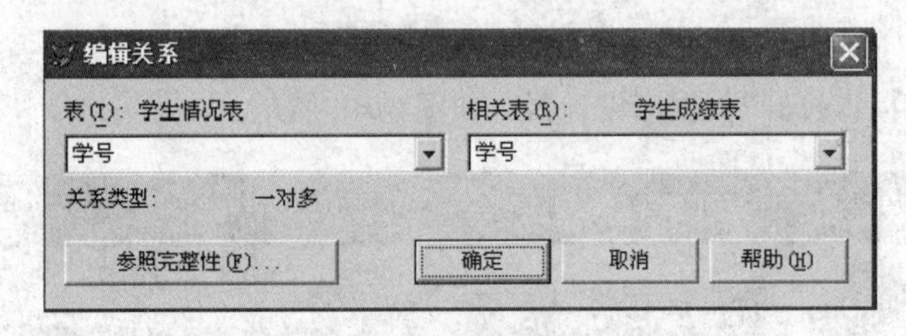

图 3.51 "编辑关系"对话框

若要删除表之间的永久关系,单击两表间的关系连线,按〈Delete〉键即可。或者选中连线,单击鼠标右键,在弹出的快捷菜单中选择"删除关系"命令。如图 3.52 所示。

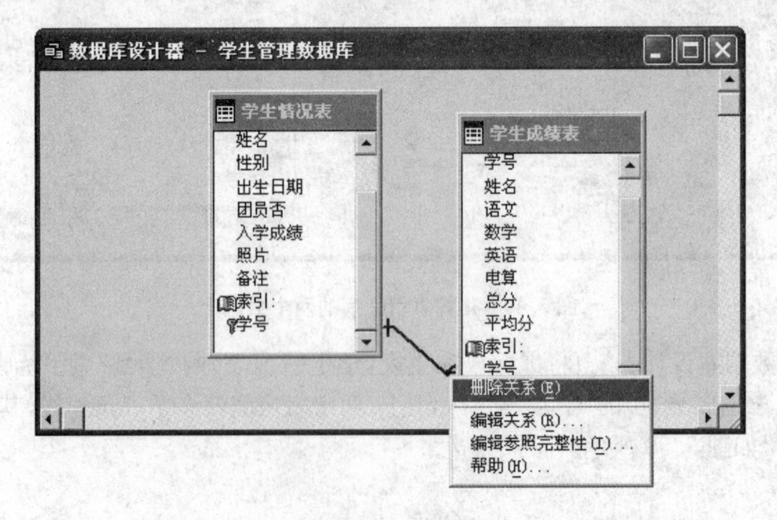

图 3.52 删除关系

2. 设置参照完整性

对于具有永久联系的两个数据库表,如果对其中一个表进行更新、删除或插入记录时,另一个表并没有做相应变化,这就破坏了数据的完整性。VFP 提供参照完整性生成器以供用户实现参照完整性。在设置参照完整性之前,必须首先清理数据库。所谓清理数据库就是物理删除数据库各表中所有带删除标记的记录。具体方法是:选择“数据库”菜单下的“清理数据库”命令,该操作与 PACK DATABASE 命令功能相同。如图 3.53 所示。

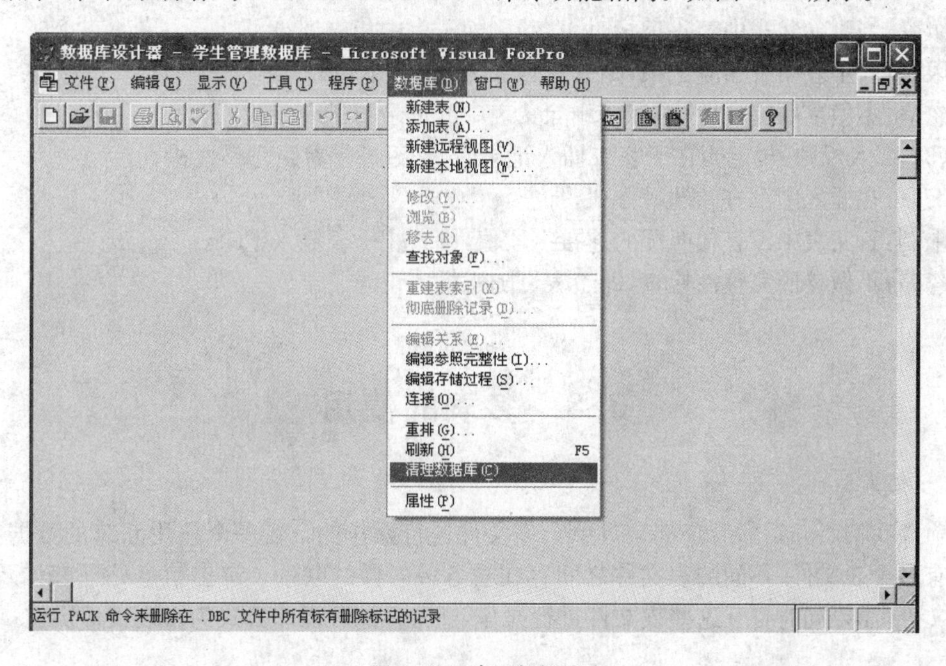

图 3.53 清理数据库

清理完数据库后,用鼠标右键单击表之间的联系,从快捷菜单中选择“编辑参照完整性”,将打开“参照完整性生成器”对话框,如图 3.54 所示。

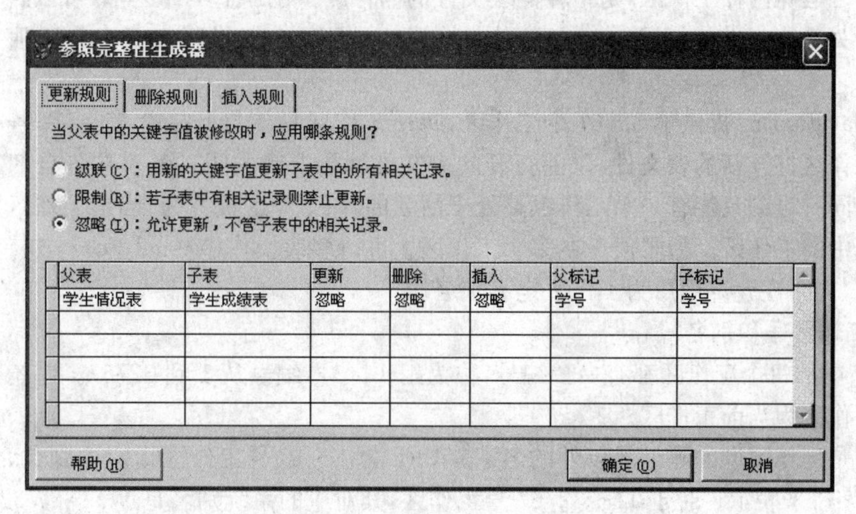

图 3.54 参照完整性生成器

注意,不管单击的是哪个联系,所有联系都将出现在参照完整性生成器中。

参照完整性规则包括更新规则、删除规则和插入规则。

(1) 更新规则:规定当更新父表中的连接字段时,如何处理子表中的相关记录。

级联:当更改父表中某一记录时,子表相应记录随之改变。

限制:若子表中有相应记录,则禁止修改父表中的字段值。

忽略:不做参照完整性检查,可以随意更改两表。

(2) 删除规则:规定当删除父表中的记录时,如何处理子表中相关记录。

级联:当删除父表中某一记录时,自动删除子表中相应记录。

限制:若子表中有相应记录,则禁止删除父表中的记录。

忽略:不做参照完整性检查,即删除父表中的记录与子表无关。

(3) 插入规则:规定当在子表中插入记录时,是否进行参照完整性检查。

级联:在插入中没有“级联”方式。

限制:若父表中没有相匹配的连接字段值,则禁止子表插入记录。

忽略:不做参照完整性检查,即子表可随意插入记录。

3.8 多表的使用

前面我们所介绍的命令都是对单个表文件进行操作的。在一个应用系统的数据库中,往往有多个表文件,不同的表文件之间存在着各种各样的联系。许多信息处理都涉及若干个表文件,需要同时打开这些表文件进行操作,通常称这种操作方式为多表文件操作。

3.8.1 工作区

工作区也叫内存工作区,是指存储表文件的内存区。在一个工作区中,可以打开一个表文件及有关其他文件,如备注文件、索引文件等。并且每个工作区都拥有自己独立的记录指针。

Visual FoxPro 提供了 32767 个工作区,每个工作区只能打开一个表文件,若在已有表文件的工作区打开新的表文件,以前打开的表文件就会自动关闭。各表在各自的工作区中被操作。同一时刻只能有一个工作区是处于活动的,该工作区被称为“当前工作区”,即最后一个被选中的工作区。为了便于在多个工作区上进行多表操作,Visual FoxPro 特为工作区起了名字,同时还允许用户为工作区定义别名。

1. 工作区号和别名

VFP 中的每个工作区都有一个编号,称为工作区号,编号从 1 到 32767。系统默认编号为 1 的工作区为当前工作区。

别名是工作区取的除编号以外的名字。VFP 为 1～10 号工作区指定了别名,分别用 A～J 单个字母来表示。对于 11～32767 号工作区,其对应的系统别名是 W11～W32767。

当用户在某个工作区打开一个表文件时,也可同时为此工作区建立一个别名,称为用户别名。定义用户别名的命令如下:

命令格式:**USE 〈表名〉 [ALIAS〈别名〉]**

功能：打开表文件，并为该文件起一个别名。

说明：

(1) 若无可选项“ALIAS 别名”，则别名与表文件名同名；若有选择项，则表文件的别名由〈别名〉指定。

(2)〈别名〉是用英文字母或下划线开头，由字母、数字、下划线组成，其命名规则与文件名的命名规则相同。

例如，命令“USE 学生情况表 ALIAS XSQK”命令即指定 XSQK 为学生情况表的别名。若未对表指定别名，则别名默认为表名，例如命令“USE 学生情况表”表示学生情况表的别名是“学生情况表”。

2. 选择工作区命令

命令格式：**SELECT 〈工作区号〉|〈别名〉**

功能：把由工作区号或别名指定的工作区转变为当前工作区。

说明：

(1) 如果指定“0”号，则表示选定当前未使用的最小号工作区。

(2) 在每个工作区内只能同时打开一个表文件及其相关文件。一个表文件不能同时在多个工作区打开。

【例 3.34】 在不同工作区中打开学生情况表、学生成绩表，并分别为它们定义别名。

```
SELECT 1            && 选择 1 号工作区为当前工作区
USE 学生情况表 ALIAS XSQK
&& 在 1 号工作区打开学生情况表，并定义别名为 XSQK
LIST
SELECT 2            && 选择 2 号工作区为当前工作区
USE 学生成绩表 ALIAS FSCJ
LIST
```

3. 调用不同工作区数据

如果要在当前工作区调用另外的工作区中打开的表文件记录数据，需要利用该表文件所在的工作区号或工作区别名。

命令格式：**工作区别名->〈字段名〉** 或 **工作区别名.〈字段名〉**

功能：在当前工作区访问指定工作区打开表的字段。

【例 3.35】 在不同工作区分别打开学生情况表和学生成绩表，在当前工作区访问其他工作区。

```
SELECT A
USE 学生情况表
GO 6
SELECT B
USE 学生成绩表
? 学号        && 显示当前工作区打开表当前记录的学号
? A.学号      && 显示指定工作区打开表当前记录的学号
```

3.8.2 表之间的关联

1. 关联概述

表间的逻辑连接又称作关联。所谓关联是把工作区中打开的表与另一个工作区中打开的表根据关键字段进行逻辑连接，而不生成新的表。两个表建立关联后，当前工作区中的表记录指针移动时，被关联工作区的表记录指针也将自动相应移动，以实现对多表的同时操作。

在多个表中，必须有一个表为关联表，此表常称为父表或主表，而其他的表则称为被关联表，常称为子表。在两个表之间建立关联，必须以某一个字段为标准，该字段称为关键字段。表文件的关联可分为一对一关联、一对多关联和多对多关联。

2. 在数据工作期窗口建立关联

具体操作步骤如下：

(1) 选择系统菜单“窗口/数据工作期”，打开“数据工作期”窗口，如图 3.55 所示。

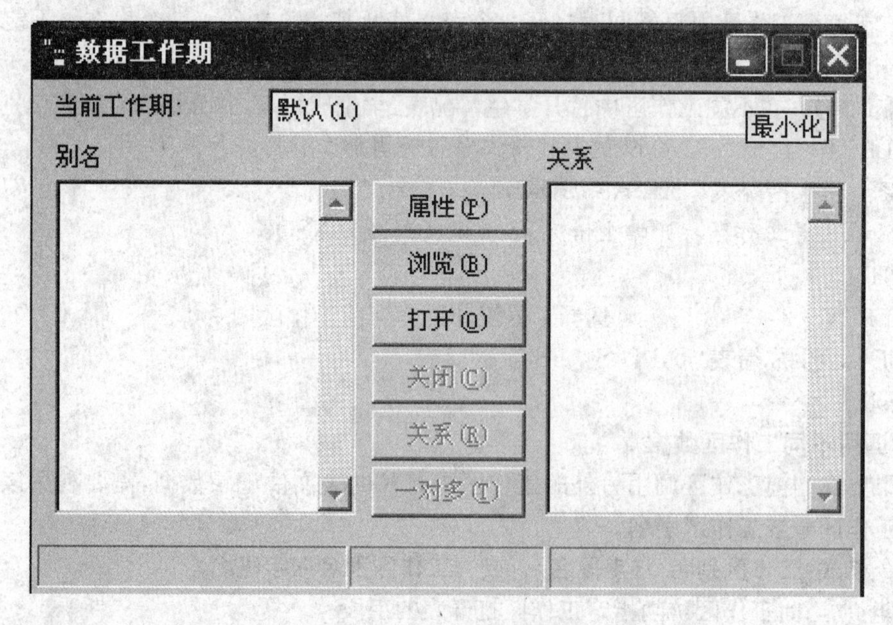

图 3.55 “数据工作期”窗口

(2) 单击“打开”按钮，打开“学生情况表”，用同样方式打开“学生成绩表”，如图 3.56 所示。

(3) 选择“学生情况表”，单击“属性”按钮，打开“工作区属性”窗口，在“索引顺序”下拉列表框中选择索引名“学生情况表.学号”，单击“确定”按钮，如图 3.57 所示。

(4) 选择“学生成绩表”，单击“关系”按钮。

(5) 选择“学生情况表”，在弹出的“表达式生成器”对话框中，双击“学生成绩表”中的“学号”字段，则在“SET RELATION”文本框中显示“学号”，如图 3.58 所示。

(6) 单击“确定”按钮，返回“数据工作期”窗口，所建关系在“关系”列表框中立即显示出来，如图 3.59 所示。

(7) 当在“学生成绩表”窗口中移动记录指针时，“学生情况表”浏览窗口显示的内容会随之改变，如图3.60所示。

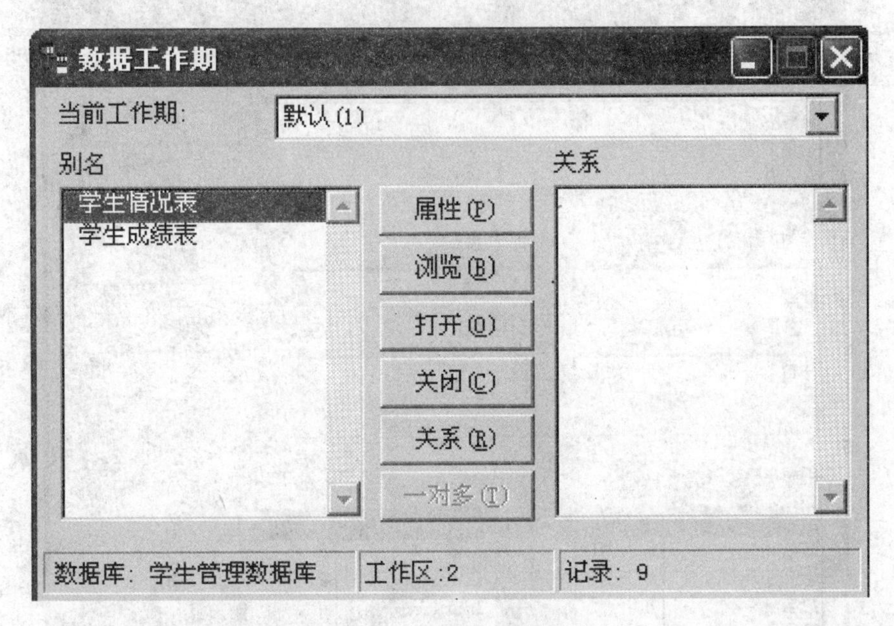

图3.56 “数据工作期”窗口

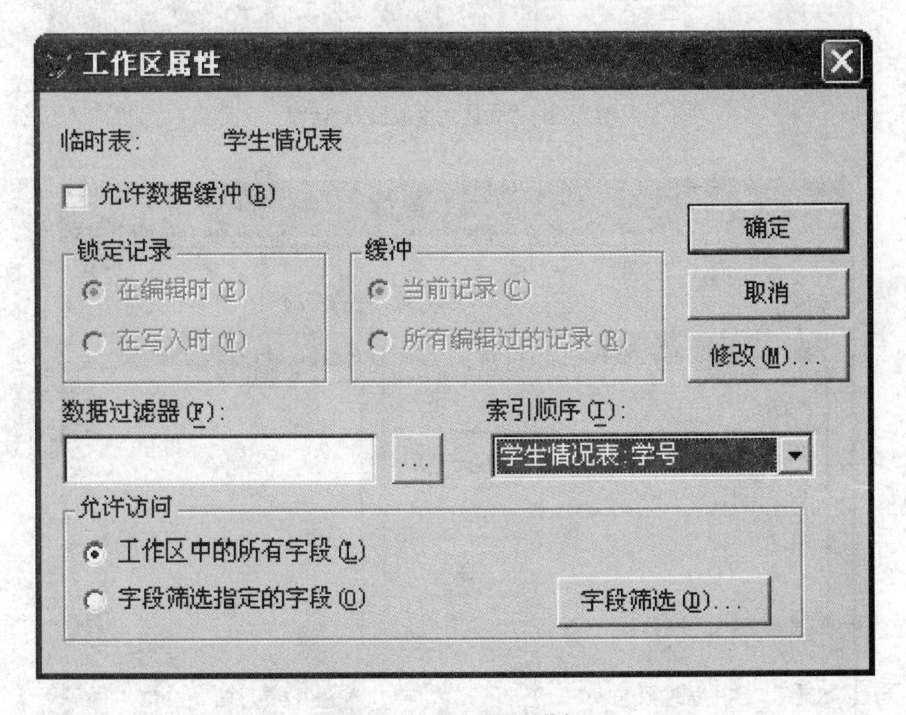

图3.57 “工作区属性”窗口

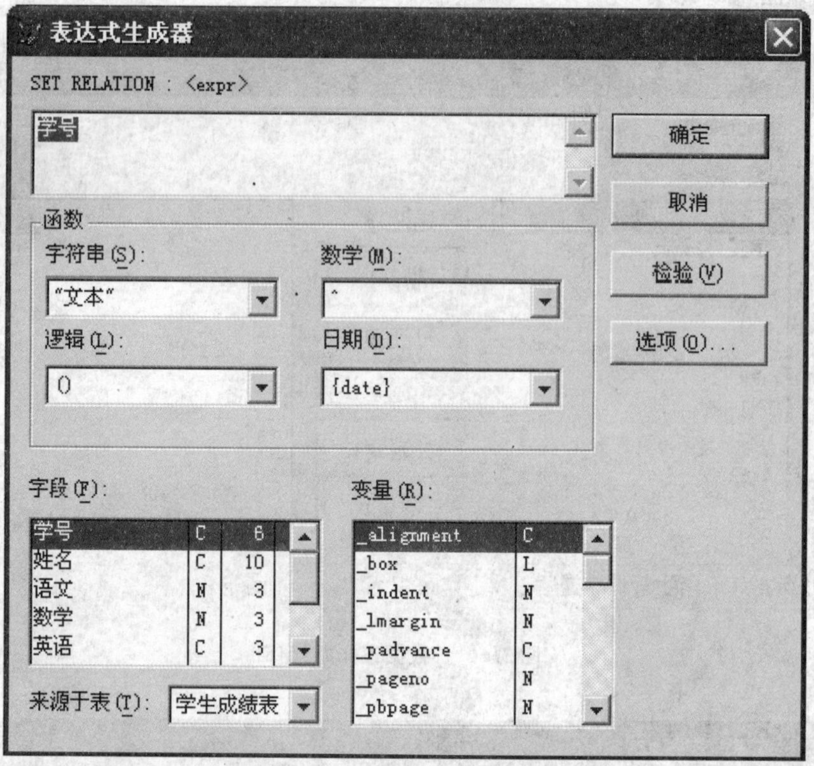

表达式生成器

SET RELATION : <expr>

学号

确定

取消

检验(V)

选项(O)...

函数

字符串(S):

"文本"

数学(M):

^

逻辑(L):

()

日期(D):

{date}

字段(F):

学号	C	6
姓名	C	10
语文	N	3
数学	N	3
英语	C	3

来源于表(T): 学生成绩表

变量(R):

_alignment	C
_box	L
_indent	N
_lmargin	N
_padvance	C
_pageno	N
_pbpage	N

图 3.58 “表达式生成器”对话框

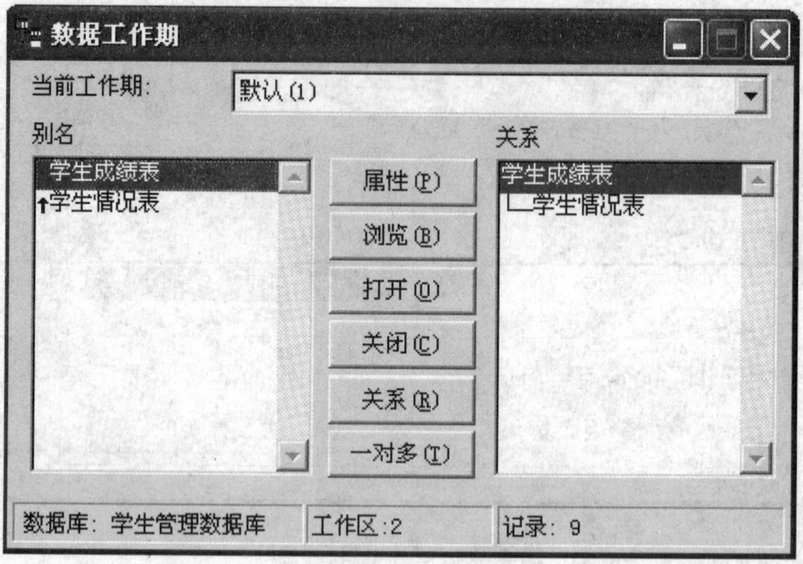

数据工作期

当前工作期: 默认(1)

别名

学生成绩表

↑学生情况表

属性(P)

浏览(B)

打开(O)

关闭(C)

关系(R)

一对多(T)

关系

学生成绩表

└学生情况表

数据库: 学生管理数据库 工作区:2 记录: 9

图 3.59 建立临时关系

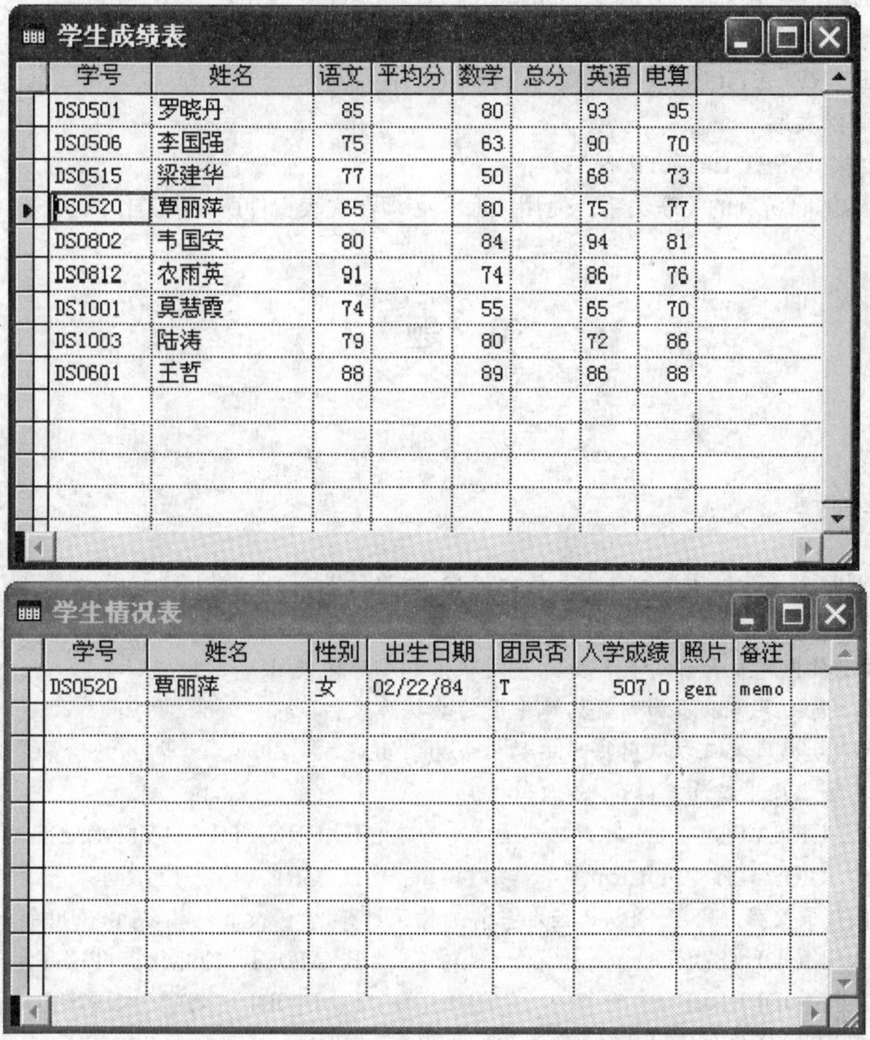

学生成绩表

学号	姓名	语文	平均分	数学	总分	英语	电算
DS0501	罗晓丹	85		80		93	95
DS0506	李国强	75		63		90	70
DS0515	梁建华	77		50		68	73
DS0520	覃丽萍	65		80		75	77
DS0802	韦国安	80		84		94	81
DS0812	农雨英	91		74		86	76
DS1001	莫慧霞	74		55		65	70
DS1003	陆涛	79		80		72	86
DS0601	王哲	88		89		86	88

学生情况表

学号	姓名	性别	出生日期	团员否	入学成绩	照片	备注
DS0520	覃丽萍	女	02/22/84	T	507.0	gen	memo

图 3.60　子表内容随着父表记录指针移动而变化

3. 用命令建立关联

命令格式:**SET RELATION TO** [〈索引表达式〉 **INTO** 〈工作区号〉|〈子表别名〉[**ADDITIVE**]]

功能:通过关键字表达式在当前表和别名工作区表之间建立关联。

说明:

(1)〈索引表达式〉用来指定父文件的索引表达式,其值与子文件中的主控索引关键字对应。

(2)〈工作区号〉|〈子表别名〉用来指定子表或其所在的工作区。

(3) [ADDITIVE]:建立新关系时不取消以前建立的关系。

(4) 缺省可选项,则解除当前工作区表文件的所有关联关系。

【例 3.36】 当前工作区为 1(学生情况表),通过“学号”索引建立“学生情况表”和“学生成绩表”之间的临时联系。

OPEN　DATABASE　学生管理数据库

USE　学生情况表　IN　1　ORDER　学号

USE　成绩成绩表　IN　2　ORDER　学号

SET　RELATION　TO　学号　INTO　成绩表

4. 解除关联

命令格式:**SET RELATION TO**

功能:解除所有的关联关系。使用该命令必须在主表文件所在的工作区执行。

习　题　3

一、选择题

1. 下面有关数据库表和自由表的叙述中,错误的是(　　)。

   A. 数据库表和自由表都可以用表设计器来建立

   B. 数据库表和自由表都支持表间联系和参照完整性

   C. 自由表可以添加到数据库中成为数据库表

   D. 数据库表可以从数据库中移出成为自由表

2. 在数据库中建立表的命令是(　　)。

   A. CREATE　　　　B. CREATE　DATABASE

   C. CREATE　QUERY　　　　D. CREATE　FORM

3. 假设表文件 TEST.DBF 已经在当前工作区打开,要修改其结构,可以使用命令(　　)。

   A. MODI　STRU　　　　B. MODI　COMM　TEST

   C. MODI　DBF　　　　D. MODI　TYPE　TEST

4. 有关 ZAP 命令的描述,正确的是(　　)。

   A. ZAP 命令只能删除当前表的当前记录

   B. ZAP 命令只能删除当前表的带有删除标记的记录

   C. ZAP 命令能删除当前表的全部记录

   D. ZAP 命令能删除表的结构和全部记录

5. 为当前表中所有学生的总分增加 10 分,可以使用的命令是(　　)。

   A. CHANGE　总分　WITH　总分＋10

   B. REPLACE　总分　WITH　总分＋10

   C. CHANGE　ALL　总分　WITH　总分＋10

   D. REPLACE　ALL　总分　WITH　总分＋10

6. 在 Visual FoxPro 中,若所建立索引的字段值不允许重复,并且一个表中只能创建一个,这种索引应该是(　　)。

   A. 主索引　B. 惟一索引　C. 候选索引　D. 普通索引

7. 在 Visual FoxPro 中,有关参照完整性的删除规则正确的描述是(　　)。

   A. 如果删除规则选择的是"限制",则当用户删除父表中的记录时,系统将自动删除

子表中的所有相关记录

B. 如果删除规则选择的是“级联”，则当用户删除父表中的记录时，系统将禁止删除与子表相关的父表中的记录

C. 如果删除规则选择的是“忽略”，则当用户删除父表中的记录时，系统不负责检查子表中是否有相关记录

D. 上面三种说法都不对

8. 已知表中有字符型字段“职称”和“性别”，要建立一个索引，要求首先按职称排序，职称相同时再按性别排序，正确的命令是(　　)。

A. INDEX　ON　职称+性别　TO　ttt

B. INDEX　ON　性别+职称　TO　ttt

C. INDEX　ON　职称，性别　TO　ttt

D. INDEX　ON　性别，职称　TO　ttt

9. 在 Visual FoxPro 中，下面关于索引的正确描述是(　　)。

A. 当数据库表建立索引后，表中记录的物理顺序将被改变

B. 索引的数据将与表的数据存储在同一个物理文件中

C. 建立索引是创建一个索引文件，该文件包含有指向表记录的指针

D. 使用索引可以加快对表的更新操作

10. 在 Visual FoxPro 中，数据库表的字段或记录的有效性规则的设置可以在(　　)中进行。

A. 项目管理器　　B. 数据库设计器

C. 表设计器　　D. 表单设计器

11. 有一学生表文件，且通过设计器已经为该表建立了若干普通索引。其中一个索引的索引表达式为“姓名”字段，索引名为 XM。现假设学生表已经打开，且处于当前工作区中，那么可以将上述索引设置为当前索引的命令是(　　)。

A. SET INDEX TO 姓名　　B. SET INDEX TO XM

C. SET ORDER TO 姓名　　D. SET ORDER TO XM

12. 在 Visual FoxPro 中，使用 LOCATE FOR⟨expL⟩命令按条件查找记录，当查找到满足条件的第一条记录后，如果还需要查找下一条满足条件的记录，应使用(　　)。

A. 再次使用 LOCATE FOR⟨expL⟩命令　　B. SKIP 命令

C. CONTINUE 命令　　D. GO 命令

13. 如果指定参照完整性的删除规则为“级联”，则当删除父表中的记录时，(　　)。

A. 系统自动备份父表中被删除记录到一个新表中

B. 若子表中有相关记录，则禁止删除父表中记录

C. 会自动删除子表中所有相关记录

D. 不做参照完整性检查，删除父表记录与子表无关

14. Visual FoxPro 的“参照完整性”中“插入规则”包括的选择是(　　)。

A. 级联和忽略　　B. 级联和删除

C. 级联和限制　　D. 限制和忽略

15. 假设职员表已在当前工作区打开，其当前记录的“姓名”字段值为“张三”(字符型，宽度为 6)。在命令窗口中输入并执行如下命令：

姓名=姓名-"您好"
? 姓名
那么主窗口中将显示(　　)。

A. 张三　　　　B. 张三 您好
C. 张三您好　　D. 出错

二、填空题

1. 在 Visual FoxPro 中,CREATE　DATABASE 命令将创建一个扩展名为________的数据库文件。

2. 在 Visual FoxPro 中,修改表结构的非 SQL 命令是________。

3. 在 Visual FoxPro 中,数据库表 S 中的备注型字段的内容将存储在________文件中。

4. 所谓自由表就是那些不属于任何________的表。

5. 在定义字段有效性规则时,在规则框中输入的表达式类型是________。

6. 在 Visual FoxPro 中,使用 LOCATE ALL 命令按条件对表中的记录进行查找,若查找不到记录,函数 EOF()的返回值应是________。

7. 不带条件的 DELETE 命令(非 SQL 命令)将删除指定表的________记录。

第 4 章　关系数据库标准语言 SQL

本章导读

SQL(Structured Query Language)是关系数据库的标准语言,对关系模型的发展和商用 DBMS 的研制起着重要的作用。SQL 语言是介于关系代数和元组演算之间的一种语言。在 Visual FoxPro 数据库管理系统中,除了具有 Visual FoxPro 命令外,还支持结构化查询与 SQL 命令。本章我们将从数据定义、数据查询和数据操作三个方面介绍 Visual FoxPro 支持的 SQL 语言。

知识点

- SQL 语言概述、主要特点、语言的规则
- 数据查询功能:简单查询、分组与计算查询、联接查询、嵌套查询、超联接查询等;几个特殊运算符;排序;别名的使用;查询结果输出
- 数据定义功能:表的定义、表的删除、表结构的修改、视图的定义
- 数据操作功能:插入、更新、删除

4.1　SQL 概述

SQL 是一种介于关系代数与关系演算之间的结构化查询语言(Structured Query Language),是 20 世纪 70 年代由 IBM 圣约瑟研究实验室为其关系数据库管理系统 SYSTEM R 开发的一种查询语言,它的前身是 SQUARE 语言。1989 年,国际标准化组织 ISO 将 SQL 定为国际标准,推荐它为标准关系数据库语言。1990 年,我国也颁布了《信息处理系统数据库语言 SQL》,将其定为中国国家标准。

SQL 语言结构简洁、使用方便、功能强大、简单易学,是目前关系型数据库的标准语言。它在计算机界深受广大用户的欢迎,为此一些数据库生产厂家开发了多种相应的流行软件,如 DB2、Access、SQL Server、Visual FoxPro、PowerBuilder 等,它们都支持 SQL 语言作为查询语言。

4.1.1　SQL 语言的主要特点

SQL 语言深受广大用户和计算机界认同和接受,并成为国际标准,它的特点有以下几个方面:

(1) 语言的一体化

SQL 提供了一系列完整的数据定义、查询和操纵、控制等功能,把关系型数据库的数据

定义语言 DDL(例如 CREATE、DROP、ALTER 等语句)、数据查询语言 DQL(例如 SELECT 语句)、数据操纵语言 DML(例如 INSERT(插入)、UPDATE(修改)、DELETE(删除)、TFF 等语句)和数据控制语言 DCL(例如 GRANT、REVOKE、COMMIT、ROLLBACK 等语句)集为一体,统一在一种语言中。

(2) 语言简洁,易学易用

SQL 语言结构简洁,语法简单,命令动词少,简单易学,初学者在短期内很容易掌握 SQL 语言的相关操作。

(3) 高度非过程化

SQL 是一种非过程化语言,它进行数据操作,只需指出"做什么",无需指明"怎么做",也不必了解数据存储的格式及 SQL 命令的内部执行过程,存取路径的选择和操作的执行由数据库管理系统(DBMS)自动完成。

(4) 两种使用方式和统一的语法结构

SQL 语言既是自含式语言,又是嵌入式语言,在语法结构上基本是一致的。另外,自含式语言可以单独使用,用户在终端上直接键入 SQL 命令就可以实现对数据库的操作。

(5) 面向集合的操作方式

SQL 语言是一种面向集合的结构化查询语言,每个语句的操作对象是一个或多个关系,同时结果往往也是一个关系。

(6) 视图数据结构

SQL 语言可以对两种基本数据结构进行操作:一种是"表",一种是"视图"。视图由数据库中满足一定条件约束的数据组成,用户可以像对表一样对视图进行操作。

4.1.2 SQL 语言的规则

SQL 语言功能丰富、使用方便灵活、简洁易学,它具有以下规则:

(1) SQL 关键字不区分大小写,既可以使用大写格式,也可以使用小写格式,或者混用大小写格式。

(2) 对象名和列名不区分大小写,既可以使用大写格式,也可以使用小写格式,或者混用大小写格式。

(3) 字符值和日期值区分大小写。

4.2 数据查询功能

数据库查询是数据库的核心操作,Visual FoxPro 中支持的 SQL 查询语句是 SELECT。它具有强大的单表和多表查询功能,既可在命令窗口直接使用命令,也允许通过"查询设计器"的窗口来设计查询步骤,生成查询文件,然后运行该文件,来完成其查询目的。

4.2.1 SELECT 语句基本格式

在 SQL 中,使用 SELECT 语句进行数据库的查询时,应用灵活、功能强大、使用方便、简单易学。

基本格式为：

SELECT [ALL|DISTINCT] [TOP 〈数值表达式〉 [PERCENT]]

[〈表别名 1.〉] 〈检索项 1.〉 [AS〈列名 1.〉]

[,[〈表别名 2.〉] 〈检索项 2.〉 [AS〈列名 2.〉…]]

FROM [〈数据库名 1!〉] 〈表名 1〉 [,[〈数据库名 2!〉] 〈表名 2〉…]

[WHERE 〈连接条件 1〉 [AND 〈连接条件 2〉…]]

[AND|OR 〈条件表达式 1〉 [AND|OR 〈条件表达式 2…〉]]

[GROUP BY 〈列名 1〉 [,〈列名 2〉…]]

[HAVING 〈条件表达式〉]

[UNION [ALL] SELECT 〈语句〉]

[ORDER BY 〈排列项 1〉 [ASC|DESC] [,〈排列项 2〉 [ASC|DESC]…]]

使用说明及符号的含义如下：

(1) SELECT 语句的基本格式是由 SELECT 子句、FROM 子句和 WHERE 子句组成的查询块。

(2) 整个 SELECT 语句的含义是：根据 WHERE 子句的筛选条件表达式，从 FROM 子句指定的表中找出满足条件的记录，再按 SELECT 语句中指定的字段次序，筛选出记录中的字段构造一个显示结果表。

(3) [ ]：表示里面的内容是可选的，如[WHERE〈连接条件 1〉[AND〈连接条件 2〉…]]，表示查询语句中可以有 WHERE 子句，也可以没有 WHERE 子句。

(4) 〈〉：表示里面的内容是必选的，但根据实际情况需要来定，如[GROUP BY〈列名 1〉[,〈列名 2〉…]]。

(5) |：表示选择其中之一，如[ALL|DISTINCT]。

(6) [,…]：表示里面的内容可以重复出现零次至多次，如[ORDER BY〈排列项 1〉[ASC|DESC][,〈排列项 2〉[ASC|DESC]…]]。

上述语句形式可以实现数据库上的任何查询，为清楚起见，我们将其概括为 5 大类，即简单查询、联接查询、嵌套查询、分组与计算查询、集合的并运算。我们在讨论各种操作之前，先假定学生管理数据库中有学生情况表、学生成绩表等，如图 4.1、图 4.2 所示。

学生情况表

学号	姓名	性别	出生日期	团员否	入学成绩	照片	备注
DS0501	罗晓丹	女	10/12/84	T	520.0	Gen	memo
DS0506	李国强	男	11/20/84	F	490.0	gen	memo
DS0515	梁建华	男	09/12/84	T	510.0	gen	memo
DS0520	覃丽萍	女	02/22/84	T	507.0	gen	memo
DS0802	韦国安	男	06/03/84	F	495.0	gen	memo
DS0812	农雨英	女	08/05/84	T	470.0	gen	memo
DS1001	莫慧霞	女	10/14/85	F	475.0	gen	memo
DS1003	陆涛	男	01/12/85	T	515.0	gen	memo
DS0601	王哲	男	09/25/06	T	568.0	gen	memo

表 4.1　学生情况表

学生成绩表

学号	姓名	语文	数学	英语	电算	总分	平均分
DS0501	罗晓丹	85	80	93	95		
DS0506	李国强	75	63	90	70		
DS0515	梁建华	77	50	68	73		
DS0520	覃丽萍	65	80	75	77		
DS0802	韦国安	80	84	94	81		
DS0812	农雨英	91	74	86	76		
DS1001	莫慧霞	74	55	65	70		
DS1003	陆涛	79	80	72	86		
DS0601	王哲	88	89	86	88		

图 4.2　学生成绩表

4.2.2　简单查询

SELECT-SQL 语句可以实现一张表上的任何查询，包括选择满足条件的行或列、排序等。简单查询是基于单个表的查询，得到的数据来自同一个表，命令形式上是在 FROM 短语之后只列出一个表名。查询可以分为条件查询(SELECT、FROM 和 WHERE)和无条件查询(SELECT 和 FROM)两种。

SELECT 短语指定表中的属性即表的字段名，相当于关系运算中的投影操作。WHERE 短语用于指定查询条件，只筛选出满足条件的元组即表中的记录，相当于关系运算中的选择操作。WHERE 短语后的查询条件是任一逻辑表达式，其中的关系和逻辑运算符见表 4.1。

表 4.1　关系运算符和逻辑运算符

运算符	功　能
＞	大于
＜	小于
＝	等于
＞＝	大于等于
＜＝	小于等于
＜＞或！＝	不等于
AND	逻辑与
OR	逻辑或
NOT	逻辑非

另外查询条件表达式中还可以出现如表 4.2 所示的关键字。

表 4.2 WHERE 子句中的常用关键字及其使用

关键字	说 明	用 法
ALL	满足子查询中所有值的记录	〈字段〉〈比较运算符〉ALL(〈子查询〉)
ANY	字段中的内容满足一个条件就为真	〈字段〉〈比较运算符〉ANY(〈子查询〉)
BETWEEN	字段的内容在指定范围内	〈字段〉BETWEEN〈范围始值〉AND〈范围终值〉
EXISTS	存在一个值满足条件	EXISTS(〈子查询〉)
IN	字段内容是结果集合或子查询中的某一部分	〈字段〉IN〈结果集合〉或〈字段〉IN(〈子查询〉)
LIKE	通配符,类似 DOS 中的"*"和"?"	〈字段〉LIKE〈字段表达式〉
SOME	满足集合的某一个值	〈字段〉〈比较符〉SOME(〈子查询〉)

构造这种筛选条件的基本要领为,左边是一个字段,右边是一个集合,在集合中测定字段值是否满足条件。NOT 可以与这些配合使用,实现逻辑取反。

【例 4.1】 在学生情况表中查询全部学生以及该表中的全部学生的学号和姓名。

(1) 查询学生情况表中全部学生的命令为:

SELECT * FROM 学生情况表

(2) 查询学生情况表中全部学生的学号和姓名的命令为:

SELECT 学号,姓名 FROM 学生情况表

查询的结果如图 4.3、图 4.4 所示。

学生情况表

学号	姓名	性别	出生日期	团员否	入学成绩	照片	备注
DS0501	罗晓丹	女	10/12/84	T	520.0	Gen	memo
DS0506	李国强	男	11/20/84	F	490.0	gen	memo
DS0515	梁建华	男	09/12/84	T	510.0	gen	memo
DS0520	覃丽萍	女	02/22/84	T	507.0	gen	memo
DS0802	韦国安	男	06/03/84	F	495.0	gen	memo
DS0812	农雨英	女	08/05/84	T	470.0	gen	memo
DS1001	莫慧霞	女	10/14/85	F	475.0	gen	memo
DS1003	陆涛	男	01/12/85	T	515.0	gen	memo
DS0601	王哲	男	09/25/06	T	568.0	gen	memo

图 4.3 例 4.1 查询结果(1)

学生情况表

学号	姓名
DS0501	罗晓丹
DS0506	李国强
DS0515	梁建华
DS0520	覃丽萍
DS0802	韦国安
DS0812	农雨英
DS1001	莫慧霞
DS1003	陆涛
DS0601	王哲

图 4.4 例 4.1 查询结果(2)

【例 4.2】 查询 1984 年 9 月 1 日以后出生的学生的名单。

SELECT 姓名 FROM 学生情况表 WHERE 出生年月＞CTOD("09/01/84")

查询结果如图 4.5 所示。

【例 4.3】 列出所有电算的成绩。

SELECT 电算 FROM 学生成绩表

查询结果如图 4.6 所示。

学生成绩表中存储着所有电算的成绩,但如果直接用 SELECT 选取就会有重复行出现。使用 DISTINCT 参数可去掉重复行并升序排列,这样就可以把某些数据表查询中不需要的部分去掉,为用户提供方便。

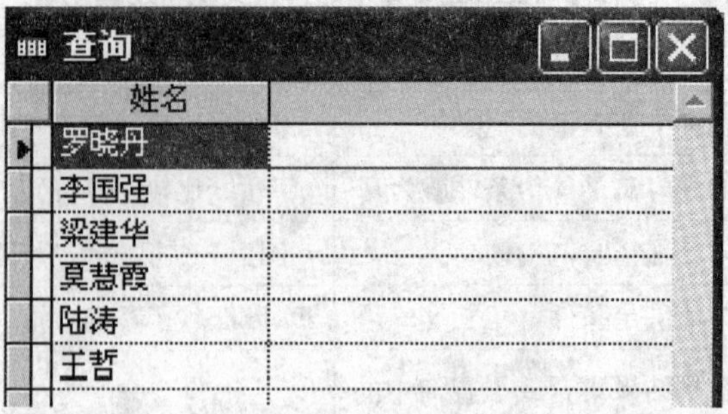

查询

姓名
罗晓丹
李国强
梁建华
莫慧霞
陆涛
王哲

图 4.5　例 4.2 的查询结果

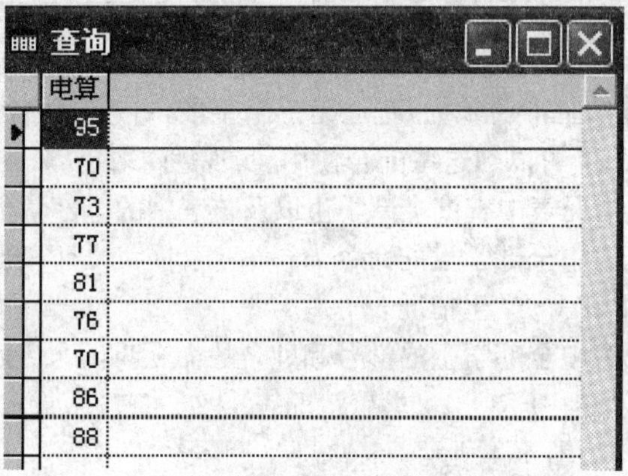

查询

电算
95
70
73
77
81
76
70
86
88

图 4.6　例 4.3 的查询结果

【例 4.4】　列出所有电算的成绩，要求去掉重复行并升序排列。

SELCET DISTINCT　电算　FROM　学生成绩表

查询结果如图 4.7 所示。

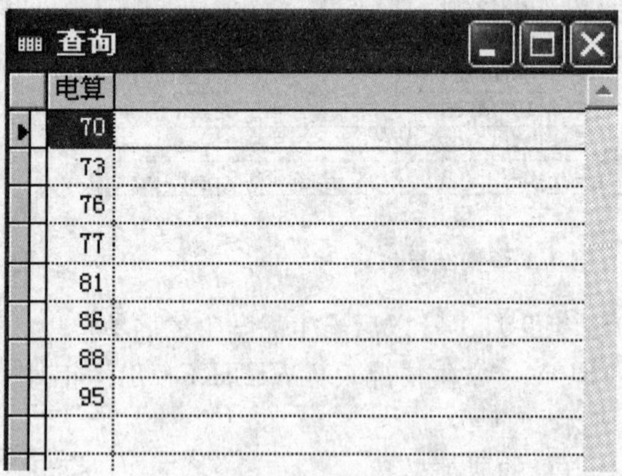

查询

电算
70
73
76
77
81
86
88
95

图 4.7　例 4.4 的查询结果

【例 4.5】　列出性别为“女”的全部学生的学号及姓名。

SELECT　学号，姓名　FROM　学生情况表　WHERE　性别＝"女"

使用 WHERE 子句可以说明查询的限制条件，只选择出满足条件的那些学生的相应数据，上例查询结果如图 4.8 所示。

查询

学号	姓名
DS0501	罗晓丹
DS0520	覃丽萍
DS0812	农雨英
DS1001	莫慧霞

图 4.8　例 4.5 的查询结果

【例 4.6】　列出所有性别不为“女”的学生的学号及姓名。

SELECT　学号,姓名　FROM　学生情况表　WHERE　性别!="女"

或

SELECT　学号,姓名　FROM　学生情况表　WHERE　性别<>"女"

查询结果如图 4.9 所示。

查询

学号	姓名
DS0506	李国强
DS0515	梁建华
DS0802	韦国安
DS1003	陆涛
DS0601	王哲

图 4.9　例 4.6 的查询结果

注意：语句中出现的标点符号在 VFP 命令窗口中必须在英文状态下输入，否则运行时出现错误。

4.2.3　几个特殊运算符

逻辑运算符如表 4.3 所示，它将连接关系表达式构成复杂的条件表达式。

表 4.3　逻辑运算符

符　号	含　义
OR	或(或者)
AND	与(并且)
NOT	非(否)

例 4.6 也可以用逻辑运算符表示：

SELECT　学号,姓名　FROM　学生情况表　WHERE NOT (性别="女")

特殊运算符包括 BETWEEN、IN、IS NULL 和 LIKE。下面举例说明这四种特殊运算符的使用。

1. BETWEEN…AND 运算符

在查找中，如果要求某列的数值在某个区间内，可使用该运算符。

【例 4.7】 查找入学成绩在 500 至 560 分之间的学生的得分情况。

SELECT * FROM 学生情况表 WHERE 入学成绩＞＝500 AND 入学成绩＜＝560

它等同于：

SELECT * FROM 学生情况表 WHERE 入学成绩 BETWEEN 500 AND 560

查询结果如图 4.10 所示。

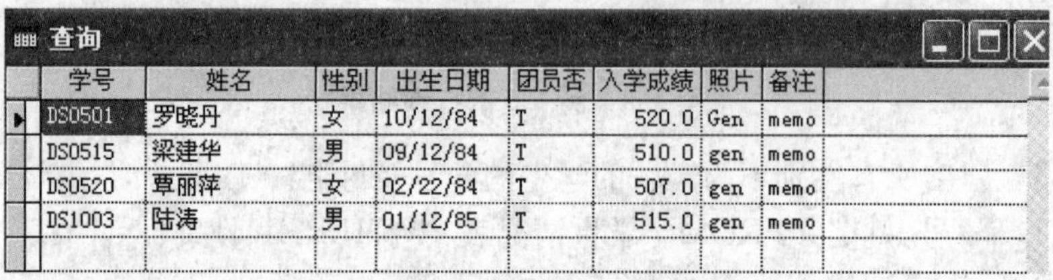

学号	姓名	性别	出生日期	团员否	入学成绩	照片	备注
DS0501	罗晓丹	女	10/12/84	T	520.0	Gen	memo
DS0515	梁建华	男	09/12/84	T	510.0	gen	memo
DS0520	覃丽萍	女	02/22/84	T	507.0	gen	memo
DS1003	陆涛	男	01/12/85	T	515.0	gen	memo

图 4.10　例 4.7 的查询结果

与 BETWEEN…AND 含义相反的，可以使用 NOT BETWEEN…AND。

2. IN 运算符

在查找中，经常会遇到要求表的列值是某几个值中的一个，此时可使用 IN 运算符。

【例 4.8】 列出数学成绩为 80 和 84 的全体学生的学号和姓名。

SELECT 学号，姓名 FROM 学生成绩表 WHERE 数学 IN (80,84)

它等同于：

SELECT 学号，姓名 FROM 学生成绩表 WHERE 数学＝80 OR 数学＝84

查询结果如图 4.11 所示。

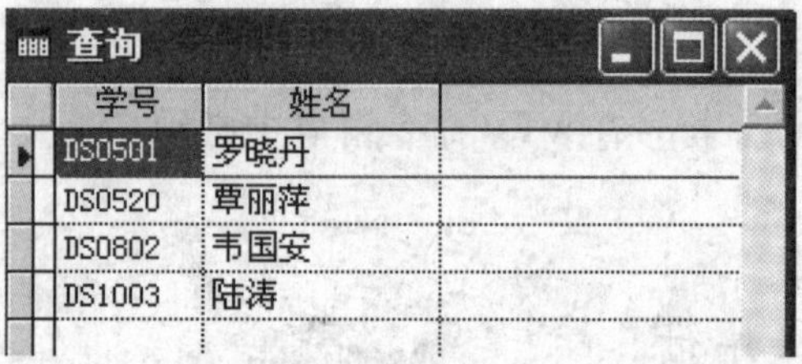

学号	姓名
DS0501	罗晓丹
DS0520	覃丽萍
DS0802	韦国安
DS1003	陆涛

图 4.11　例 4.8 的查询结果

同样可以使用 NOT IN 来表示与 IN 完全相反的含义。

3. LIKE 运算符

在查找中，LIKE 运算符专门对字符型数据进行字符串比较。LIKE 运算符提供两种字符串匹配方式，一种是使用下划线符号“_”匹配任意一个字符，另一种是使用百分号“%”匹配 0 个或多个字符。

【例 4.9】 查询学生情况表中学号为 DS100 的所有学生的情况。

SELECT * FROM 学生情况表 WHERE 学号 LIKE "DS100_"

或

SELECT * FROM 学生情况表 WHERE 学号 LIKE "DS100%"

查询结果如图 4.12 所示。

学号	姓名	性别	出生日期	团员否	入学成绩	照片	备注
DS1001	莫慧霞	女	10/14/85	F	475.0	gen	memo
DS1003	陆涛	男	01/12/85	T	515.0	gen	memo

图 4.12　例 4.9 的查询结果

同样可以使用 NOT LIKE 表示与 LIKE 相反的含义。

4. IS NULL 运算符

IS NULL 的功能是测试属性值是否为空值。在查询时用“列名 IS［NOT］NULL”的形式，不能写成“列名＝NULL”或“列名！＝NULL”。

【例 4.10】　列出学生成绩表中英语成绩为空值的学生的学号和姓名。

SELECT　学号，姓名　FROM　学生成绩表　WHERE　英语 IS NULL

4.2.4　排序

在 SELECT 语句中，使用“ORDER BY”子句可以对查询结果排序，可分为升序和降序两种。

1. ORDER BY 子句的基本格式

SELECT〈字段名 1，…〉FROM〈表名〉［WHERE〈条件表达式〉］［ORDER BY〈子句表达式 1〉［ASC|DESC］，…］

上述格式中，“子句表达式 1”可以是一个列名、列的别名、表达式或非零的整数值，而非零的整数值则表示字段、别名或表达式在选择列表中的位置。ASC 表示升序，为默认值；DESC 表示降序。排序时空值(NULL)被认为是最小值。

2. ORDER BY 子句应用实例

【例 4.11】　将学生情况表中的学生按出生时间先后顺序排序。

SELECT * FROM　学生情况表　ORDER　BY　出生日期

查询结果如图 4.13 所示。

学号	姓名	性别	出生日期	团员否	入学成绩	照片	备注
DS0520	覃丽萍	女	02/22/84	T	507.0	gen	memo
DS0802	韦国安	男	06/03/84	F	495.0	gen	memo
DS0812	农雨英	女	08/05/84	T	470.0	gen	memo
DS0515	梁建华	男	09/12/84	T	510.0	gen	memo
DS0501	罗晓丹	女	10/12/84	T	520.0	Gen	memo
DS0506	李国强	男	11/20/84	F	490.0	gen	memo
DS1003	陆涛	男	01/12/85	T	515.0	gen	memo
DS1001	莫慧霞	女	10/14/85	F	475.0	gen	memo
DS0601	王哲	男	09/25/06	T	568.0	gen	memo

图 4.13　例 4.11 的查询结果

在排序中多能排序叫做能联排序。在 ORDER BY 子句后面，按照顺序列出字段的清单，字段之间用逗号分隔，即可实现能联排序的功能。

4.2.5 简单的计算查询

SELECT 中求列(字段)平均值的函数是 AVG()，其语法格式是 **AVG(〈字段名〉)**。组织 SELECT 语句时，AVG(〈字段名〉)往往出现在 SELECT 后的列表位置。

【例 4.12】 统计学生成绩表中的学生人数，并计算语文总分和数学总分。

SELECT　COUNT(*)，SUM(语文)，AVG(数学)　FROM　学生成绩表

查询结果如图 4.14 所示。

查询

Cnt	Sum_语文	Avg_数学
9	714	72.78

图 4.14　例 4.12 的查询结果

4.2.6 分组与计算查询

分组就是将一组类似(根据分组字段的值)的记录压缩成一个结果记录，这样就可以完成基于一组记录的计算。

命令格式为：

SELECT [ALL|DISTINCT]〈字段列表〉　FROM　〈表文件名〉

　　[GROUP BY〈分组字段列表〉]…][HAVING〈过滤条件〉]

计算查询应用最多的场合是在分组计算中。所谓的分组计算实际上是根据某个字段，将字段值相同的记录作为一个集合，然后对每组进行指定的处理，如求平均值、求和、统计记录个数、求最大值或最小值等。

过滤条件就是对分组的结果根据条件(可以是来自于字段列表项中的选项，也可以是一个统计函数)进行记录组的过滤。

【例 4.13】 在学生情况表中，检索出各性别的学生人数。

SELECT 性别，COUNT(*) AS 总人数 FROM 学生情况表 GROUP BY 性别

在该查询中，先按性别进行分组，再按组进行记录的个数计数，查询结果如图 4.15 所示。

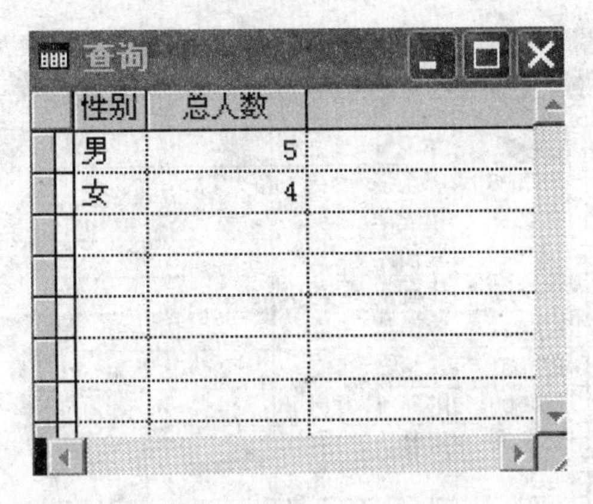

性别	总人数
男	5
女	4

图 4.15　例 4.13 的查询结果

4.2.7　简单的联接查询

在一个数据库的多个表之间一般都存在着某些联系，当一个查询语句同时涉及两个或两个以上的表时，这种查询称之为联接查询(也称为多表查询)。在多表之间查询必须处理表与表之间的联接关系。联接查询是关系数据库中最主要的查询，包括简单联接、别名的使用、自然联接、超联接查询等。

在多表查询中引用的例表如图 4.16、图 4.17 所示。

表1

序号	学号	入学成绩
1	DS0501	520.0
2	DS0506	490.0
3	DS0515	510.0
4	DS0520	507.0
5	DS0802	495.0
6	DS0812	470.0
7	DS1001	475.0
8	DS1003	515.0
9	DS0601	568.0

图 4.16　表 1

【例 4.14】　找出入学成绩大于 500 的学生的姓名和性别。

SELECT 姓名，性别 FROM 学生情况表，学生成绩表 WHERE (入学成绩>500) AND (学生情况表.学号=学生成绩表.学号)

查询结果如图 4.18 所示。

查询结果中的姓名和性别分别出自学生情况表和学生成绩表，这两个表之间是以“学生情况表.学号=学生成绩表.学号”为联接条件的。

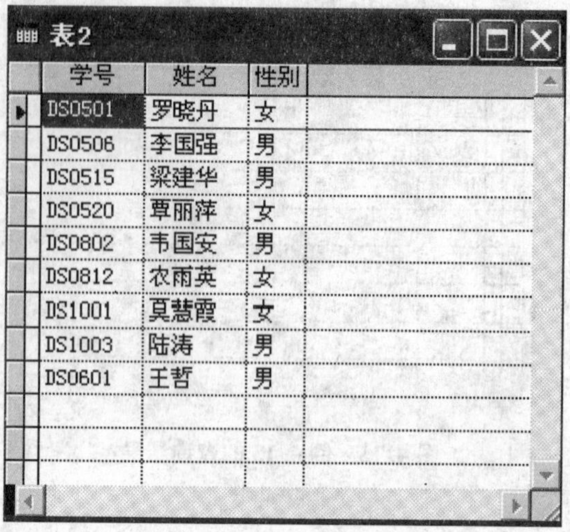

表2

学号	姓名	性别
DS0501	罗晓丹	女
DS0506	李国强	男
DS0515	梁建华	男
DS0520	覃丽萍	女
DS0802	韦国安	男
DS0812	农雨英	女
DS1001	莫慧霞	女
DS1003	陆涛	男
DS0601	王哲	男

图 4.17　表 2

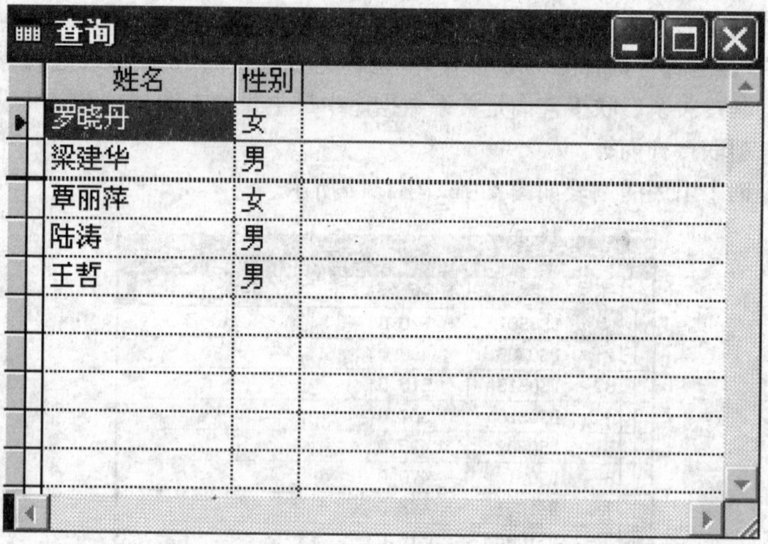

查询

姓名	性别
罗晓丹	女
梁建华	男
覃丽萍	女
陆涛	男
王哲	男

图 4.18　例 4.14 的查询结果

4.2.8　嵌套查询

在一个 SELECT 命令的 WHERE 子句中，如果还出现了另一个 SELECT 命令，则这种查询被称为嵌套查询。嵌套查询是基于多个关系的查询，这类查询所要求的结果出自一个关系，但相关条件却涉及多个关系，这时就需要使用 SQL 的嵌套查询功能。

嵌套查询常用的 WHERE 格式为：

格式一：**WHERE 条件 关系运算符 [ANY|ALL|SOME] (子查询)**

格式二：**[NOT] EXISTS (子查询)**

ANY、ALL、SOME 是量词，其中 ANY 和 SOME 是同义词，在进行比较运算时，只要子查询中有一条记录能使结果为真，则结果就为真；而 ALL 则要求子查询中的所有行都为真，结果才为真。

EXISTS 是谓词。EXISTS 或 NO EXISTS 用来检查子查询中是否有结果返回，即子查询的结果中存在记录或不存在记录。

1. 返回单值的子查询

【例 4.15】 列出姓名为“李国强”的所有学生的学号。

SELECT 学号 FROM 学生情况表 WHERE 姓名＝(SELECT DISTINCT 姓名 FROM 学生成绩表 WHERE 姓名＝"李国强")

查询结果如图 4.19 所示。

查询

学号
DS0506

图 4.19 例 4.15 的查询结果

本例表中没有重名，所以只显示一位姓名为“李国强”的学生的学号。SQL 语句执行的是两个过程，首先在学生成绩表中找出李国强的姓名，由学生成绩表得出该姓名为李国强；然后再在学生情况表中找出姓名为“李国强”的记录，列出这些记录的学号列，由学生情况表得出结果，如图 4.19 所示。

2. 返回一组值的子查询

如果某个子查询返回值不止一个，则必须指明在 WHERE 子句中应怎样使用这些返回值。通常使用量词 ANY、ALL 和 IN。

【例 4.16】 求性别为“男”的所有学生的各科成绩情况。

SELECT * FROM 学生成绩表 WHERE 学号 IN(SELECT 学号 FROM 学生情况表 WHERE 性别＝"男")

查询结果如图 4.20 所示。

查询

学号	姓名	语文	数学	英语	电算	总分	平均分
DS0506	李国强	75	63	90	70		
DS0515	梁建华	77	50	68	73		
DS0802	韦国安	80	84	94	81		
DS1003	陆涛	79	80	72	86		
DS0601	王哲	88	89	86	88		

图 4.20 例 4.16 的查询结果

IN 是属于的意思，等价于“＝ANY”，即等于子查询中任何一个值。

4.2.9 别名的使用

在联接操作中，经常需要使用关系名作前缀，有时这样显得很麻烦。因此，SQL 允许在 FROM 短语中为关系名定义别名。

格式：**关系名　别名**

如果使用别名，例 4.14 的 SELECT 命令就可以写成：

SELECT 姓名，性别 FROM 学生情况表_a，学生成绩表_b WHERE（入学成绩＞500）AND（a.学号＝b.学号）

在 FROM 子句中设定了学生情况表的别名为 a，学生成绩表的别名为 b。有了这样的定义，在命令的其他部分引用这些表时，就可以直接使用别名了。

4.2.10 内外层互相关嵌套查询

前面所讨论的嵌套查询(使用谓词 EXISTS 查询除外)都是外层查询依赖于内层查询的结果，而内外层查询无关。有时内层查询的条件需要外层查询提供值，而外层查询的条件需要内层查询的结果，这样的嵌套查询称为内外层相关的嵌套查询。

4.2.11 超联接查询

在新的 SQL 标准中，还支持两个新的关系联接运算符，它们与我们原来所了解的简单联接不同。原来的联接是只有满足联接条件，相应的结果才会出现在结果表中，这种联接也称为内联接。两种新的联接是指 SQL 中的“＊＝”和“＝＊”联接运算，它们不满足内联接的这种特性。

“＊＝”称为左联接。左联接的操作是在结果集中，除了包含有满足联接条件的记录外，还保留联接表达式左表中的非匹配记录，没有匹配的字段用.NULL.表示。

“＝＊”称为右联接。右联接的操作是在结果集中，除了包含有满足联接条件的记录外，还保留联接表达式右表中的非匹配记录，没有匹配的字段用.NULL.表示。

在结果表中，包含了第二个表中满足条件的所有记录；如果有在联接条件上匹配的元组，则第一个表返回相应值，否则返回空值。

除了上述的联接外，还有一种联接就是全联接。全联接除将满足联接条件的记录写入结果外，还将两个表中不满足联接条件的记录也写入结果中，不满足联接条件的记录对应部分用.NULL.表示。

Visual FoxPro 不支持超联接运算符“＊＝”和“＝＊”，但 Visual FoxPro 可以在 SELECT 命令中，使用专门的联接运算语法格式来支持超联接查询，其语法如下：

SELECT …

　　FROM 〈表文件名〉［INNER|LEFT|RIGHT|FULL］

　　JOIN 〈表文件名〉 ON 〈联接条件〉

说明：

(1) INNER JOIN:等价于 JOIN,为内部联接。

(2) LEFT JOIN:为左联接。

(3) RIGHT JOIN:为右联接。

(4) FULL JOIN:为全联接。

下面通过实例说明在 VFP 中如何实现各种联接。

【例 4.17】 左联接。

SELECT 表 1.学号,序号,姓名,性别,入学成绩 FROM 表 1 LEFT JOIN 表 2 ON 表 2.学号=表 1.学号

查询结果如图 4.21 所示。

查询

学号	序号	姓名	性别	入学成绩
DS0501	1	罗晓丹	女	520.0
DS0506	2	李国强	男	490.0
DS0515	3	梁建华	男	510.0
DS0520	4	覃丽萍	女	507.0
DS0802	5	韦国安	男	495.0
DS0812	6	农雨英	女	470.0
DS1001	7	莫慧霞	女	475.0
DS1003	8	陆涛	男	515.0
DS0601	9	王哲	男	568.0

图 4.21 例 4.17 的查询结果

注意:Visual FoxPro 的 SQL SELECT 语句的联接格式只能实现两个表的联接。

4.2.12 集合的并运算

SQL 支持集合的并(UNOIN)运算,即可以将两个 SELECT 语句的查询结果并成一个查询结果。当然,要求进行并运算的两个查询结果应具有相同的字段个数,并且对应字段的值要具有相同的数据类型和取值范围。

命令格式为:

SELECT 命令 1 UNION [ALL] SELECT 命令 2

【例 4.18】 在学生情况表中查询“李国强”和“王哲”两名学生的信息。

SELECT * FROM 学生情况表 WHERE 姓名="王哲" UNION SELECT * FROM 学生情况表 WHERE 姓名="李国强"

查询结果如图 4.22 所示。

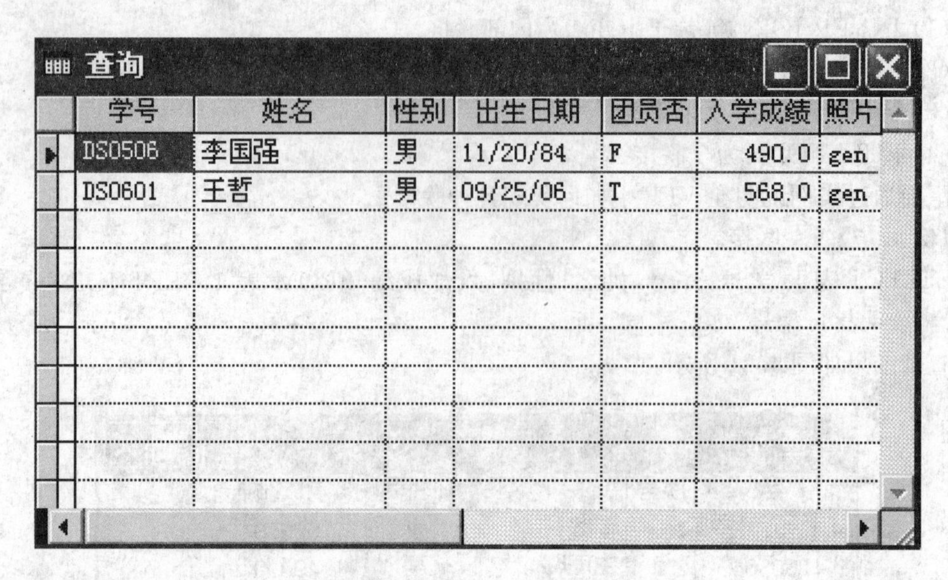

学号	姓名	性别	出生日期	团员否	入学成绩	照片
DS0506	李国强	男	11/20/84	F	490.0	gen
DS0601	王哲	男	09/25/06	T	568.0	gen

图 4.22　例 4.18 的查询结果

注意:① 可以使用多个 UNION 子句,用 ALL 选项防止删除合并结果中重复的行(记录)。② 不能使用 UNION 来组合子查询。

4.2.13　利用空值查询

【例 4.19】　查询出尚未确定学号的记录。

在学生成绩表中,还没有确定的学号字段值为空值. NULL.

SELECT * FROM 学生情况表 WHERE 学号 IS NULL

查询结果如图 4.23 所示。

学号	姓名	性别	出生日期	团员否	入学成绩	照片

图 4.23　例 4.19 的查询结果

注意:查询空值时要使用 IS NULL,而=. NULL. 是无效的,因为空值不是一个确定的值,所以不能用“=”这样的运算符进行比较。

【例 4.20】　列出已经确定了学号的学生的信息。

SELECT * FROM 学生情况表 WHERE 学号 IS NOT NULL

查询结果如图 4.24 所示。

学号	姓名	性别	出生日期	团员否	入学成绩	照片
DS0501	罗晓丹	女	10/12/84	T	520.0	Gen
DS0506	李国强	男	11/20/84	F	490.0	gen
DS0515	梁建华	男	09/12/84	T	510.0	gen
DS0520	覃丽萍	女	02/22/84	T	507.0	gen
DS0802	韦国安	男	06/03/84	F	495.0	gen
DS0812	农雨英	女	08/05/84	T	470.0	gen
DS1001	莫慧霞	女	10/14/85	F	475.0	gen
DS1003	陆涛	男	01/12/85	T	515.0	gen
DS0601	王哲	男	09/25/06	T	568.0	gen

图 4.24　例 4.20 的查询结果

4.2.14　查询结果输出

在 Visual FoxPro 中,查询的结果默认在浏览窗口中输出,但在实际应用中我们通常需要将查询的结果从其他途径输出。Visual FoxPro 提供了多种查询结果的输出方式,指定输出方式可在 SELECT 命令中使用子句 INTO,格式如下:

[INTO 查询去向|TO FILE 文件名 [ADDITIVE]|TO PRINTER [PROMPT]|TO SCREEN]

查询去向可以是:

(1) ARRAY 数组名:表示将查询结果放在数组中。

(2) INTO CURSOR 文件名:表示将查询结果放在临时表文件中,该表为只读.dbf 文件,当关闭文件时该文件将自动删除。

(3) INTO DBF|TABLE 表文件名:表示将查询结果放在永久表中。

(4) TO FILE 文件名 [ADDITIVE]:表示将查询结果放在文本文件中,ADDITIVE 选项使结果追加到原文件的尾部,否则将覆盖原有文件。

(5) TO PRINTER [PROMPT]:表示将查询结果直接输出到打印机,PROMPT 选项将打开打印机设置对话框。

(6) TO SCREEN:表示将结果在浏览窗口输出。

下面通过几个实例来说明:

【例 4.21】 将查询结果存放到数组 YY 中。

SELECT * FROM 学生情况表 INTO ARRAY YY

【例 4.22】 将查询结果存放到临时文件 SL 中。

SELECT * TOP 5 FROM 学生情况表 INTO TABLE SL ORDER BY 入学成绩 DESC

【例 4.23】 将查询结果直接输出到打印机。

SELCET * FROM 学生情况表 TO PRINTER

注意:如果 TO 短语和 INTO 短语同时使用,则 TO 短语将会被忽略。

4.3 数据定义功能

SQL 数据定义功能通过 SQL 数据定义语句来定义数据库、表、视图、索引等，如表 4.4 所示。

表 4.4 SQL 的数据定义语句

操作对象	操作方式		
	创建	删除	修改
表	CREATE TABLE	DROP TABLE	ALTER TABLE
视图	CREATE VIEW	DROP VIEW	
索引	CREATE INDEX	DROP INDEX	

视图和索引都是依附于表的，因此 SQL 通常不提供修改视图定义和修改索引定义的操作。下面给出每一语句的一般格式和语句功能，然后举例说明。

4.3.1 表的定义

SQL 语言使用 CREATE TABLE 语句定义表，指明表名及结构，包括表中的各字段名、类型、精度、空值等。

命令格式如下：

SELECT TABLE|DBF 〈表名 1〉 [NAME〈长表名〉] [FREE]
(〈字段名 1〉类型 [(字段宽度[,小数位数])]
[NULL|NOT NULL]
[CHECK〈逻辑表达式 1〉 [ERROR〈字符型文本信息 1〉]]
[DEFAULT〈表达式 1〉]
[PRIMARY KEY|UNIQUE]
[REFERENCES〈表名 2〉 [TAG〈标识名 1〉]]
[NOCPTRANS]
[,〈字段名 2〉…]
[,PRIMARY KEY〈表达式 2〉 TAG〈标识名 2〉
|,UNIQUE〈表达式 3〉 TAG〈标识名 3〉]
[,FOREIGN KEY〈表达式 4〉 TAG〈标识名 4〉 [NODUP]
REFERENCES〈表名 3〉 [TAG〈标识名 5〉]]
[,CHECK〈逻辑表达式 2〉 [ERROR 〈字符型文本信息 2〉]])
|FROM ARRAY〈数组名〉

命令格式中各选项及子句的功能说明如下：

(1) TABLE 和 DBF 选项等价，都是建立表文件。

(2)〈表名 1〉:为新表指定表名。

(3) NAME〈长表名〉:为新建表指定一个长表名。只有打开了数据库,在数据库中创建表时,才能指定一个长表名。长表名可以包含 128 个字符。

(4) FREE:建立的表是自由表,不加入到打开的数据库中。当没有打开数据库时,建立的表是自由表。

(5)〈字段名 1〉类型 [(字段宽度[,小数位数])]:指定字段名、字段类型、字段宽度及小数位数。字段类型可以用一个字符表示:C 表示字符型,D 表示日期型,T 表示日期时间型,N 表示数值型,F 表示浮点型,B 表示双精度型,L 表示逻辑型,I 表示整型,M 表示备注型,G 表示通用型。

(6) NULL:允许该字段值为空。

(7) NOT NULL:该字段值不能为空。缺省值为 NOT NULL。

【例 4.24】 建立一个教师情况表,该表不属于任何数据库,其结构如表 4.5 所示。

表 4.5 表的结构

字段名	字段类型	字段长度	小数位数	特殊要求
序号	C	3		
姓名	C	6		
性别	C	2		
年龄	N	3	0	
出生年月	D			允许空值

定义该表的 SQL 命令为:

CREATE TABLE 教师情况表 FREE(序号 C(3),姓名 C(6),性别 C(2),年龄 N(3),出生年月 D NULL)

显示结果如图 4.25 所示。

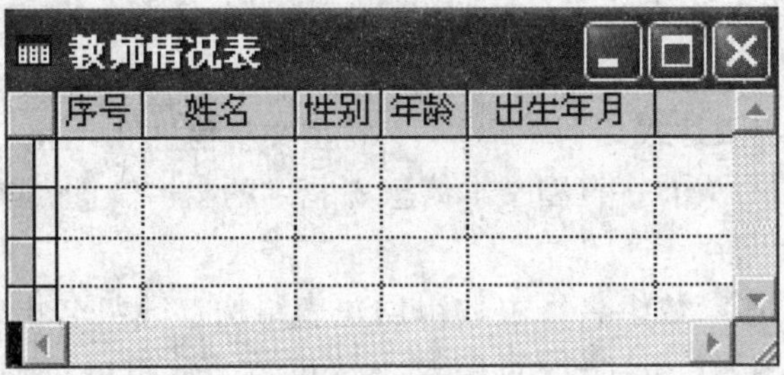

图 4.25 例 4.24 显示的结果

下面的子句使用时需要打开一个数据库,即在数据库中建立表。如果没有打开数据库,创建表时使用下面子句将会产生错误。

(8) CHECK〈逻辑表达式 1〉:指定该字段的合法值及该字段值的约束条件。

(9) ERROR〈字符型文本信息 1〉:指定在浏览或编辑窗口中该字段输入的值不符合 CHECK 子句的合法值时,Visual FoxPro 显示的出错信息。

(10) DEFAULT〈表达式 1〉:为该字段指定一个缺省值,表达式的数据类型与该字段的数据类型要一致。每添加一条记录时,该字段自动取该缺省值。

(11) PRIMARY KEY:为该字段创建一个主索引,索引标识名与字段名相同。主索引段值必须惟一。

(12) UNIQUE:为该字段创建一个候选索引,索引标识名与字段名相同。

注意:候选索引包含 UNIQUE 选项,索引关键字段的值在物理表中必须惟一。它与用 INDEX 命令建立的具有 UNIQUE 选项的索引不同,用 INDEX 命令建立的惟一索引允许索引字段的值在物理表中重复。

(13) REFERENCES〈表名 2〉[TAG〈标识名 1〉]:指定建立持久关系的父表,同时以该字段为索引关键字建立外索引,用该字段名作为索引标识名。〈表名 2〉为父表表名,〈标识名 1〉为父表中的索引标识名。如果省略〈索引标识名 1〉,则用父表的主索引关键字建立关系,否则不能省略。如果指定了〈索引标识名 1〉,则在父表中存在的索引标识字段上建立关系。父表不能是自由表。

(14) NOCPTRANS:只对于字符型和备注型字段定义该子句,当该表转换为其他代码页时,NOCPTRANS 子句禁止该字段转换。

(15) PRIMARY KEY〈表达式 2〉TAG〈标识名 2〉:该子句将创建一个以〈表达式 2〉为索引关键字的主索引。〈表达式 2〉可以是该表中任何一个字段或几个字段的组合。〈标识名 2〉指定创建的主索引标识名。一个表只能有一个主索引,如果对某个字段已经定义了主索引,就不能再定义该子句。一条 CREATE TABLE 命令最多包含一个 PRIMARY KEY 子句。

(16) UNIQUE〈表达式 3〉TAG〈标识名 3〉:该子句将创建一个以〈表达式 3〉为索引关键字的候选索引。〈表达式 3〉可以是该表中任何一个字段或几个字段的组合,但不能是已建立的主索引的字段。〈标识名 3〉指定创建的候选索引标识名。一个表可以有多个候选索引。

(17) FOREIGN KEY〈表达式 4〉TAG〈标识名 4〉[NODUP]REFERENCES〈表名 3〉[TAG〈标识名 5〉]:建立一个外(非主)索引,并与父表建立关系。〈表达式 4〉指定创建的外索引标识名。一个表可以建立多个外索引,但外索引表达式必须指定表中的不同字段。〈表名 3〉指定建立永久关系的父表的表名,〈标识名 5〉指明在父表中的索引标识,在该索引关键字上建立关系。如果省略〈标识名 5〉,将用父表的主索引关键字建立关系。

(18) CHECK〈逻辑表达式 2〉[ERROR〈字符型文本信息 2〉]:由〈逻辑表达式 2〉指定表的合法值。不合法时,显示由〈字符型文本信息 2〉指定的出错信息。该信息只有在浏览或编辑窗口中修改数据时才显示。

(19) FROM ARRAY〈数组名〉:由数组创建表结构。数组名指定的数组包含表的每一个字段的字段名、字段类型、字段宽度及小数位数。数组可以通过 AFIELDS()函数定义。

关系模型中一个很重要的概念是域,每一个属性来自一个域,它的取值必须是域中的值。SQL 中域的概念用数据类型来实现。SQL 提供了一些主要的数据类型,如表 4.6 所示,在实际使用中要遵循具体的数据库管理系统的规定。

表 4.6 数据类型

数据类型	含 义
CHAR(n)	长度为 n 的定长字符串
VARCHAR(n)	最大长度为 n 的变长字符串
INT	长整数(也可以写作 INTEGER)
SMALLINT	短整数
NUMERIC(p,d)	定点数,由 p 位数字(不包括符号、小数点)组成,小数后面有 d 位数字
REAL	取决于机器精度的浮点数
DOUBLE PRECISION	取决于机器精度的双精度浮点数
FLOAT(n)	浮点数,精度至少为 n 位数字
DATE	日期,包含年、月、日,格式为 YYYY-MM-DD
TIME	时间,包含时、分、秒,格式为 HH:MM:SS

一个属性选用哪种数据类型要根据实际情况来决定,一般要从两个方面来考虑,一是取值范围,二是要做哪些运算。

4.3.2 表的删除

随着数据库应用的变化,往往有些表连同它的数据不再需要了,这时可以删除这些表,以节省存储空间。删除表使用 DROP TABLE 命令。

命令格式为:**DROP TABLE 〈表名〉**

【例 4.25】 删除已建立的学生情况表。

DROP TABLE 学生情况表

DROP TABLE 直接从磁盘上删除指定的.dbf 文件。如果要删除的是数据库表,只有其相应的数据库是当前数据库,才能从数据库中删除该表。否则即使从磁盘上删除了.dbf 文件,但是记录在数据库中的.dbf 文件信息却没有删除,此后会出现错误提示。所以要删除数据库中的表,应使数据库成为当前数据库,并在数据库中进行操作。

表一旦被删除,表中的数据及在表上建立的索引和视图都将自动被删除。因此执行删除表的操作一定要格外小心。

注意:有的系统,如 Oracle,删除基本表后建立在此表上的视图定义仍保留在数据字典中,但用户引用时就报错。

4.3.3 表结构的修改

表建立好以后,一般不会再修改。用户在使用数据库时,随着应用环境和应用需求的变化,往往需要对原有的表结构进行修改(如增加新的列,删除原有的列或修改数据类型、宽度等),但不改变原有的数据。SQL 语言用 ALTER TABLE 语句修改表,许多 DBMS 有独自的格式。

命令格式为:**ALTER TABLE〈表名〉[ADD〈新列名〉〈数据类型〉[完整性约束]][DROP 〈完整性约束名〉][CASCADE|RESTRICT][MODIFY〈列名〉〈数据类型〉]**

新增加的列不能定义为“NOT NULL”。基本表在增加一列后,原有元组在新增加的列上的值都被定义为空值(NULL)。

在“ALTER TABLE〈表名〉DROP〈列名〉[CASCADE|RESTRICT]”语句中,CASCADE方式表示在基本表中删除某列时,所有引用到该列的视图和约束也一起自动地被删除;而RESTRICT方式表示在没有视图或约束引用该属性时,才能在基本表中删除该列,否则拒绝删除操作。

【例4.26】 向学生情况表中增加“入学时间”列,其数据类型为日期型。

ALTER TABLE 学生情况表 ADD 入学时间 DATE

【例4.27】 删除学生情况表中学生性别不能取空值的约束。

ALTER TABLE 学生情况表 DROP NOT NULL(性别)

【例4.28】 在学生情况表中删除电算列,并且把引用该列的所有视图和约束也一起删除。

ALTER TABLE 学生情况表 DROP 电算 CASCADE

4.3.4 视图的定义

视图是关系数据库系统提供给用户以多种角度观察数据库中数据的重要机制。在Visual FoxPro中,视图是一个定制的虚拟表,可以是本地的、远程的或带参数的,视图可以引用一个或多个表,也可以引用其他视图。视图是可更新的,它可以引用远程表。

在关系数据库中,视图也称作窗口,即视图是操作表的窗口,透过它可以看到数据库中自己感兴趣的数据及其变化。它依赖于表,但不独立存在。

视图一经定义,就可以和基本表一样被查询、被删除,我们也可以在一个视图之上再定义新的视图,但对视图的更新(增加、删除、修改)操作则有一定的限制。

1. 建立视图

视图是根据对表的查询定义的,SQL语言使用CREATE VIEW命令建立视图,其命令格式为:

CREATE VIEW〈视图名〉[(〈列名〉[,〈列名〉]…)]AS〈子查询〉[WITH CHECK OPTION]

〈子查询〉:可以是任意的SELECT查询语句,它说明和限定了视图中的数据。如果没有为视图指定字段名,视图中的字段名将与查询语句中指定的字段名相同。

注意:视图必须建立在数据库中,即在执行此命令之前必须要先打开一个数据库。

视图是根据表定义或派生出来的,所以在涉及视图的时候,通常把表称作基本表。视图一经定义,就可以和基本表一样进行各种查询,可以用浏览窗口查看字段,也可以进行一些修改操作。对于最终用户来说,有时并不需要知道操作的是基本表还是视图。

【例4.29】 在学生情况表中定义视图,使视图中包含学号和姓名。

OPEN DATABASE 学生管理数据库

CREATE VIEW A1 AS SELECT 学号,姓名 FROM 学生情况表

【例 4.30】 在学生成绩表中，查询学号为“DS0520”的学生的信息，定义视图如下：

CREATE VIEW A2 AS SELECT * FROM 学生成绩表 WHERE 学号="DS0520"

执行上面命令后的结果如图 4.26 所示。从该图可以看出，视图一方面可以限定对数据的访问，另一方面又可以简化对数据的访问。

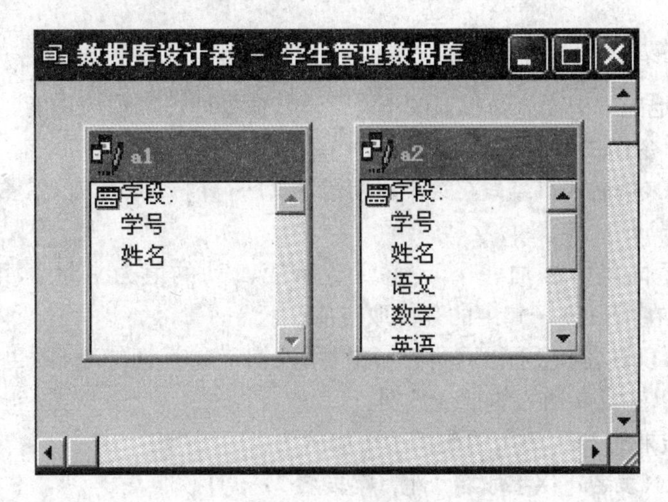

图 4.26 视图

2. 视图的删除

由于视图是从表中派生出来的，所以不存在修改结构的问题，当不需要某个视图时，可以删除它，命令格式为：

DROP VIEW 〈视图名〉

【例 4.31】 删除视图 A1。

DROP VIEW A1

执行“DROP VIEW”语句，DBMS 从数据字典中删除视图 A1 和定义它的 SELECT 语句。

注意：上述命令与 Visual FoxPro 中删除视图的命令“DELETE VIEW 视图名”等价。

3. 视图的说明

在 Visual FoxPro 中，视图是可以查询和更新的，其中更新是否反映在基本表中则取决于视图更新属性的设置。在 Visual FoxPro 中，视图有它特殊的概念和用途，在关系数据库中，视图始终不真正含有数据，它总是原来表的一个窗口。所以，虽然视图可以像表一样进行各种查询，但是插入、更新和删除操作在视图上却有一定的限制。一般情况下，当一个视图是由单个表导出时，可以进行插入和更新操作，但不能进行删除操作；当视图是从多个表导出时，插入、更新和删除操作都不允许进行。这种限制是很有必要的，它可以避免一些潜在错误的发生。

4.4 数据操作功能

SQL 语言的数据操作功能包括对表中数据的插入、更新和删除操作。Visual FoxPro 支持的 SQL 定义命令包括下面的语句：

INSTER-SQL　DELETE-SQL　UPDATE-SQL

4.4.1 插入

当生成一个新表时，它里面没有任何数据，这时就需要向表中插入数据。在数据库应用中，需要经常不断地向表中插入数据，INSERT-SQL 命令即可实现该功能。

插入语句的命令格式为：

INSERT INTO〈表名〉[(〈字段名 1〉[,〈字段名 2〉…])]VALUES(〈常量 1〉[,〈常量 2〉]…)

语句的功能是向表中添加一个元组，元组在第 1 列的值为常量 1，第 2 列的值为常量 2……没有出现在 INTO 子句中的列将取空值。

子查询不仅可以嵌套在 SELECT 语句中，用以构造父查询的条件，也可以嵌套在 INSERT 语句中，用以生成要插入的批量数据。

插入子查询结果的 INSERT 语句的命令格式为：

INSERT INTO〈表名〉[(〈字段名 1〉[,〈字段名 2〉…])]

【例 4.32】 将学生"张三"的信息插入到学生成绩表中。

INSERT INTO 学生成绩表(学号，姓名，语文，数学，英语，电算) VALUES ("DS0502","张三",78,90,86,77)

INTO 子句指定学生成绩表和要赋值的列，VALUES 子句对元组的各列赋值。上例插入的结果如图 4.27 所示。

学生成绩表

学号	姓名	语文	数学	英语	电算	总分	平均分
DS0506	李国强	75	63	90	70		
DS0515	梁建华	77	50	68	73		
DS0520	覃丽萍	65	80	75	77		
DS0802	韦国安	80	84	94	81		
DS0812	农雨英	91	74	86	76		
DS1001	莫慧霞	74	55	65	70		
DS1003	陆涛	79	80	72	86		
DS0601	王哲	88	89	86	88		
DS0502	张三	78	90	86	77		

图 4.27 插入学生"张三"

注意：插入子句向表中增加的数据不能违反表上定义的各种约束，否则 DBMS 拒绝执行语句。

4.4.2 更新

更新数据就是对存储在表中的记录进行修改，所以更新操作又称为修改操作，其语句命令格式为：

UPDATE［〈**数据库名!**〉］〈**表名**〉**SET**〈**列名 1**〉＝〈**表达式 1**〉［,〈**列名 2**〉＝〈**表达式 2**〉…］
　　［**WHERE**〈**条件表达式 1**〉［**AND**|**OR**〈**条件表达式 2**〉…］］

该语句的功能是修改指定表中满足 WHERE 子句条件的记录。表达式中可以出现常数、列名、系统支持的函数及运算符。最简单的条件是“列名＝常数”。

说明：

(1)［〈数据库名!〉］〈表名〉：指明将要更新数据的记录所在的表和数据库。

(2) SET〈列名 1〉＝〈表达式 1〉［,〈列名 2〉＝〈表达式 2〉…］：指明被更新的字段及该字段的新值。如果省略 WHERE 子句，则表示要修改表中的所有记录。

(3) WHERE〈条件表达式 1〉［AND|OR〈条件表达式 2〉…］：指明将要更新数据的记录，即表中符合条件表达式的记录。

注意：UPDATE-SQL 只能在单一的表中更新记录。

【例 4.33】 将学号为“DS0501”的学生的语文成绩改为 95。

UPDATE 学生成绩表 SET 语文＝95 WHERE 学号＝"DS0501"

运行结果如图 4.28 所示。

学生成绩表

学号	姓名	语文	数学	英语	电算
DS0501	罗晓丹	85	80	93	95
DS0506	李国强	75	63	90	70
DS0515	梁建华	77	50	68	73
DS0520	覃丽萍	65	80	75	77
DS0802	韦国安	80	84	94	81
DS0812	农雨英	91	74	86	76

学生成绩表

学号	姓名	语文	数学	英语	电算
DS0501	罗晓丹	95	80	93	95
DS0506	李国强	75	63	90	70
DS0515	梁建华	77	50	68	73
DS0520	覃丽萍	65	80	75	77
DS0802	韦国安	80	84	94	81
DS0812	农雨英	91	74	86	76

图 4.28　例 4.33 执行更新语句前后

4.4.3　删除

用 SQL 语句可以删除数据表中的记录，其命令格式为：

DELETE FROM［〈**数据库名!**〉］〈**表名**〉［**WHERE**〈**条件表达式 1**〉［**AND**|**OR**〈**条件表达式 2**〉…］］

DELETE 语句的功能是从指定表中删除满足 WHERE 子句条件的所有记录。如果省略 WHERE 子句，表示删除表中全部记录，但表的定义仍在字典中。也就是说，DELETE 语句删除的是表中的数据，而不是关于表的定义。

说明：

(1) DELETE FROM[〈数据库名!〉]〈表名〉：指定加删除标记的表及该表所在的数据库，用“!”分隔表名和数据库名，数据库名是可选项。

(2) WHERE〈条件表达式 1〉[AND|OR〈条件表达式 2〉…]：指明 Visual FoxPro 只对满足条件的记录加删除标记。

注意：① 此命令只做删除标记，并不是物理删除。要真正从表中删除这些记录还必须再使用 PACK 命令。② 如果指定的表没有在任何工作区中打开，当当前工作区中没有表被打开时，该命令执行后将在当前工作区打开该命令指定的表；如果当前工作区打开的是其他的表，则该命令执行后将在一新的工作区中打开，加上删除标记后，仍保持原当前工作区；如果指定的表在非当前工作区中打开，加上删除标记后，指定的表仍在非当前工作区中打开，保持原当前工作区。

【例 4.34】 将学生成绩表中学号为“DS0502”的记录加上删除标记。

DELETE FROM 学生成绩表 WHERE 学号＝"DS0502"

执行结果如图 4.29 所示。

学生成绩表

学号	姓名	语文	数学	英语	电算	总分	平均分
DS0506	李国强	75	63	90	70		
DS0515	梁建华	77	50	68	73		
DS0520	覃丽萍	65	80	75	77		
DS0802	韦国安	80	84	94	81		
DS0812	农雨英	91	74	86	76		
DS1001	莫慧霞	74	55	65	70		
DS1003	陆涛	79	80	72	86		
DS0601	王哲	88	89	86	88		
DS0502	张三	78	90	86	77		

图 4.29 执行结果

习 题 4

一、选择题

1. 下面关于 SQL 语言的叙述中，哪一条是错误的？（　　）

   A. SQL 既可作为联机交互环境中的查询语言又可嵌入到主语言中

   B. SQL 没有数据控制功能

   C. 使用 SQL，用户只能定义索引而不能引用索引

   D. 使用 SQL，用户可以定义和检索视图

2. SQL 语言是(　　)。

A. 高级语言　B. 编程语言　C. 结构化查询语言　D. 宿主语言

3. 在学生数据库中,用 SQL 语句列出所有女生的姓名,应该对学生关系进行(　　)操作。

A. 选择　B. 连接　C. 投影　D. 选择和投影

4. NULL 是指(　　)。

A. 0　B. 空格　C. 无任何值　D. 空字符串

5. 下列哪条语句不属于 SQL 数据操纵功能范围?(　　)

A. SELECT　B. CREAT TABLE

C. DELETE　D. INSERT

6. 用(　　)命令可建立惟一索引。

A. CREATE TABLE　B. CREATE CLUSTER

C. CREATE INDEX　D. CREATE UNIQUE INDEX

二、填空题

1. SQL 语言的使用方式有两种:一种是__________,另一种是__________。

2. 在 SQL 查询中,WHERE 子句的功能是__________。

3. 视图是一个虚表,它是从____________________的表。

4. SQL 语言的数据操纵功能包括__________,__________,__________和__________。

5. 在 SQL 支持的关系数据库三级模式结构中,外模式对应于__________,模式对应于__________,内模式对应于__________。

6. 在 SELECT 语句中,HAVING 子句必须跟在__________子句后面。

三、操作题

有一教学数据库,包含三个基本表:

学生 S(S#,SNAME,AGE,SEX)

学习 SC(S#,C#,GRADE)

课程 C(C#,CNAME,TEACHER)

1. 试用 SQL 的查询语句表达下列查询:

(1) 检索 LIU 老师所授课程的课程号和课程名。

(2) 检索年龄大于 23 岁的男学生的学号和姓名。

(3) 检索至少选修 LIU 老师所授课程中一门课程的女学生姓名。

(4) 检索 WANG 同学不学的课程的课程号。

(5) 检索至少选修两门课程的学生的学号。

(6) 检索全部学生都选修的课程的课程号与课程名。

(7) 检索选修课程包含 LIU 老师所授课的学生的学号。

2. 试用 SQL 更新语句表达对教学数据库中三个基本表 S,SC,C 的各个更新操作:

(1) 往基本表 S 中插入一个学生元组('S9','WU',18)。

(2) 在基本表 S 中检索每一门课程成绩都大于等于 80 分的学生的学号、姓名和性别，并把检索到的值送往另一个已存在的基本表 STUDENT(S#,SANME,SEX)。

(3) 在基本表 SC 中删除尚无成绩的选课元组。

(4) 把 WANG 同学的所选课程和成绩全部删去。

(5) 把选修 MATHS 课不及格的成绩全改为空值。

(6) 把低于总平均成绩的女同学成绩提高 5%。

(7) 在基本表 SC 中修改 C4 课程的成绩，若成绩小于等于 75 分则提高 5%，若成绩大于 75 分则提高 4%(用两个 UPDATE 语句实现)。

第5章　查询与视图

本章导读

表是数据库中存储数据的基本单元。在物理上，数据库中的数据都保存在表中。但是在实际应用中，用户常常需要查询表中满足一定条件的某些字段的值，或从多个表中筛选出相关字段显示，这就要使用查询和视图。

知识点

- 查询的建立与使用
- 视图的建立与使用

5.1 基本概念

利用查询和视图都可以从数据中提取所需要的信息，为了能很好地使用查询和视图，本节首先介绍查询和视图的相关概念。

5.1.1 查询

所谓查询，就是通过限制一些条件从数据库的表中筛选出符合条件的记录，构成一个数据集合。当建立一个查询后，可将它看作一个简化的数据表，作为构成窗体、报表的数据来源，或以它为基础构成其他查询。查询能单独以扩展名为.qpr的文件保存，可在命令方式下使用，可以选择查询去向，但不能更新和修改数据，而且只能一次性使用，只能访问本地数据。

例如，有学生情况表，如图5.1所示，现在把其中的性别为“男”的学生筛选出来，查看他们的“学号”、“姓名”、“性别”、“入学成绩”四个字段的信息，查询结果如图5.2所示。

5.1.2 视图

视图是一种虚拟的表，它可以引用一个或多个表，也可以引用其他视图。视图可以是本地的，也可以是远程的，在视图中还可以使用参数。它具有普通表的一般性质，可以对它进行浏览和修改。特别要注意的是，利用视图修改的结果可以送回数据源，进行永久的保存。但视图依赖于数据库而存在，所以在新建视图前，必须先打开相关数据库。

例如，有学生情况表，如图5.1所示，现在把其中“入学成绩”高于450分的学生筛选出来，查看他们的“学号”、“姓名”、“性别”“入学成绩”四个字段的信息，结果如图5.3所示。

学生情况表

学号	姓名	性别	出生日期	团员否	入学成绩	照片	备注
DS0501	罗晓丹	女	10/12/84	T	520.0	Gen	memo
DS0506	李国强	男	11/20/84	F	490.0	gen	memo
DS0600	李文渊	男	09/12/84	T	510.0	gen	memo
DS0520	覃丽萍	女	02/22/84	T	507.0	gen	memo
DS0802	韦国安	男	06/03/84	F	495.0	gen	memo
DS0812	农雨英	女	08/05/84	T	470.0	gen	memo
DS1001	莫慧霞	女	10/14/85	F	475.0	gen	memo
DS1003	陆涛	男	01/12/85	T	515.0	gen	memo
DS0601	王哲	男	09/25/06	T	568.0	gen	memo

图 5.1 学生情况表

查询

学号	姓名	性别	入学成绩
DS0506	李国强	男	490.0
DS0515	梁建华	男	510.0
DS0802	韦国安	男	495.0
DS1003	陆涛	男	515.0
DS1808	王哲	男	580.0

图 5.2 利用查询输出满足条件的结果

视图1

学号	姓名	性别	入学成绩
DS0501	罗丹	女	520.0
DS0506	李国强	男	490.0
DS0515	梁建华	男	510.0
DS0520	覃丽萍	女	507.0
DS0802	韦国安	男	495.0
DS0812	农雨英	女	470.0
DS1001	莫慧霞	女	475.0
DS1003	陆涛	男	515.0
DS1808	王哲	男	580.0

图 5.3 利用视图输出满足条件的结果

5.2 查询数据

在 Visual FoxPro 6.0 中,查询的建立方法有以下 3 种:

(1) 使用向导建立查询。

(2) 使用查询设计器建立查询。

(3) 使用 SQL-Select 命令建立查询。

这里我们只对前两种方法做详细介绍。

1. 使用查询向导建立查询

如果要快速创建查询，可使用 Visual FoxPro 的查询向导。查询向导可以建立一般用途的查询文件和特殊用途的查询文件，创建时，向导交互地询问用户希望在哪些表或视图中搜索信息，并根据用户对一系列问题的回答来设置查询文件的功能。使用查询向导生成查询文件的步骤如下：

(1) 选择"文件"菜单，在下拉菜单中选择"新建"命令项，弹出"新建"对话框，如图 5.4 所示。在"新建"对话框中选中"查询"选项，并单击"向导"按钮。

图 5.4 "新建"对话框

(2) 在"向导选取"对话框中(如图 5.5 所示)，选择所需生成的查询文件类型。然后选择"查询向导"类型，单击"确定"按钮，弹出查询向导一步骤 1 对话框，如图 5.6 所示。

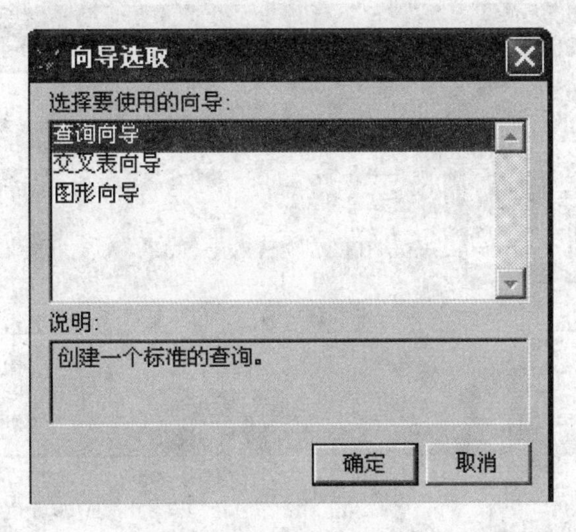

图 5.5 "向导选取"对话框

(3) 在图 5.6 所示的对话框中选择"学生管理数据库"右侧的"…"按钮，选择查询文件的数据源(数据库表、自由表或视图)，在"可用字段"列表框中选中需要输出的字段，并单击右箭头按钮把所选字段移动到"选定字段"中，然后单击"下一步"按钮。

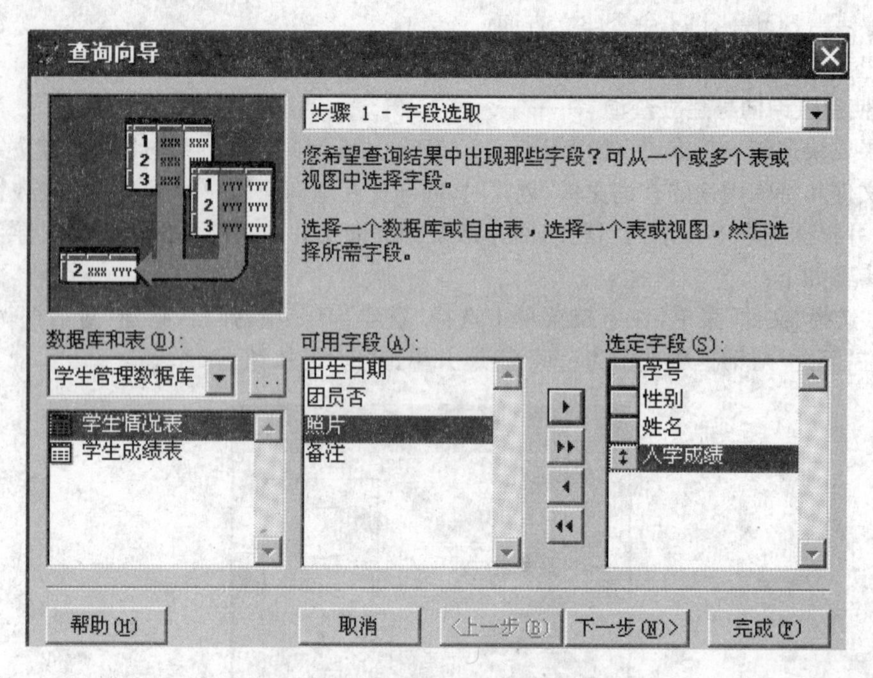

图 5.6 “查询向导”步骤 1

(4) 在图 5.7 所示对话框中,选择筛选条件,也可不设置筛选条件,单击“下一步”按钮。

(5) 在图 5.8 所示的对话框中,选取“学号”作为排序字段,然后单击“添加”按钮,使之添加到右侧的选定字段列表框中,单击“下一步”按钮。

(6) 在图 5.9 所示的对话框中,设置限制记录的百分比和数量,也可不设置,取默认值,单击“下一步”按钮。

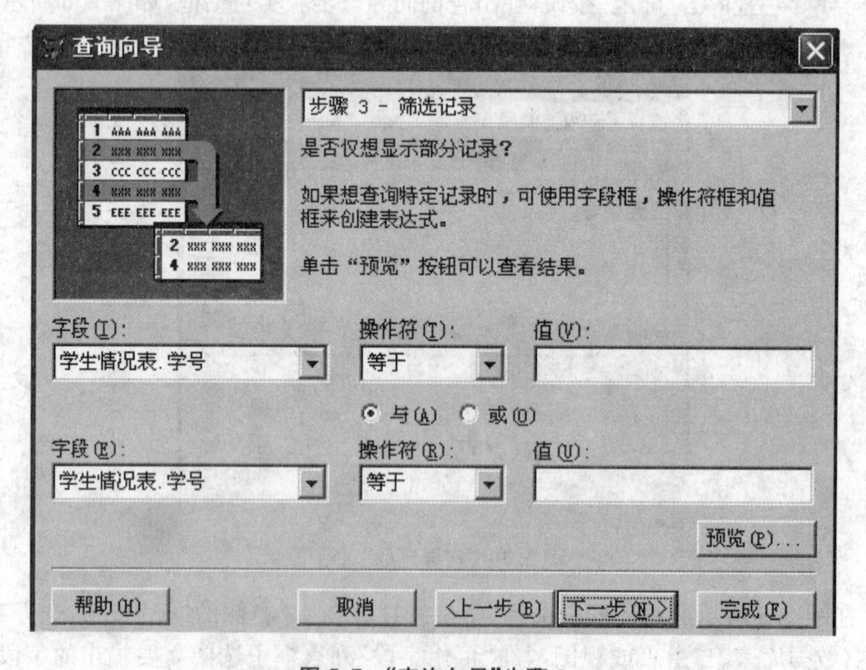

图 5.7 “查询向导”步骤 3

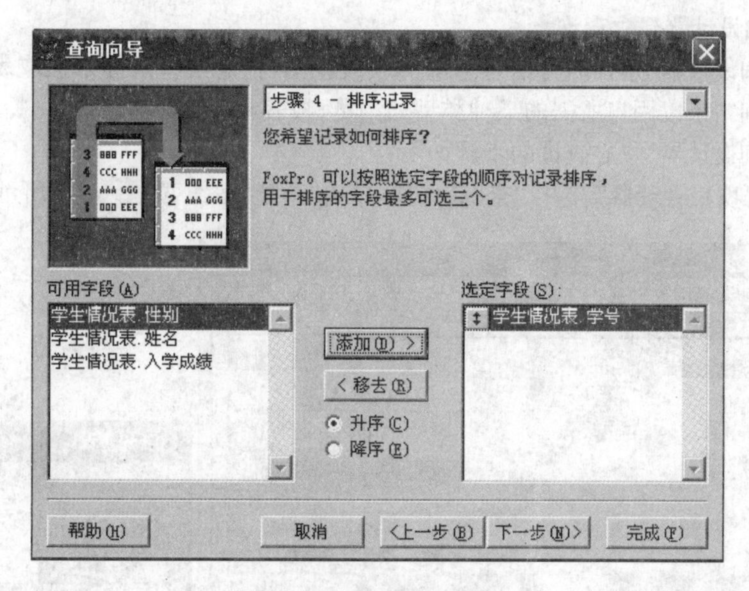

图 5.8 “查询向导”步骤 4

(7) 在图 5.10 所示对话框中，选择“保存并运行查询”选项，单击“完成”按钮。查询文件运行结果如图 5.11 所示。

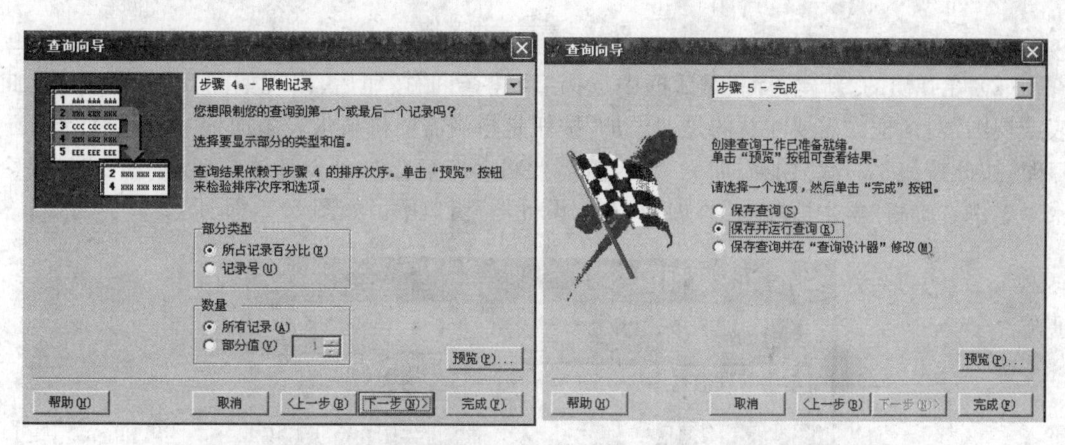

图 5.9 “查询向导”步骤 6　　　　图 5.10 “查询向导”步骤 7

查询

学号	性别	姓名	入学成绩
DS0501	女	罗晓丹	520.0
DS0506	男	李国强	490.0
DS0515	男	梁建华	510.0
DS0520	女	覃丽萍	507.0
DS0601	男	王哲	568.0
DS0802	男	韦国安	495.0
DS0812	女	农雨英	470.0
DS1001	女	莫慧霞	475.0
DS1003	男	陆涛	515.0

图 5.11 查询文件运行结果

2. 用查询设计器建立查询

使用“查询设计器”选择作为信息来源的表或视图,指定某些条件来提取表或视图中的信息,并将查询结果以用户所需的某种类型如浏览、报表和标签等输出。

使用“查询设计器”建立查询的步骤如下:

(1) 打开“项目管理器”,选择“查询”选项,单击“新建”按钮,如图 5.12 所示。

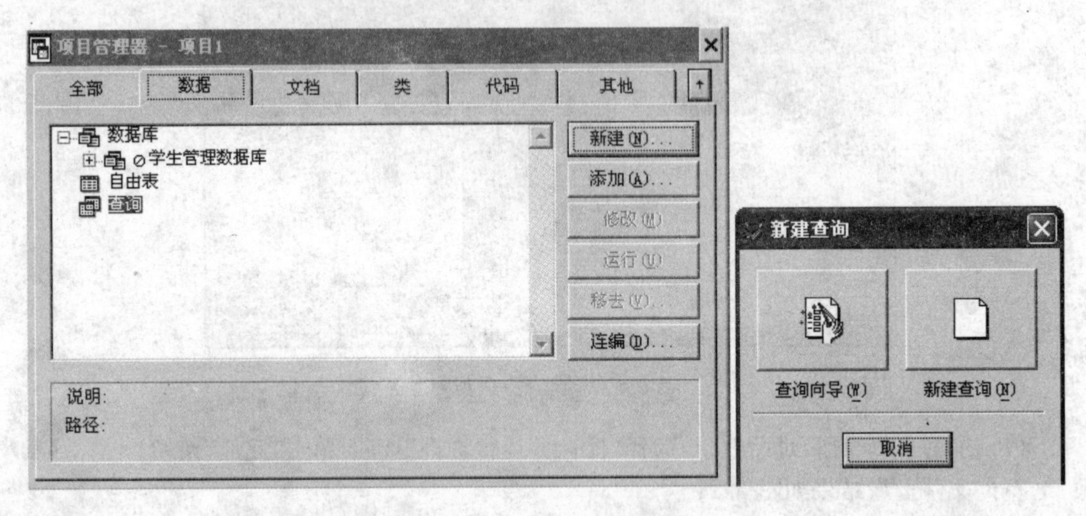

图 5.12　新建查询文件

(2) 在弹出的“新建查询”对话框中选择“新建查询”按钮后,出现如图 5.13 所示“添加表或视图”对话框。需要注意的是,“添加”按钮是指当需要将某张表添加到“查询设计器”窗口时,按此按钮。一次只能添加一个表,若需要将多个表添加到设计器窗口,则需要使用多次。本例选择将“学生情况表”添加到“查询设计器”窗口中。如图 5.14 所示。

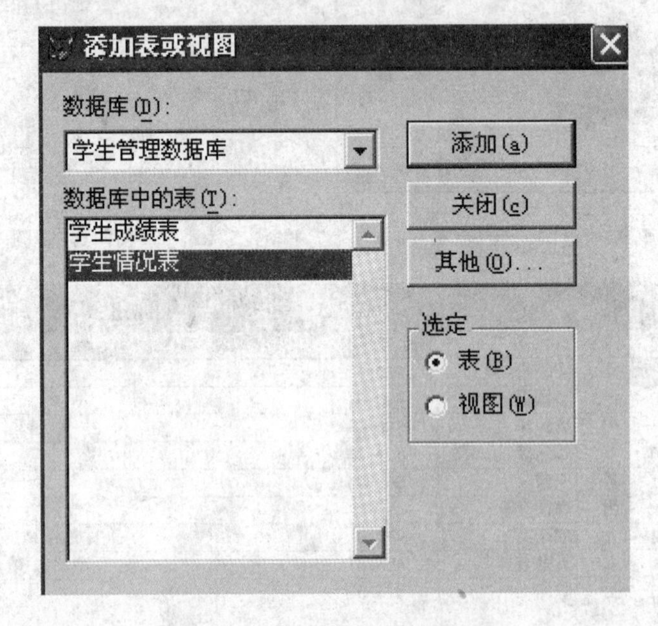

图 5.13　“添加表或视图”对话框

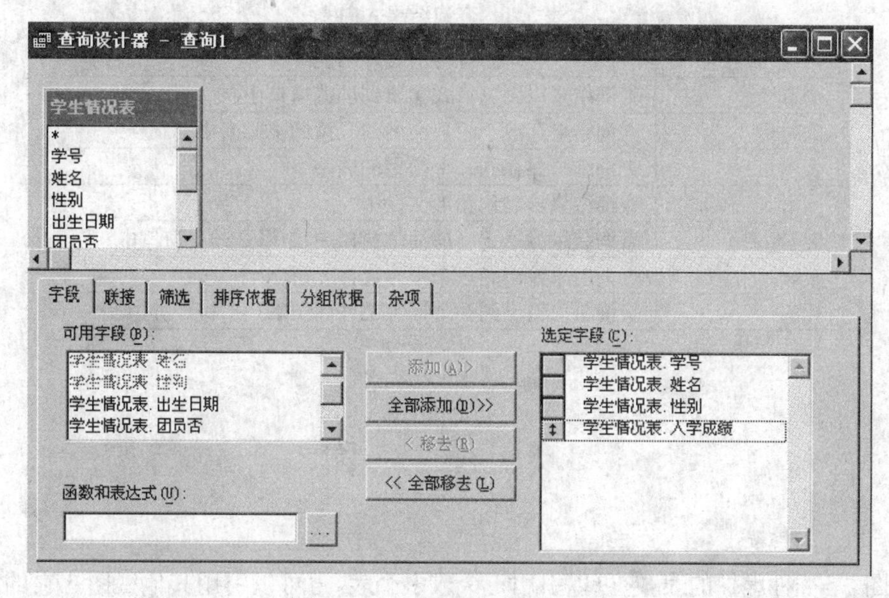

图 5.14 “查询设计器”窗口

(3) 在“查询设计器”中,“字段”选项卡用来选择需要包含在查询结果中的字段。如果想改变信息行的排序,可以选择“排序依据”选项卡。

在“可用字段”列表框下选择所需的字段,双击后,该字段被加到“选定字段”列表框中,也可单击“添加”进行选定。本例选定学号、姓名、性别、入学成绩作为查询字段。

当需要全部字段均被选为可查询的字段时,可使用以下两种方法:

- 双击“查询设计器”表中的“ * ”。
- 单击“全部添加”按钮。

(4) 当输入完后,可以选择“关闭”按钮,会出现确认对话框,单击“是”即可输入查询文件的名称。或者在“查询设计器”工具栏中,选择最后一个按钮“查询去向”,会弹出如图 5.15 所示的“查询去向”窗口,然后单击“确定”按钮,会回到“查询设计器”窗口。然后再选择“关闭”按钮。其中“查询去向”窗口中“输出去向”的功能如表 5.1 所示。查询以文件的形式保存,文件扩展名为. QPR。本例查询结果如图 5.2 所示。

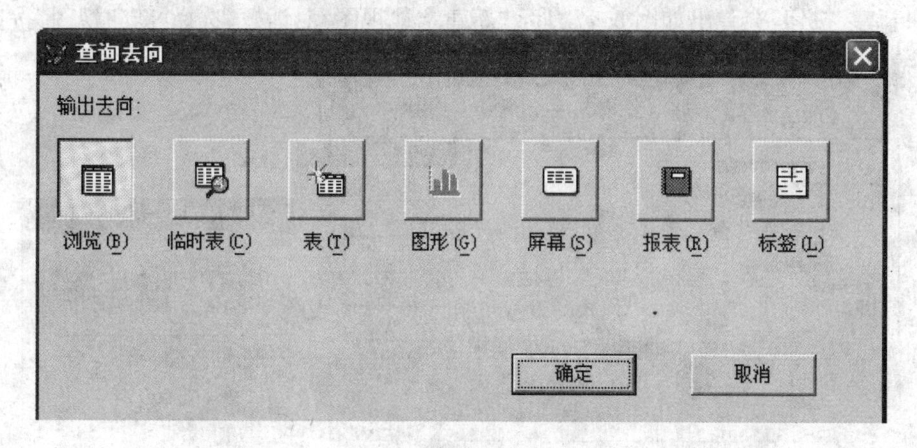

图 5.15 “查询去向”窗口

表 5.1　查询结果去向

输出去向	实现功能
浏览	查询结果以浏览形式输出到屏幕窗口中
临时表	查询结果存放于用户命名的只读的临时表中
表	查询结果保存到一个指定的表中
图形	查询结果输出到图形文件中
屏幕	查询结果显示于当前活动窗口中或 VFP 的主窗口中
报表	查询结果输出到一个报表文件(.FRX)中
标签	查询结果输出到一个标签文件(.LBX)中

5.3　视　　图

"视图"是一种虚拟的表，它可以引用一个或多个表，也可以引用其他视图。它的来源可以是本地表、其他视图、存于服务器上的表或者远程数据源。所以视图可以分为本地视图和远程视图。远程视图主要是通过开放式数据库互联 ODBC 从远程数据源所建立的视图。

创建视图与创建查询的过程类似，既可以通过视图向导创建，又可以通过视图设计器创建。

5.3.1　视图文件的建立

1. 用视图设计器建立本地视图

用"视图设计器"可创建本地表视图。本地表包括 Visual FoxPro 的表，具有扩展名.dbf 格式的表和储存在本地服务器上的表。

下面对"学生管理数据库.dbc"数据库文件，创建一个视图文件"学生管理数据库.vuc"。创建本地视图的步骤为：

(1) 打开"学生管理数据库.dbc"，进入数据库设计窗口。

(2) 点击"数据库"符号前的"+"，在"数据"项目下，选定"本地视图"，如图 5.16 所示，再选择"新建"按钮，会弹出如图 5.17 所示"新建本地视图"对话框，选择"新建视图"按钮。

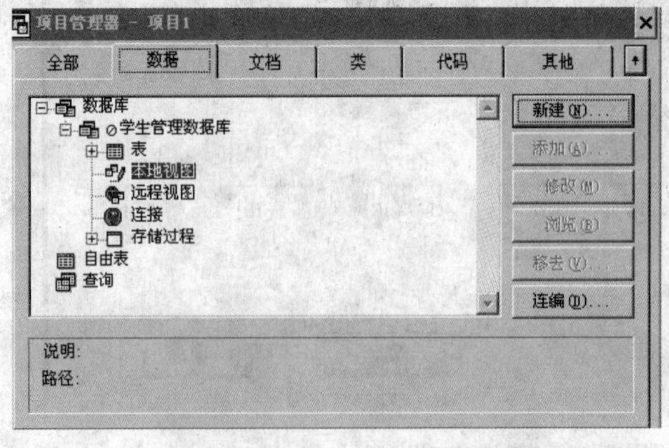

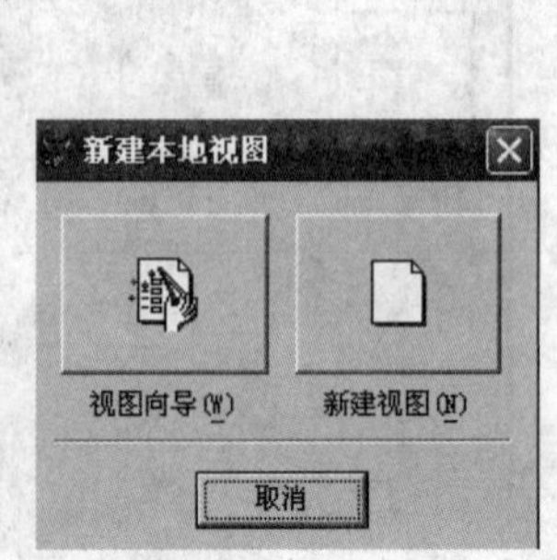

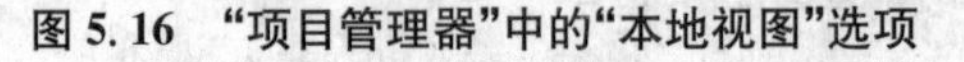
图 5.16　"项目管理器"中的"本地视图"选项　　图 5.17　"新建本地视图"对话框

(3) 出现如图 5.18 所示的“添加表或视图”对话框后,选定想要使用的表或视图,这里选择的是“学生情况表”,然后选择“添加”。

(4) 此时屏幕上显示出“视图设计器”窗口,同时显示出已选定的表或视图,如图 5.19 所示,双击视图设计器表窗口中的字段或“可用字段”栏中的字段,即可把字段送入“选定字段”列表框。

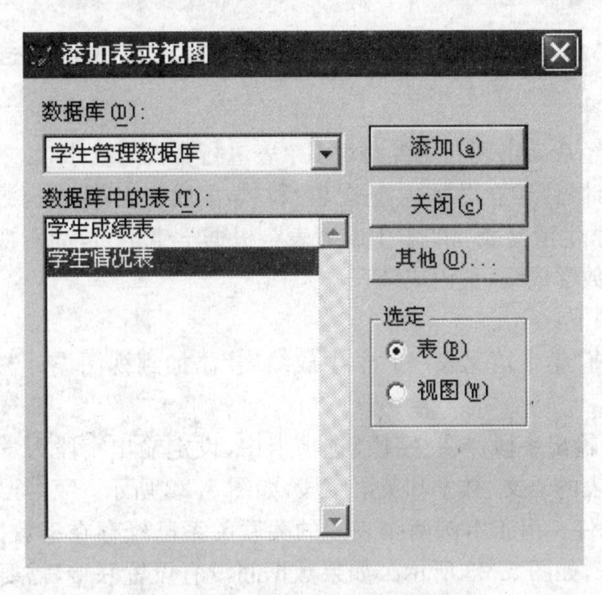

图 5.18 “添加表或视图”对话框

(5) 选择“文件”菜单下的“保存”命令,弹出如图 5.20 所示的窗口,选择“是(Y)”按钮,输入要保存的文件名,单击“确定”即可,如图 5.21 所示。

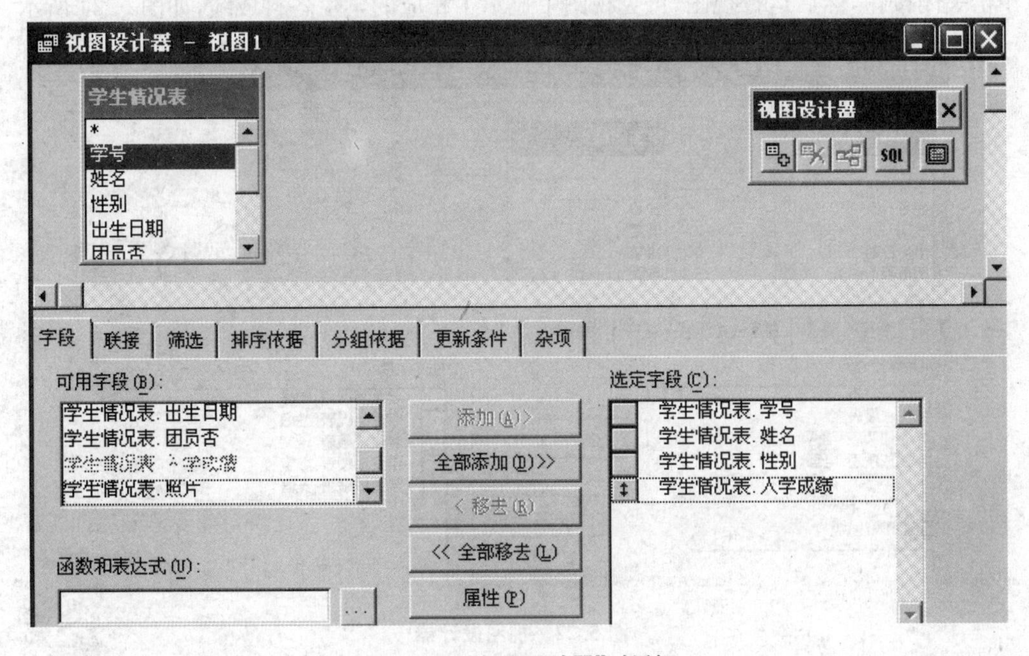

图 5.19 “视图设计器”对话框

图 5.20 “提示”对话框　　　　图 5.21 保存“对话框”

2. 创建多表视图

在实际应用中，经常会出现利用视图对多个表进行查询的要求，以下是一个这方面的实例——利用“视图设计器”建立以“学生情况表”和“学生成绩表”为数据源的视图。

【例 5.1】 对“学生情况表”和“学生成绩表”，根据学生学号，利用视图查询该学生的学号、姓名、语文成绩、数学成绩、英语成绩。

具体操作步骤如下：

(1) 新建视图，将“学生情况表”和“学生成绩表”添加到视图设计器窗口。联接类型设置为“右联接”。

(2) 选择与设置输出字段。在“字段”选项卡中，设定输出字段为学生情况表的学号和姓名字段，学生成绩表的语文、数学和英语字段，如图 5.22 所示。

(3) 设置联接条件。由于本例两张表间的关联关系已经存在于数据库中，所以关系表达式将自动被带进来，如图 5.23 所示。如果数据间没有设置联接，需要在“联接”选项卡中进行相关设置。

(4)其他条件设置。在这里根据需要可以设置“筛选”、“排序选项”、“分组依据”、“更新条件”等相关操作。由于本例两张表只是为显示学生成绩，故不需要这些操作。所以这里可以单击关闭按钮，然后运行视图，可见视图中显示了相应的学生各科成绩，如图 5.24 所示。

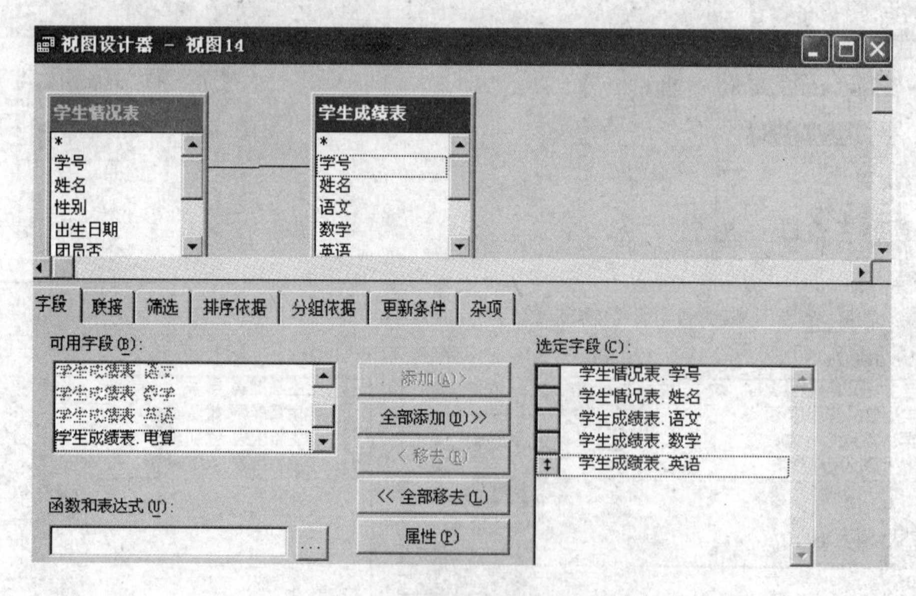

图 5.22 视图设计器

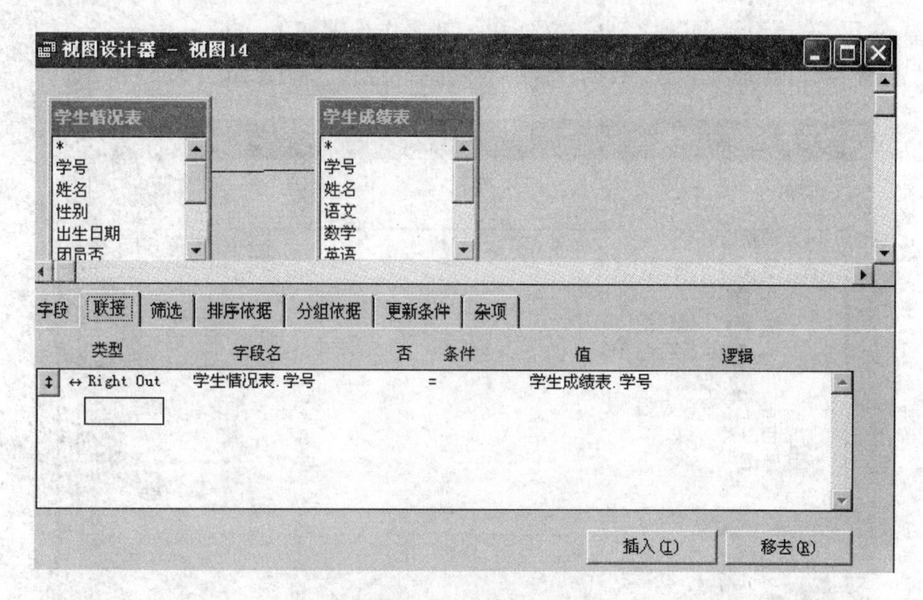

图 5.23 联接条件

视图14

学号	姓名	语文	数学	英语
DS0501	罗晓丹	85	80	93
DS0506	李国强	75	63	90
DS0600	李文渊	77	50	68
DS0520	覃丽萍	65	80	75
DS0802	韦国安	80	84	94
DS0812	农雨英	91	74	86
DS1001	莫慧霞	74	55	65
DS1003	陆涛	79	80	72
DS0601	王哲	88	89	86

图 5.24 视图运行结果

5.3.2 远程视图与连接

Visual FoxPro 6.0 提供了一个与本地视图相对应的视图,即远程视图。通过远程视图,可以从远程数据源中提取信息并对其进行加工,得到所需信息。

1. 与远程数据源连接

从远程数据源中提取信息,首先要创建与远程数据源的连接,然后才能使用远程视图,直接从远程 ODBC 服务器上获得信息。连接远程数据源有以下两种方法:

(1) 直接通过注册在本地计算机上的 ODBC 数据源进行远程连接。这种方法要求本地计算机必须安装 ODBC 驱动程序,并设置一个 ODBC 数据源名称。一般来说,安装 Visual FoxPro 6.0 时,选择"完全安装"便可将 ODBC 驱动程序安装到系统中。

(2) 使用“连接设计器”进行自定义连接。其操作步骤如下：

① 打开“项目管理器”，在“数据”选项卡中选择“连接”选项，如图 5.25 所示。

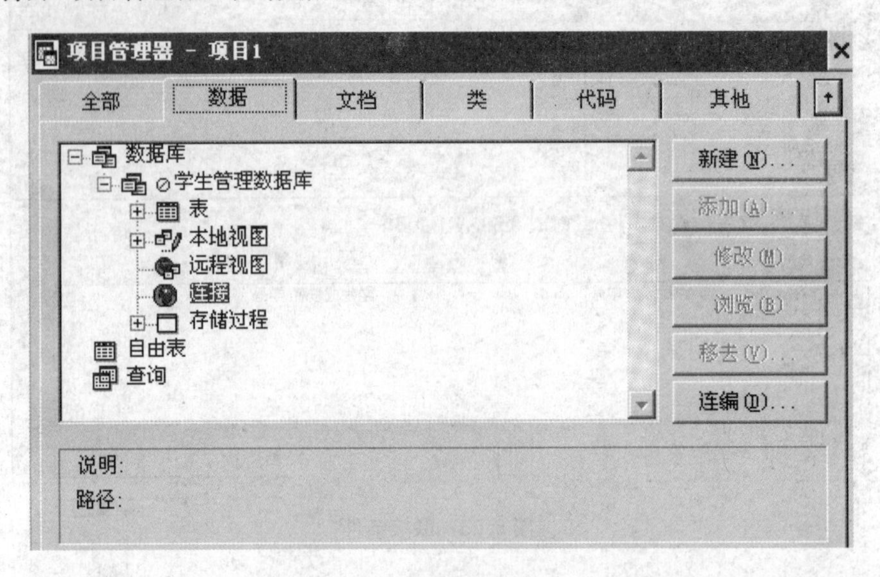

图 5.25 “数据”选项卡

② 单击“新建”按钮，弹出“连接设计器”对话框，如图 5.26 所示。用户可根据需要设置连接选项。

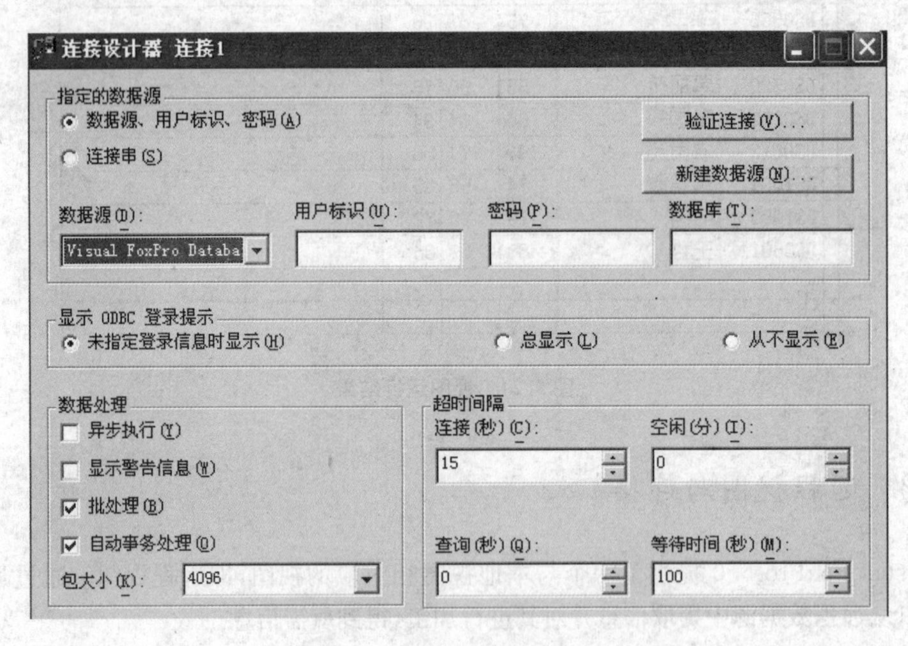

图 5.26 “连接设计器”对话框

在图 5.26 中，可在“指定的数据源”选项区内选择所需数据源及相关设置，有以下相关设置：

- 数据源

允许从已安装的 ODBC 数据源列表中选择一个数据源。一般在安装了 Visual FoxPro

6.0 后，系统会自动生成 Dbase Files、Excel Files、FoxPro Files、MS Access 97 Datebase、Text Files 等数据源。

• 用户标识

如果数据源需要用户名称或标识，允许键入。

• 密码

如果数据源需要密码，允许键入密码。

• 连接串

指定 Visual FoxPro 显示"连接串"文本框，可在其中键入连接串。选择对话按钮，显示"选择连接或数据源"对话框，可以选择现有文件或机器数据源。

当需要新建数据源时，单击"新建数据源"按钮，出现如图 5.27 所示的"ODBC 数据源管理器"对话框，用户可根据需要添加或删除数据源。

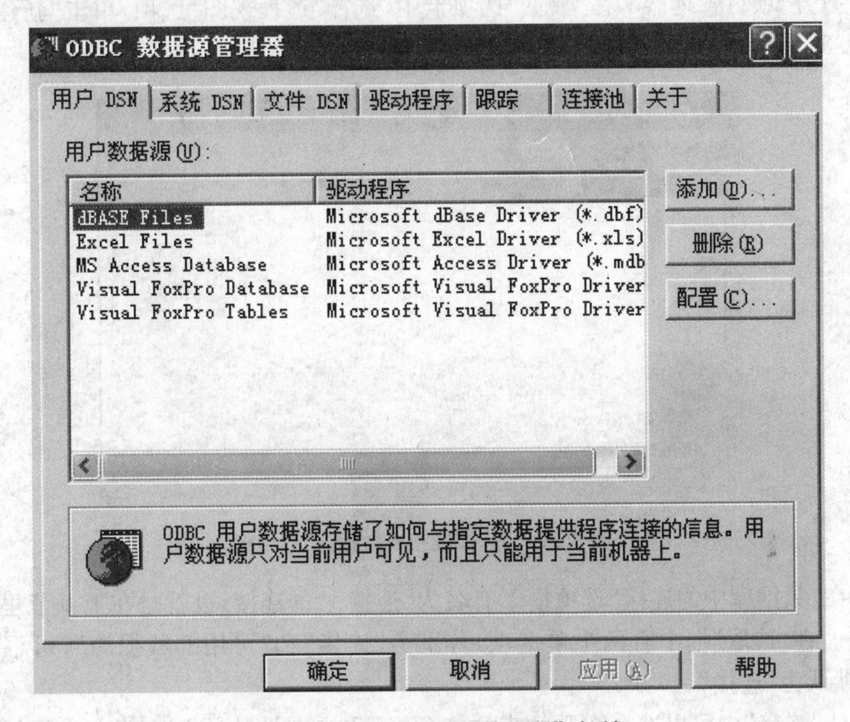

图 5.27 "ODBC 数据源管理器"对话框

在图 5.26 中，"显示 ODBC 登陆提示"框有 3 个单选按钮，分别为：未指定登陆信息时显示，总显示，从不显示。可根据需要进行选择。

在"数据处理"框中有 4 个复选框，分别是：异步执行，显示警告信息，批处理，自动事务处理。可根据需要进行选择。

在"超时间隔"框中有 4 个选项，分别是：连接，空闲，查询，等待时间。可根据需要进行选择。

③ 通过以上的选择后，单击"连接设计器"对话框的"关闭"按钮，系统将弹出如图 5.28 所示的提示框。

④ 单击"是"后，弹出如图 5.29 所示的"保存"对话框，输入连接名称后，单击"确定"即可。

图 5.28　提示框

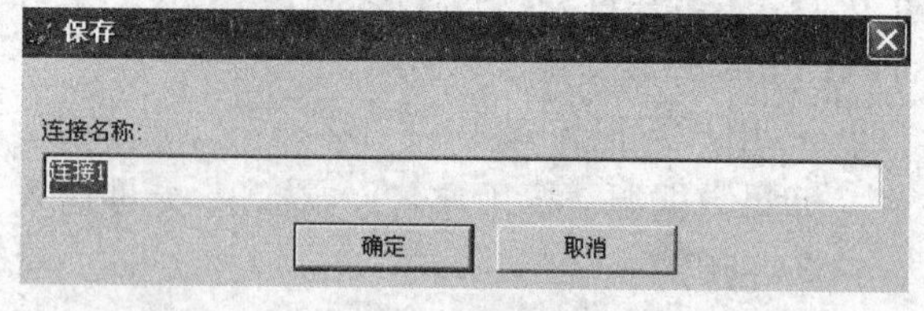

图 5.29　"保存"对话框

2. 创建远程视图

创建远程视图有两种方法:一种是利用视图向导来创建。选择"文件"菜单里的"新建"命令,选择"远程视图"类型,单击"向导"按钮,根据向导的提示进行操作即可。第二种是利用视图设计器创建,步骤如下:

(1) 打开"项目管理器",在"数据"选项卡中,选择"远程视图"选项,单击"新建"按钮,弹出如图 5.30 所示的"选择连接或数据源"对话框。

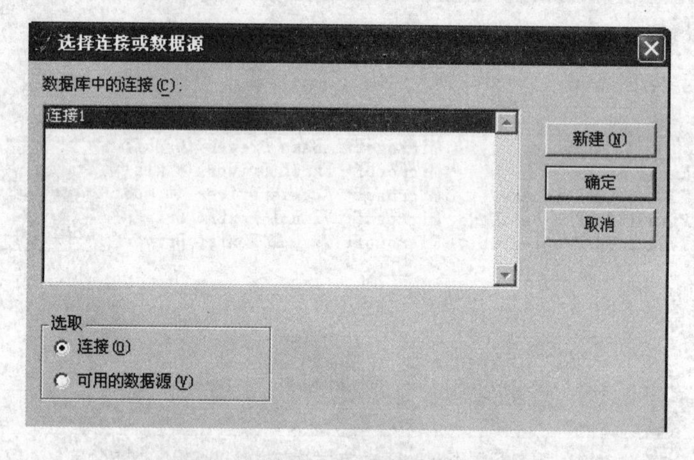

图 5.30　"选择连接或数据源"对话框

(2) 在"数据库中的连接"选项框下有名为"连接 1"的连接,也就是在上一节里建立的远程数据源。在"选取"框中有两个单选项,分别为"连接"和"可用的数据源",可根据需要选择,系统默认为"连接"。

(3) 从"连接"中可以选择需要的表添加到"远程视图设计器"中,其方法与创建本地视图相同,具体步骤在此不再详述。

5.3.3　用视图更新数据

视图中数据的更新和表中数据的更新类似,但用视图可以实现对数据源的更新,这也是与查询最大的区别。使用"更新条件"选项卡可以把用户对表中数据所做的修改,包括更新、删除及插入等结果返回到数据源中。

下面以"学生成绩表.dbf"所建立的视图文件为例,使其显示学号为"DS0515"的学生的信息,将该学生"语文"与"数学"成绩都改为"80"。具体操作步骤如下:

(1) 在"项目管理器"中,选择"数据库",然后选择本例所需的视图。

(2) 单击"修改"按钮,弹出"视图设计器"对话框。

(3) 设置更新条件。选择“更新条件”选项卡，该选项卡用于设定更新数据的条件，其各选项的含义如下：

• 表。列表框中列出了添加到当前视图设计器中所有的表，从其下拉列表中可以指定视图文件中允许更新的表。如选择“全部表”选项，那么在“字段名”列表框中将显示出在“字段”选项卡中选取的全部字段。如只选择其中的一个表，那么在“字段名”列表框中将只显示该表中被选择的字段。

• 字段名。该列表框中列出了可以更新的字段。其中标识的钥匙符号为指定字段是否为关键字段，字段前若带对号(√)标志，则该字段为关键字段；铅笔符号为指定的字段是否可以更新，字段前若带对号(√)标志，则该字段内容可以更新。在本例中设定“学号”和“姓名”为关键字段。由于需要修改“语文”与“数学”字段的值，所以在这两个字段前“铅笔”符号下单击，将其设置为可修改字段。如图 5.31 所示。

• 发送 SQL 更新。用于指定是否将视图中的更新结果传回源表中。

• SQL WHERE 子句。用于指定当更新数据传回源数据表时，检测更改冲突的条件。

• 使用更新。指定后台服务器更新的方法。其中“SQL DELETE 然后 INSERT”选项的含义为在修改源数据表时，先将要修改的记录删除，然后再根据视图中的修改结果插入一新记录；“SQL UPDATE”选项为根据视图中的修改结果直接修改源数据表中的记录。

(4) 保存视图。选择“文件”菜单中的“保存”选项，或单击常用工具栏上的“保存”按钮，保存视图。

(5) 修改数据。运行刚刚所建视图，在查询参数输入窗口输入学号为“DS0515”，并在随后的浏览窗口中将“语文”和“数学”字段各自修改为“80”，单击“关闭”按钮，关闭浏览窗口。然后打开学生成绩表，发现浏览表中数据已被修改，如图 5.32 所示。

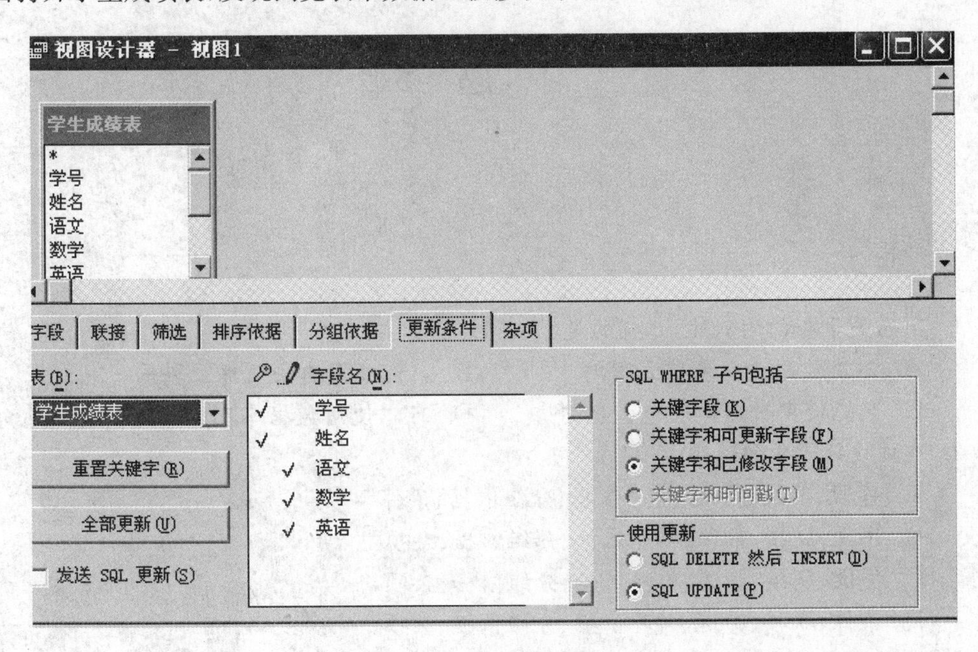

图 5.31　设置更新条件

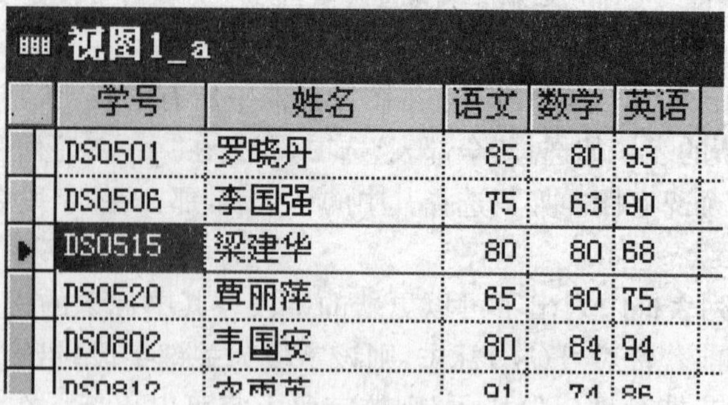

视图1_a

学号	姓名	语文	数学	英语
DS0501	罗晓丹	85	80	93
DS0506	李国强	75	63	90
DS0515	梁建华	80	80	68
DS0520	覃丽萍	65	80	75
DS0802	韦国安	80	84	94
DS0812	农雨苗	91	74	86

图 5.32　利用视图修改数据结果

5.3.4　查询和视图的区别

查询与视图是两个性质相类似的文件，都可以从用户收集的数据中提取所需信息，但它们之间也存在差异：

(1) 查询的数据仅供输出查看，不能更新和修改数据，而利用视图可以更新数据源。

(2) 利用查询设计器生成的是.qpr文件，它是完全独立的，不依赖于任何数据库和表而存在，而视图则依赖于数据库而存在，不是一个单独的文件。

(3) 视图文件的数据来源分别是数据表文件、视图、服务器上的数据表文件、远程数据表文件。

习　题　5

一、选择题

1. 下列关于查询的叙述，正确的是(　　)。
   A. 不能使用自由表建立查询　　B. 只能使用自由表建立查询
   C. 只能使用数据库表建立查询　　D. 可以使用数据库表和自由表建立查询
2. 查询设计器中的选项卡有(　　)。
   A. 字段、联接、筛选、排序依据、分组依据、条件
   B. 字段、联接、条件、排序依据、分组依据、杂项
   C. 字段、联接、筛选、排序依据、分组依据、杂项
   D. 条件、联接、筛选、排序依据、分组依据、杂项
3. 下列关于视图与查询的叙述，错误的是(　　)。
   A. 视图可以更新数据
   B. 查询和视图都可以更新数据
   C. 查询保存在一个独立的文件中

D. 视图不是独立的文件，它只能存储在数据库中

4. 视图设计器和查询设计器的界面类似，它们的工具基本一样，其中可以在查询设计器中使用而在视图设计器中没有的是(　　)。

A. 查询条件　　　　B. 查询去向

C. 查询目标　　　　D. 查询字段

5. 下列关于视图的说法中不正确的是(　　)。

A. 可以把视图文件暂时从数据库中分离出来成为自由文件

B. 视图建立之后，可以脱离数据库单独使用

C. 视图兼有表和查询的特点

D. 视图可分为本地视图和远程视图

二、填空题

1. 建立查询的方法有 3 种，分别是________、________和________。

2. 视图有 2 种，分别是________和________。

3. 查询的去向可以是________、________、________、________、________、________和________，共有________种。

4. 建立视图，其数据源可以是________、________、________。

三、简答题

1. 什么是查询？什么是视图？

2. 查询和视图的根本区别是什么？

第 6 章　程序设计基础

本章导读

本章介绍 Visual FoxPro 6.0 支持的结构化程序设计的基础知识，主要包括程序文件的创建、运行；结构化程序设计的顺序结构、分支结构、循环结构三大基本控制结构；模块化程序设计等内容。本章的目的是了解 Visual FoxPro 6.0 结构化程序设计的基本知识，掌握结构化程序设计的基本方法。

知识点

- 程序文件的建立与运行
- 顺序结构程序设计
- 分支结构程序设计
- 循环结构程序设计
- 模块结构程序设计
- 自定义函数
- 参数的传递

6.1　程序文件的建立与运行

程序是能够完成某一特定任务的一组命令的有序集合，它告诉计算机如何进行操作。Visual FoxPro 6.0 中程序由若干语句构成，包括命令、函数等，这组命令组成的文件通常称为命令文件或程序文件，以 .PRG 为扩展名，当程序运行时，系统会按照一定的顺序自动执行包含在程序文件中的命令。

程序设计是软件开发过程中的重要环节。程序设计就是通过对实际问题进行分析，确定解决问题的方法，通过使用程序设计语言提供的语句或命令将解决问题的方法描述出来。为了使程序具有良好的可读性和较高的执行效率，程序设计必须按照一定规范进行编写，这直接关系到软件的质量，同时也便于软件的日后升级和维护。

程序设计方法较多，通常采用的程序设计方法主要有两种，一种是传统的结构化程序设计方法，另一种是面向对象程序设计方法，此处主要介绍结构化程序设计方法。

6.1.1　程序文件的建立与修改

1. 程序文件的建立

Visual FoxPro 中，程序文件的建立和修改通常有三种方式：命令方式、菜单方式、项目管理器方式。Visual FoxPro 6.0 内置了一个功能强大的程序编辑器，用于程序的创建与修改。程序编辑器如图 6.1 所示。

图 6.1　程序编辑器窗口

打开程序编辑器的方法有三种：

(1) 菜单或工具按钮。单击工具栏上的“新建”按钮或选择“文件/新建”命令，选择“程序”并单击“新文件”，就可以打开程序编辑器。

(2) 命令。直接在命令窗口中输入如下命令，也可以打开程序编辑器。

格式：**MODIFY COMMAND** [**〈程序文件名〉**]

功能：打开程序编辑器，以便用户建立或修改程序文件。

程序文件名为将要编辑的程序文件的名称，如果省略则系统默认的文件名为“程序 1”。Visual FoxPro 6.0 中程序文件的默认扩展名为. PRG，输入程序文件名时如果不带扩展名，则 VFP 会自动加上. PRG 的扩展名。程序录入或修改完毕，按〈Ctrl〉+c，或选择“文件”菜单中“保存”菜单项，或通过鼠标点击工具栏上的“保存”图标按钮，即可保存程序文件并关闭程序编辑窗口退出。

(3) 项目管理器。在项目管理器中选择“代码”选项卡，再选择“程序”，或单击“新建”，也可以打开程序编辑器。

编辑程序文件时，应注意以下几点：

(1) Visual FoxPro 6.0 命令行以回车键结束，一行只能写一条命令，如需分行必须使用续行符“;”。

(2) 在程序编辑窗口中可以使用复制、剪切、粘贴等功能来加速程序编辑过程。

(3) 程序编辑完毕后要注意保存。

2. 程序文件的修改

修改程序文件操作与创建文件很相似，也可以通过命令方式、菜单方式、项目管理器方式进行。

(1) 命令操作方式

格式：**MODIFY COMMAND 〈程序文件名〉**

功能：打开程序编辑窗口，以便用户修改已经存在的程序文件。

注意：在利用该命令建立程序文件时，“程序文件名”可以省略，而在打开程序文件时，必须添加已存在的程序文件名。

(2) 菜单操作方式

在“文件”菜单中执行“打开”菜单选项，在“打开”对话框的文件类型列表框中选择“程序”，在文件列表中选择要修改的程序，点击“打开”按钮，即可打开程序文件进行修改。

(3) 项目管理器方式

在项目管理器中，选择“代码”文件夹或“代码”页，从中选择“程序”选项，点击“修改”按钮即可对程序文件进行修改。

6.1.2 程序文件的运行

程序在建立完成后，就可以运行来获得程序运行结果。程序运行的方法有以下三种：

(1) 在命令窗口中使用程序执行命令。

格式：**DO〈程序文件名〉**

功能：执行指定的程序。

程序执行命令也可以被安排在程序体内，形成程序嵌套。这时被调用的程序称为子程序或过程。当子程序或过程执行结束时，返回调用口，继续执行命令。

(2) 在项目管理器中选中需运行的程序文件后单击“运行”按钮。

(3) 在没有关闭程序编辑器时，单击“运行”工具按钮。

在程序运行过程中可以按〈Esc〉键，终止当前执行的程序。〈Esc〉键受 SET ESCAPE ON|OFF 命令的控制。当执行 SET ESCAPE ON 命令后，按〈Esc〉键可以终止程序运行，这是系统默认状态。当执行 SET ESCAPE OFF 命令后，按〈Esc〉键无效，不能中止当前运行的程序。

当程序文件被执行时，文件中包含的命令将被依次执行，直到所有的命令被执行完毕或执行到以下的命令：

(1) SUSPEND 命令，该命令暂停程序的执行，返回命令窗口。在命令窗口输入 RESUME 时，系统从暂停的地方继续执行程序。

(2) CANCEL 命令，该命令终止程序执行，清除所有的私有变量，返回命令窗口。

(3) RETURN 命令，结束当前程序的执行，返回到调用它的上一级程序，若没有上一级程序则返回到命令窗口。

(4) DO 命令，转去执行另一个程序文件。

(5) QUIT 命令，退出 Visual FoxPro 6.0 系统，返回操作系统。

6.1.3 程序中的辅助命令

1. 注释命令

格式一：**NOTE〈注释内容〉**

格式二：***〈注释内容〉**

格式三：**&&〈注释内容〉**

功能：上述命令语句不执行任何操作，NOTE 和 * 一般放在一行的开始，用于对程序进行注释；&& 放于语句之后，用于对该语句进行注释。

2. 清屏命令

格式：**CLEAR**

功能：清除整个屏幕，使光标回到屏幕左上角。

3. 终止程序命令

格式:**CANCEL**

功能:结束程序的执行,返回命令窗口,关闭所有打开的文件。

4. 暂停命令

格式:**SUSPEND**

功能:暂停程序的执行,返回命令窗口。

5. 恢复命令

格式:**RESUME**

功能:恢复程序执行,系统从暂停的地方继续执行程序。

6. 设置会话状态命令

格式:**SET TALK ON|OFF**

功能:设置是否显示命令执行的结果。ON 表示显示执行命令的结果,OFF 表示不显示执行命令的结果。

7. 设置文件保护命令

格式:**SET SAFETY ON|OFF**

功能:设置删除文件时是否显示提示信息。ON 表示显示提示信息,OFF 表示不显示提示信息。

8. 清除内存变量命令

格式:**CLEAR ALL**

功能:清除用户自定义的内存变量。

6.1.4 程序中的交互输入

在应用程序中,常常需要进行人机交互,通过交互输入输出命令,可以实现简单的人机对话功能。

1. 输入命令

(1) 字符输入命令

格式:**WAIT [〈提示信息〉] [TO〈内存变量名〉] [WINDOW] [TIMEOUT 时间]**

功能:暂停正在运行的程序,直到输入一个字符为止。

若选择 TO〈内存变量名〉子句,则将输入的单个字符存入指定的内存变量。若直接输入回车键,则内存变量中存入空字符串。内存变量的类型为字符型。若选择〈提示信息〉子句,执行此命令时,屏幕上将显示提示信息,否则屏幕上将显示"按任意键继续…"。若选择[WINDOW]选项,在系统窗口显示时间信息。若选择[TIMEOUT 时间]选项则可指定等待时间,其中"时间"是一个数值表达式,它指定等待的秒数。

WAIT 语句主要用于下列两种情况:

① 暂停程序的运行,以便观察程序的运行情况,检查程序运行的中间结果。

② 根据实际情况输入某个字符,以控制程序的执行流程。比如,在某应用程序的"Y/N"选择中,常用此命令暂停程序的执行,等待用户回答"Y"或"N",由于这时只需输入单个字符,也不用按回车键,操作简便,响应迅速。

(2) 字符串输入命令

格式:**ACCEPT [〈提示信息〉] TO 〈内存变量名〉**

功能:将从键盘上接收的字符串数据存入指定的内存变量中。提供此命令是为了向后兼容,在 VFP 中可以用文本框控制命令代替。其中[〈提示信息〉]指定提示信息字符串。[〈内存变量名〉]指定存储字符数据的内存变量或数组元素。如果没有定义此内存变量,ACCEPT 将自动创建。如果没有输入数据就按〈Enter〉键,内存变量或数组元素则为空字符串。

(3) 任意数据接收命令

ACCEPT 语句只能给字符型内存变量提供数据。如果用户想给其他类型的内存变量提供数据,可以使用下列命令:

格式:**INPUT [〈提示信息〉] TO 〈内存变量名〉**

功能:用于接收从键盘上输入的表达式,并将计算结果存入指定的内存变量或数组元素中。包含此命令也是为了提供向后的兼容性。在 VFP 中,该命令也可以用文本框控制命令代替。其中[〈提示信息〉]提示用户输入数据;[〈内存变量名〉]用于指定一个内存变量或数组元素,存储从键盘输入的数据。如果指定的内存变量或数组元素不存在,VFP 将自动创建该内存变量或数组元素。

INPUT 语句与 ACCEPT 语句的执行过程相同,功能相似。〈内存变量名〉的数据类型取决于输入数据的类型,可以为数值型、字符型、日期型和逻辑型。

INPUT 语句与 ACCEPT 语句的区别是:ACCEPT 命令只能接收字符串,而 INPUT 语句可以接收任意类型的 VFP 表达式;如果输入的是字符串,ACCEPT 语句不需要使用字符定界符,而 INPUT 语句必须用定界符括起来。

(4) 格式化输入命令

格式:**@〈行,列〉 SAY 〈字符串表达式〉 GET 〈变量〉**

　　　…

　　　READ

功能:在指定的位置输出提示信息并接受键盘输入,同时赋值给 GET 后的变量。

说明:

① 〈字符串表达式〉是要显示的提示信息,READ 用来激活 GET 子句中变量的编辑域,使其可进入编辑状态。READ 必须与 GET 配对使用,才能编辑 GET 设定的编辑域。

② 该命令在指定位置输出提示信息并在提示信息后显示文本框,但并不要求马上输入,直到遇到一个 READ 子句。

2. 输出命令

前面的章节中在屏幕上显示信息时,使用的是非格式化输出命令"?"或"??",为了能按一定的要求来设计屏幕格式,使之美观、方便,可以使用屏幕显示格式控制命令。

(1) 格式化输出命令

格式:**@〈行号,列号〉 SAY 〈表达式〉**

功能:从指定的行、列号开始输出表达式的值。

说明:

① 〈表达式〉可以是常数、字段变量及由它们组成的表达式。

② 定位输出时,一次只能输出一个表达式。

(2) 文本输出命令

格式:**TEXT**

　　　〈文本内容〉

　　END TEXT

功能:将〈文本内容〉按原样输出。

3. MessageBox 函数

格式 1:**MessageBox(〈信息内容〉[,〈对话框类型〉[,〈对话框标题〉]])**

格式 2:**变量名=MessageBox(〈信息内容〉[,〈对话框类型〉[,〈对话框标题〉]])**

功能:格式 1 显示自定义对话框,格式 2 除显示一自定义对话框外,还将函数的返回值赋给一内存变量,以根据返回值决定程序执行情况。

说明:

① 〈信息内容〉表示对话框中要显示的信息,最大长度为 1024 个字符,可以使用回车符和换行符将各行分开。

② 〈对话框类型〉用于指定对话框中命令按钮的个数及形式、图标样式及缺省按钮等。〈对话框类型〉各组成部分的值及其含义如表 6.1 所示。

③ 〈对话框标题〉指定对话框的标题,若省略此项,系统默认标题为"Microsoft Visual FoxPro"。

表 6.1　对话框类型各组成部分的取值及含义

组成部分	值	功能说明
对话框中命令按钮数目及形式	0	只显示"确定"按钮
	1	显示"确定"和"取消"按钮
	2	显示"终止"、"重试"和"忽略"按钮
	3	显示"是"、"否"和"取消"按钮
	4	显示"是"和"否"按钮
	5	显示"重试"和"取消"按钮
图标样式	16	显示红色叉号错误图标
	32	显示蓝色问号图标
	48	显示黄色惊叹号图标
	64	显示蓝色信息图标
缺省按钮	0	第 1 个按钮为缺省值
	256	第 2 个按钮为缺省值
	512	第 3 个按钮为缺省值
	768	第 4 个按钮为缺省值

【例 6.1】 输入梯形上底和下底,计算梯形的面积。

```
*计算梯形面积 MJ.PRG
INPUT "梯形上底" TO  SD
INPUT "梯形下底" TO  XD
```

```
INPUT "梯形高" TO  H
AREA=(SD+XD) * H/2
? 梯形面积为:,AREA
```

【例 6.2】 使用格式化输入命令完成变量值的编辑与修改。

```
A=.T.
B="WELCOME TO BEI JING!"
C=23.45
D=DATE()
CLEAR
@2,20 SAY "输入逻辑值：" GET A
@3,20 SAY "修改字符值：" GET B
@4,20 SAY "修改数值："   GET C
@5,20 SAY "修改日期值：" GET D
READ
```

6.2 顺序结构程序设计

顺序结构是一种最简单的基本结构，在这种结构中，语句的执行按照它们在程序中的先后顺序依次执行。程序在执行的过程中，程序执行的流向没有发生改变。顺序结构流程图如图 6.2 所示。

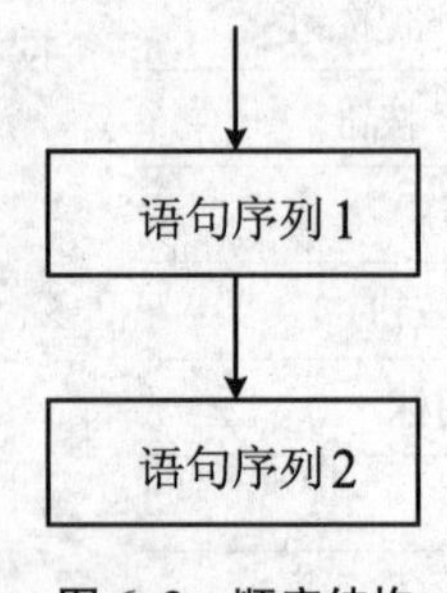

图 6.2 顺序结构

【例 6.3】 编写程序，输入圆半径，计算圆的周长和面积。

```
*输入圆的半径，计算圆的周长与面积 JS.PRG
INPUT  "请输入圆的半径："  TO R
ZC=3.1415926 * 2 * R
? "圆的周长为：",  ZC
AREA=3.1415926 * R * R
? "圆的面积为：",  AREA
```

6.3 分支结构程序设计

现实生活中，许多任务往往比较复杂，需要根据不同的情况选择相应的处理方案，分支结构就是根据条件的计算结果执行不同的操作。

分支结构是指程序在执行的过程中程序的流向发生了改变，程序执行时根据条件选择其中某一分支执行，分支结构也称为选择结构。

6.3.1 简单分支结构

格式:**IF 〈条件表达式〉**

　　　〈语句序列〉

　　ENDIF

功能:首先计算〈条件表达式〉的值,若〈条件表达式〉的值为真(.T.),则执行〈语句序列〉;若〈条件表达式〉的值为假(.F.),则跳过〈语句序列〉,执行 ENDIF 后续的语句。

其中,〈条件表达式〉可以为关系表达式,也可以为逻辑表达式;〈语句序列〉可以是一条语句,也可以是多条语句。简单分支结构的流程图如图 6.3 所示。

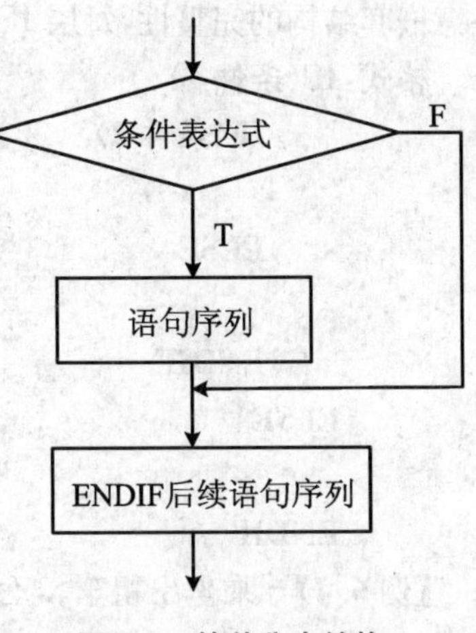

图 6.3　简单分支结构

6.3.2 选择分支结构

格式:**IF〈条件表达式〉**

　　　〈语句序列 1〉

　　ELSE

　　　〈语句序列 2〉]

　　ENDIF

功能:执行语句时,首先判断〈条件表达式〉的值,如果〈条件表达式〉的值为真(.T.),则执行〈语句序列 1〉,否则执行〈语句序列 2〉;然后执行 ENDIF 的后续语句。选择分支语句的流程图如图 6.4 所示。

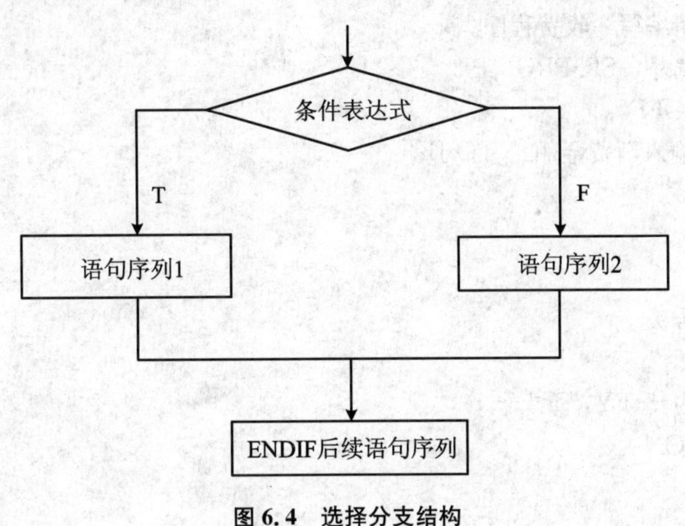

图 6.4　选择分支结构

6.3.3 分支嵌套结构

当 IF 的语句序列中又出现 IF 语句时,就构成了 IF 的嵌套结构。在使用 IF 嵌套时,要注意嵌套结构的完整性,每层 IF 要和对应的 ENDIF 相匹配,不能跨层嵌套。

格式:**IF〈条件 1〉**

```
IF〈条件 1〉
    IF〈条件 2〉
        …
    ELSE
        …
    ENDIF
ELSE
    …
ENDIF
```

【例 6.4】 乘坐出租车,3 公里内 6 元,3 公里以上每公里 1.2 元,试编写一出租车计费程序。

```
*出租车计费程序 JF.PRG
SET TALK OFF
INPUT "请输入出租车行驶里程数(公里):" TO LC
JF=6
IF(LC>3)
JF=(LC-3) * 1.2+JF
ENDIF
?"应付费用为:",JF,"元"
SET TALK ON
RETURN
```

【例 6.5】 某商场实行国庆优惠活动,凡消费不足 100 元的,9 折优惠,消费超过 100 元,按 8 折优惠,请编写一收费程序。

```
*商场收费程序  SF.PRG
SET TALK OFF
INPUT "请输入消费金额:" TO JE
IF JE>=100
FY=JE * 0.8
ELSE
FY=JE * 0.9
ENDIF
?"应付金额为:",FY,"元"
SET TALK ON
RETURN
```

6.3.4 多分支结构

语句格式:

DO CASE

```
    CASE〈条件表达式 1〉
        〈语句序列 1〉
    CASE〈条件表达式 2〉
        〈语句序列 2〉
          …
    CASE〈条件表达式 n〉
        〈语句序列 n〉
    [OTHERWISE]
        〈语句序列 n+1〉
ENDCASE
```

功能:按 CASE 的顺序依次判断逻辑表达式,一旦遇到某个逻辑表达式为真时就执行该 CASE 后的语句组代码,然后转向 ENDCASE 后续的语句运行,否则执行 OTHERWISE 后的语句组,如果没有这一部分,并且 CASE 的逻辑表达式都为假时,跳过该语句。多分支语句的流程图如图 6.5 所示。

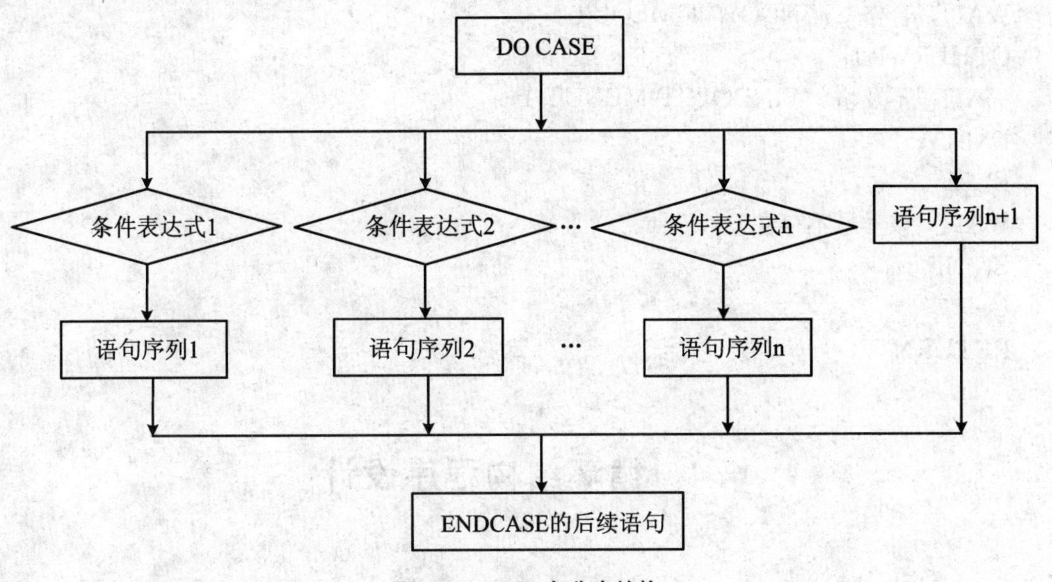

图 6.5　CASE 多分支结构

说明:

(1) DO CASE 与第一个 CASE〈条件表达式 1〉之间不应有任何命令。

(2) 执行时,依次判断 CASE 后的条件,一旦某个条件成立,则执行 CASE 后相应的语句序列,然后执行 ENDCASE 后面的语句。若所有的条件都不满足,那么如果有 OTHERWISE 子句,则执行其后续语句序列,然后执行 ENDCASE 后面的语句。如果没有 OTHERWISE 子句,则直接执行 ENDCASE 后面的语句。

(3) 如果有多个条件为真,则仅执行第一个满足条件的 CASE 语句序列,执行后不再对其他条件表达式进行判断。

【例 6.6】　在学生成绩表(XSCJ.DBF)中,查找指定学号,并显示该学生的平均分,若平均分≥90 为优秀,80≤平均分＜90 为良好,70≤平均分＜80 为中等,60≤平均分＜70 为合格,平均分＜60 为不及格,试编写程序实现。

```
* 显示学生平均分,判断其等级  XS*.PRG
USE  XSCJ
CLEAR
ACCEPT "请输入学号:" TO XH
LOCATE FOR 学号=XH
IF FOUND()
DO CASE
CASE 平均分>=90
WAIT "优秀" WINDOW TIMEOUT 1
CASE 平均分>=80
WAIT "良好" WINDOW TIMEOUT 1
CASE 平均分>=70
WAIT "中等" WINDOW TIMEOUT 1
CASE 平均分>=60
WAIT "合格" WINDOW TIMEOUT 1
OTHERWISE
WAIT "不及格" WINDOW TIMEOUT 1
ENDCASE
ELSE
WAIT "该学号不存在"
ENDIF
USE
RETURN
```

6.4 循环结构程序设计

在处理实际问题的过程中,有时需要重复执行相同的操作,即对一段程序进行循环操作,这种被重复的语句序列称为循环体。

6.4.1 DO WHILE-ENDDO 循环结构

语句格式:

DO WHILE〈条件表达式〉

  [〈**语句序列**〉]

  [**EXIT**]

  [**LOOP**]

ENDDO

功能:当条件表达式为真时,执行循环体,直到条件表达式结果为假。

DO WHILE 循环结构的流程图如图 6.6 所示。

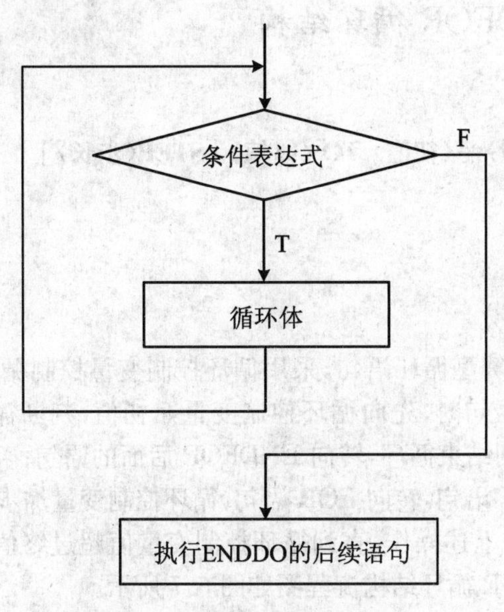

图 6.6　DO WHILE 循环结构

说明：

(1) 如果第一次判断条件表达式为假(.F.)，则循环体一次都不执行，即“先判断后执行”。

(2) 循环体可以包含 EXIT 和 LOOP 命令，它们可以出现在循环体的任何位置上。

(3) EXIT 命令是退出循环体；LOOP 命令是结束本次循环，开启下一轮循环。

【例 6.7】 计算连续自然数之和，在和大于 1000 时，结束计算，并显示最后一个自然数。

```
STORE 0 TO SUM，ZRS
DO WHILE SUM<=1000
ZRS=ZRS+1
SUM=SUM+ZRS
ENDDO
? ZRS
&& 屏幕显示结果为:45。
```

【例 6.8】 计算 S=1+2+3+…+100。

```
*计算 1+2+3+…+100 的和　JS.PRG
SET TALK OFF
I=1
SUM=0
DO WHILE I<=100
  SUM=SUM+I
ENDDO
? "SUM=",SUM
RETURN
&& 屏幕显示结果为:5050。
```

6.4.2 FOR-ENDFOR 循环结构

语句格式：

FOR 〈循环控制变量〉=〈初值〉 TO 〈终值〉 [STEP〈步长〉]

〈语句序列〉

[EXIT]

[LOOP]

ENDFOR|NEXT

功能：该语句又称计算型循环语句，采用循环控制变量控制循环次数，适用于循环次数已知的情况。执行循环语句时，先向循环控制变量赋初值，判断循环控制变量是否超过终值，如果已经超过终值，则结束循环，转向 ENDFOR 后面的语句；否则执行循环体内各语句，遇到 ENDFOR 或 NEXT 语句，转向 FOR 语句，循环控制变量加步长值，如果循环控制变量值仍然未超过终值，重复上述操作，直到循环控制变量值超过终值时结束循环，转向 ENDFOR 后的语句执行。FOR 循环结构流程图如图 6.7 所示。

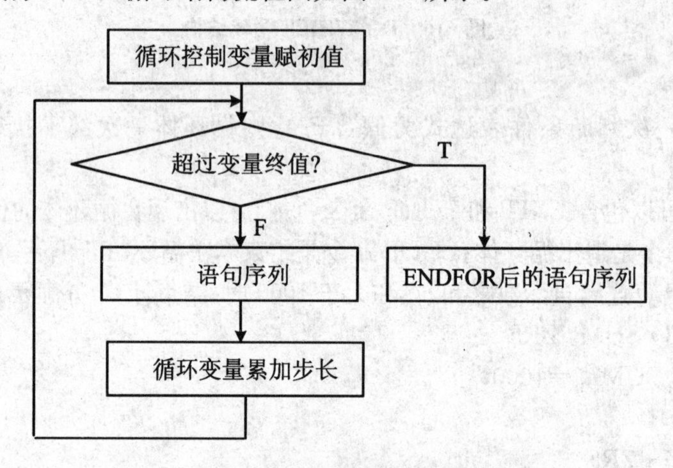

图 6.7 FOR 循环结构

FOR 和 ENDFOR 之间的语句是重复执行的部分，这种重复执行的次数是可预见的，通过初值、终值和步长控制重复执行的次数。FOR、ENDFOR 或 NEXT 各占一行，是语句中缺一不可的部分，组成完整的循环语句。

STEP[〈步长〉]是计数器递增或递减的步长。如果〈步长〉是负值，则计数器递减；如果省略 STEP 子句，计数器每次递增 1。

[EXIT]将控制权交给紧接在 ENDFOR 后面的命令。可以在 FOR 与 ENDFOR 之间的任何地方放置 EXIT。

[LOOP]将控制权直接交给 FOR 子句，不再执行 LOOP 与 ENDFOR 之间的语句。计数器正常递增或递减，就像执行到 ENDFOR 子句一样。可以在 FOR 与 ENDFOR 之间的任何地方放置 LOOP。

说明：可以用内存变量或数组元素作为计数器，指定 FOR-ENDFOR 循环中 VFP 命令的执行次数。在遇到 ENDFOR 或 NEXT 之前，始终执行 FOR 后面的 VFP 命令。执行过程中，每循环一次，计数器都会产生一次计数，计数增量由〈步长〉值控制，然后把计数器的值与〈终值〉进行比较，决定是否进行下一次循环。

【例 6.9】 求 1 到 100 中偶数的和。

```
*计算偶数的和  JSH.PRG
SUM=0
I=1
FOR I=2 TO 100  STEP 2
SUM=SUM+I
NEXT
?"偶数的和为:",SUM
RETURN
&& 屏幕显示结果为:2550。
```

6.4.3 SCAN-ENDSCAN 循环结构

语句格式：

SCAN [〈范围〉] [FOR〈条件〉] [WHILE〈条件〉]

　　[〈语句序列〉]

　　[LOOP]

　　[EXIT]

ENDSCAN

功能：对当前打开的表中指定范围内的条件表达式结果为真的记录，执行循环体语句操作。

其中[〈范围〉]用于指定当前表中记录扫描的范围，只有在范围之内的记录才有可能被扫描到，SCAN 命令的默认范围为 ALL。[FOR〈条件〉]的含义是只有条件表达式的计算结果为"真"的记录，才能对其执行命令。包含 FOR 子句可以筛选出不想扫描的记录。[WHILE〈条件〉]指定一个条件表达式作为执行命令的条件，只要条件表达式计算结果为"真"，就对记录执行命令，直到遇到使表达式不为"真"的记录为止。[〈语句序列〉]指定要执行的 VFP 命令集。[LOOP]把控制权直接交给 SCAN 子句，LOOP 子句可以放在 SCAN 和 ENDSCAN 之间的任何地方。[EXIT]把控制权从 SCAN-ENDSCAN 循环语句交给 ENDSCAN 下面的命令，EXIT 子句可以放在 SCAN 和 ENDSCAN 之间的任何地方。

注意：SCAN 命令自动将记录指针移到下一条满足条件的记录，并执行相应的命令块。

【例 6.10】 逐条显示学生情况表中性别为"男"的学生的情况。

```
USE  XSQK
SCAN FOR 性别="男"
DISP
WAIT
ENDSCAN
USE
```

6.4.4 循环嵌套结构

如果一个循环语句的循环体内又包含其他循环，就构成循环嵌套，较为复杂的问题往往需要使用循环嵌套来处理。

说明：

(1) 在循环嵌套中，各循环结构相互对应，不得交叉嵌套。

(2) 不要从循环体外进入循环体内。Visual FoxPro 6.0 规定，不论是哪一种循环，循环的入口和循环的出口是配对的，若循环体内使用 EXIT 命令，它只能退出当前内层循环体，而不能退出外层循环；若使用 LOOP 命令，它只能转入所在层次的内层循环入口，而不能转入外层循环入口。

(3) 不论是哪种情况，循环体可能一次都不执行。对于处理表记录的 SCAN 循环，若带有 WHILE 子句，涉及条件表达式的字段应建立索引或排序，否则可能会漏掉应处理的记录。

(4) 分支结构和循环结构可相互嵌套，但应注意结构应完整、配对。

【例 6.11】 循环嵌套实例。

```
SET TALK OFF
CLEAR
DIMENSION A(3,3)
FOR I =1 TO 3
  FOR J=1 TO 3
    A(I,J)=I * J
    ?? A(I,J)
  NEXT J
NEXT I
SET TALK ON
RETURN
&& 屏幕显示结果为：
  1  2  3
  2  4  6
  3  6  9
```

【例 6.12】 循环嵌套实例。

```
SET TALK OFF
CLEAR
STORE 0 TO X, X1, X2,X3
DO WHILE X<10
  X=X+1
  DO CASE
  CASE INT(X/2)=X/2
    X1=X1+X
```

```
  CASE MOD(X,3)=0
    X2=X2+X
  CASE INT(X/2)<>X/2
    X3=X3+X
  ENDCASE
ENDDO
? X1, X2, X3
SET TALK ON
RETURN
&& 屏幕显示结果为:30  12  13
```

6.5 模块结构程序设计

一个应用程序常常需要使用多个功能模块,如果把每个功能模块都设计成子程序,则调用子程序时,系统先把子程序调入内存,然后再执行子程序中的语句,由于一个程序文件只能存放一个子程序,调用子程序越多,访问磁盘次数越多,这就会影响程序的执行效率。因为过程可以存放在调用它的程序后面,也可以存放在单独的过程文件中,一个过程文件可以存放多个过程,所以,使用过程代替子程序,可以较好地解决此问题。

6.5.1 外部过程的建立与运行

过程是子程序的另一种组织形式,它和函数的不同之处是在程序结束之后,不必返回一个值。如果希望返回参数,可以通过 PARAMETERS 语句返回,而不是通过 RETURN 语句。当调用过程时,将参数传递给被调用的过程,过程执行完后,将参数再通过 PARAMETERS 语句传递给主程序。所以,在过程中 RETURN 语句并不是必需的,有 RETURN 只不过是形式上更完整而已。过程分为内部过程和外部过程。

外部过程与程序文件一样是一个完全独立的程序文件,文件的建立、调试和维护与主程序一样,仅仅是在应用系统中被主程序调用。主程序与过程是通过程序执行语句联系起来的。外部过程起到了简化主程序的作用,是主程序功能的一部分。应用系统从功能上划分越细,对每个过程而言越简单。但是程序量的增加会给文件管理带来困难。

内部过程存放在过程文件中。一个过程文件可以容纳若干个内部过程。内部过程在调用前必须先打开过程文件,然后才能提供给用户调用。

1. 过程的建立

格式:

PROCEDURE 〈过程名〉

  [PARAMETERS|LPARAMETERS〈形式参数表〉]

  〈语句序列〉

  [RETURN[〈表达式〉]]

ENDPROC

功能:定义一过程。

说明:

(1) 过程以 PROCEDURE 为起始标记,后跟过程名;过程名是标识该过程的名称,通过该过程名可调用此过程;ENDPROC 是过程结束标记,实际应用中也可省略;过程调用语句与主程序执行命令相同。

(2) 若过程需要从外部接收一些数据,则需在 PARAMETERS 或 LPARAMETERS 后跟形式参数表,若参数为多个,用逗号隔开。

(3) 当执行到 RETURN 时,将返回到调用过程的下一条语句,同时以表达式的值作为返回值,若无返回值,则返回. T. ,此时 RETURN 亦可省略。

(4) 过程可以放在程序文件后面,亦可将多个过程保存在独立的过程文件中。

2. 过程运行

过程运行亦称为过程调用,其格式为:

DO 〈过程名〉[WITH〈实参表〉]

功能:调用过程名所指定的过程。

说明:

(1) 过程中若没有形参,则过程调用不需要[WITH〈实参表〉]来传递实参。

(2) WITH〈实参表〉选项用于主程序和过程之间传递参数,若有多个实际参数,参数之间用逗号隔开。

(3) 实际参数的个数、顺序、类型应与过程中 PARAMETERS 或 LPARAMETERS 后的说明相一致。

【例 6.13】 试编程计算 S=1! +2! +3! +…+10!

```
*主程序 MAIN.PRG
SET TALK OFF
I=1
SUM=0
FOR K=1 TO 10
DO  SUB  WITH  K
SUM=SUM+I
ENDFOR
? "SUM=",SUM
RETURN
PROCEDURE  SUB
PARAMETERS  X
JC=1
FOR J=1 TO X
JC=JC* J
ENDFOR
RETURN  JC
&& 屏幕显示结果为:SUM=4037913
```

6.5.2 过程文件的建立与运行

1. 过程文件的建立

过程文件的建立和创建程序文件相同,使用“MODIFY COMMAND〈过程文件名〉”命令,扩展名也为.PRG。

格式:**MODIFY COMMAND〈过程文件名〉**

功能:创建一过程文件,在此过程文件中可以包含多个过程。

2. 打开过程文件

在主程序中若要调用过程文件中的过程,必须首先打开过程文件。当过程文件打开后,所包含的过程均可被调用。

格式:**SET PROCEDURE TO [〈过程文件名 1〉,〈过程文件名 2〉,…][ADDTIVE]**

功能:打开各过程文件,并设第一个过程文件为主过程文件。[ADDTIVE]选项在打开过程文件时不关闭原先已经打开的过程文件。

3. 关闭过程文件

格式 1:**SET PROCEDURE TO**

格式 2:**RELEASE PROCEDURE 〈过程文件名 1〉[,〈过程文件名 2〉,…]**

功能:格式 1 关闭所有打开过的过程文件,格式 2 关闭指定的过程文件。

在程序中用 DO 语句调用过程,实际上是程序执行到 DO 语句时,暂停主程序的运行,转入过程执行,过程执行完毕后返回主程序,执行 DO 语句后的语句,过程调用如图 6.8 所示。

在子程序中也可以再次调用子程序,从而构成子程序的递归调用。

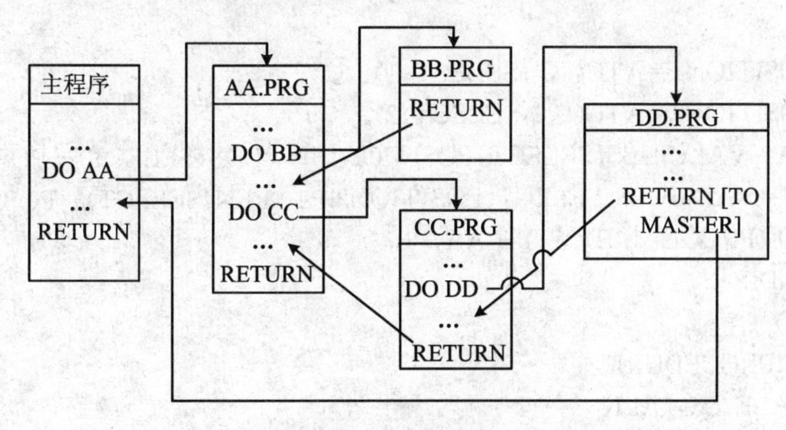

图 6.8 过程调用

【例 6.14】 程序中常常需要计算圆面积、长方形面积、阶乘等,现将它们编为三个过程,放在一个过程文件(MYPROCED.PRG)中,供主程序 MYMAIN.PRG 调用。

```
* MYMAIN
CLEAR
TEXT
本程序实现计算圆面积、长方形面积、阶乘等功能,先输入功能选择:1-计算圆面积;2-计算长方形面积;3-计算阶乘;4-退出,再输入参数:所有数据之间用逗号“,”分隔。
```

```
ENDTEXT
CTALK=SET("TALK")
SET TALK OFF
SET PROCEDURE TO MYPROCED
DO WHILE .T.
    ACCEPT "请输入您的功能选择及参数:" TO SELECT
    PROGNAME="PROGRAM"+SUBSTR(SELECT,1,1)
    IF (SUBSTR(SELECT,1,1)="1".OR. SUBSTR(SELECT,1,1)="3").AND.;
            OCCURS(",",SELECT)#1.OR.SUBSTR(SELECT,1,1)="2".AND.;
            OCCURS(",",SELECT)#2.OR.SUBSTR(SELECT,1,1)>"4";
            .OR.SUBSTR(SELECT,1,1)<"1"
    WAIT WINDOW AT 15,20 "输入的参数错误请重新输入!" NOWAIT
                LOOP
    ELSE
            IF SUBSTR(SELECT,1,1)="4"
                EXIT
            ENDIF
    ENDIF
    IF OCCURS(",",SELECT)=1
    POSITION=ATC(",",SELECT,1)
    AA=VAL(SUBSTR(SELECT,POSITION+1,LEN(SELECT)-POSITION))
    DO (PROGNAME) WITH AA
    ELSE
    POSITION1=ATC(",",SELECT,1)
    POSITION2=ATC(",",SELECT,2)
    AA=VAL(SUBS(SELECT,POSITION1+1, LEN(SELECT)-POSITION1))
    BB=VAL(SUBS(SELECT,POSITION2+1, LEN(SELECT)-POSITION2))
    DO (PROGNAME) WITH AA,BB
    ENDIF
ENDDO
CLOSE PROCEDURE
SET TALK &CTALK
RETURN
*MYPROCED
PROCEDURE PROGRAM1
PARAMETERS R
S=PI()*R^2
?"半径为"+ALLTRIM(STR(R))+"的圆的面积为:",S
RETURN
PROCEDURE PROGRAM2
```

```
PARAMETERS LONG,WIDTH
S=LONG * WIDTH
? "长为"+ALLTRIM(STR(LONG))+"宽为"+ALLTRIM(STR(WIDTH))+;
"的长方形的面积为:",S
RETURN
PROCEDURE PROGRAM3
PARAMETERS R
N=1
T=1
DO WHILE N<=R
    T=T * N
    N=N+1
ENDDO
? "值为"+ALLTRIM(STR(R))+"的阶乘为:",T
RETURN
```

【例 6.15】 试编写一程序求一个 10 以内的自然数的阶乘。

```
* MYMAIN.PRG
SET TALK OFF
SET PROCEDURE TO MYSUB
INPUT "请输入一个 10 以内的正整数:" TO NUMBER
I=1
DO MYSUB WITH NUMBER,I
CLOSE PROCEDURE
SET TALK ON
RETURN

* MYSUB.PRG
PROCEDURE MYSUB
PARAMETERS M,N
IF M>1
    DO MYSUB WITH M-1,N            && 递归调用。请注意同下一句的次序
    N=N * M                        && 计算乘积
ENDIF
? STR(M,2)+"! ="+STR(N,10)
RETUR N
```

6.5.3 参数传递

主程序和子程序之间,以及程序和调用的过程之间,经常需要传递信息。用户可以通过变量传递信息,也可以通过参数传递信息。

在 Visual FoxPro 6.0 中,参数的传递形式有两种:按值传递和按引用传递。

1. 按值传递

按值传递是指当调用一个子程序时,系统将实参的值复制一份传递给形参,被调用的子程序中对形参的操作仅是对实参的备份进行操作,子程序调用结束时,形参所占的存储单元也被释放,在子程序中对形参的任何操作都不会影响实参的本身。按值传递的方式是"单向"的,即只能由实参传递给形参,而形参不能返回给实参。

2. 按引用传递

按引用传递是指当调用一个子程序时,系统将实参的地址传递给形参,即实参和形参被分配给相同的存储单元,在子程序中,对形参的任何操作均对实参产生相应影响,实参的值随形参改变而改变。按地址传递的方式是"双向"的,即在调用时实参将其值传递给形参,调用结束后,形参将其结果返回给实参。

3. 参数传递的格式

格式 1:**DO 〈程序文件名〉|〈过程名〉 WITH 〈实参 1〉[,〈实参 2〉,…]**

格式 2:**〈程序文件名〉|〈过程名〉(〈实参 1〉[,〈实参 2〉,…])**

功能:向程序或过程传递参数。格式 1 调用程序时,若实参为常量或表达式,系统会先计算实参的值,并把实参赋给对应的形参,即按值传递;若实参为变量,则按引用方式传递,传递实参的地址给形参;若实参为变量,但又只想采用"值"传递方式,可将实参变量用括号括起来。格式 2 调用程序时,默认为按值传递方式,若实参为变量,可通过 SET UDFPARMS 命令重新设置参数传递方式。其命令格式为:

SET UDFPARMS TO VALUE|REFERENCE

功能:设置参数的传递方式。TO VALUE 选项表示参数按值传递,TO REFERENCE 选项表示参数按引用传递。

【例 6.16】 按值传递和按引用传递。

```
CLEAR
STORE 10 TO X, Y
SET UDFPARMS TO VALUE
DO  PROC1  WITH X, (Y)
? X, Y
STORE 10 TO X, Y
PROC1(X, (Y))
? X, Y
SET UDFPARMS TO REFERENCE
DO PROC1 WITH X, (Y)
? X, Y
PROCEDURE  PROC1
PARAMETERS X, Y
X=X+1
Y=Y+1
ENDPROC
&& 屏幕显示为:11    10
```

```
10    10
11    10
```

6.5.4 变量的作用域

变量是 Visual FoxPro 6.0 程序设计的重要组成部分,变量除了值和类型之外,还有一个重要的属性就是变量的作用域。变量的作用域是指变量在什么范围内是有效的,即能够使用或访问该变量。在 Visual FoxPro 6.0 中,变量按其作用范围可分为全局变量、私有变量和局部变量三种类型。

1. 全局变量

在任何程序中都能使用的变量称为全局变量(也称为公共变量)。在程序中,全局变量必须先定义后使用。定义全局变量命令为 PUBLIC。

格式:**PUBLIC 〈变量名表〉**

功能:定义变量名表中各变量为全局变量,并为它们赋初值假(.F.)。

说明:

(1) 该命令不仅可以定义全局变量,还可定义全局数组。

(2) 程序中已经赋值的内存变量不可再用 PUBLIC 命令定义为全局变量。

(3) 程序中已经使用 DIMENSION 声明的数组也不可再用 PUBLIC 命令定义为全局数组。

(4) 全局变量在程序的整个生命周期内都有效,即使程序结束也不会自动消失。

(5) 可以使用 CLEAR MEMORY 或 RELEASE 等命令释放全局变量。

2. 私有变量

在程序中直接使用而由系统自动建立的变量都是私有变量。私有变量的作用域仅局限于定义它的模块及其下一级模块,一旦建立该私有变量的模块运行结束,私有变量将被自动释放。定义私有变量命令为 PRIVATE。

格式:**PRIVATE 〈变量名表〉**

功能:定义变量名表中各变量为私有变量,并为它们赋初值假(.F.)。

3. 局部变量

局部变量只能在定义它的模块中使用,不能在定义它的上一级模块或下一级模块中使用。当定义它的程序模块运行结束时,局部变量自动释放。定义局部变量命令为 LOCAL。

格式:**LOCAL 〈变量名表〉**

功能:定义变量名表中各变量为局部变量,并为它们赋初值假(.F.)。

由于 LOCAL 命令与记录定位命令 LOCATE 的前 4 个字符相同,所以该命令动词不能采用简写。另外要注意,局部变量也应先定义后使用。

【例 6.17】 全局变量、私有变量、局部变量及其作用域。

```
* PROGRAM.PRG
PUBLIC X
LOCAL Y
Z="F"
?"X=", X, "Y=", Y, "Z=", Z
```

```
DO PRG2
?"X=", X, "Y=", Y, "Z=", Z
RETURN
PROCEDURE PRG2
PRIVATE X
X=5
Y=5
?"X=", X, "Y=", Y, "Z=", Z
RETURN
&& 屏幕显示为:X=.F.    Y=.F.    Z=F
              X=5      Y=5      Z=F
              X=.F.    Y=.F.    Z=F
```

6.5.5 自定义函数的建立与运行

Visual FoxPro 6.0 提供了大量的函数,用户也可以根据需要自己定义函数。自定义函数的语句可以存放在调用它的程序后面,也可以单独存放在程序文件中。用户可以像使用系统函数一样使用自定义函数。

1. 建立自定义函数

自定义函数也是一段程序,但它必须使用 FUNCTION 命令定义。自定义函数定义的格式为:

FUNCTION 函数名
　　[PARAMETERS〈形式参数表〉]
　　〈函数体〉
　　RETURN[〈表达式〉]
ENDFUNC

说明:

(1) 函数由 FUNCTION 引导,其后跟函数名,函数名是标识该自定义函数的名称,对该函数的调用就是通过该函数名进行的。

(2) PARAMETERS 后跟形式参数表,多个形式参数用逗号隔开。

(3) 函数体由一条或多条语句构成,函数的返回值通过 RETURN[〈表达式〉]返回。

(4) 函数可以跟在程序后面,也可以放在过程文件中,如放在过程文件中,调用之前需要用 SET PROCEDURE TO 命令打开。

2. 自定义函数的调用

自定义函数同标准函数一样,可以出现在任何表达式中,像 Visual FoxPro 的标准函数一样使用。自定义函数的调用格式为:

格式 1:**函数名([〈实际参数表〉])**

格式 2:**变量名=函数名([〈实际参数表〉])**

自定义函数和过程一样,都是子程序,但它们的调用方法不同,过程通过 DO 命令调用,而函数是以表达式的方式调用。

【例 6.18】 采用函数的方式计算 S=1!+2!+…+10!。

```
*主程序 DJ.PRG
SET TALK OFF
SUM=0
FOR I=1 TO 10
SUM=SUM+POWER(I)
ENDFOR
? "SUM=",SUM
SET TALK ON
RETURN

*求 N! 的函数 POWER
FUNCTION POWER
PARAMETERS N
JC=1
FOR J=1 TO N
JC=JC* J
ENDFOR
RETURN JC
```

习　题　6

一、选择题

1. 在程序中定义局部变量的命令动词是(　　)。

A. public　　B. private　　C. local　　D. declare

2. 在下列命令中,不能输入字符型数据的命令是(　　)。

A. accept　　B. wait　　C. input　　D. @…say…

3. Visual FoxPro 6.0 程序设计的三种基本结构是(　　)。

A. 顺序,选择,循环　　B. 顺序,选择,逻辑

C. 模块,转移,循环　　D. 网状,选择,逻辑

4. SCAN 循环语句是(　　)扫描式循环。

A. 数组　　B. 表　　C. 内存变量　　D. 程序

5. 执行命令"INPUT"请输入数据:"TO AAA"时,如果要通过键盘输入字符串,应当使用的定界符为(　　)。

A. 单引号　　B. 单引号或双引号

C. 单引号、双引号或方括号　　D. 单引号、双引号、方括号或圆点

6. 执行命令“INPUT"请输入数据:"TO XYZ”时,可以通过键盘输入的内容包括(　　)。

A. 字符串　　　　　　　　B. 数值和字符串

C. 数值、字符串和逻辑值　　　　D. 数值、字符串、逻辑值和表达式

7. 下面关于过程调用的叙述中,哪个是正确的?(　　)

A. 实参与形参的数量必须相等

B. 当实参的数量多于形参的数量时,多余的实参被忽略

C. 当形参的数量多于实参的数量时,多余的形参取逻辑假

D. 上面B和C都对

8. 如果一个过程不包含RETURN语句,或者RETURN语句中没有指定表达式,那么该过程(　　)。

A. 没有返回值　　B. 返回0　　C. 返回.T.　　D. 返回.F.

9. 有关LOOP语句和EXIT语句的叙述正确的是(　　)。

A. LOOP和EXIT语句可以写在循环体的外面

B. LOOP语句的作用是把控制转到ENDDO语句

C. EXIT语名的作用是把控制转到ENDDO语句

D. LOOP和EXIT语句一般写在循环结构里面嵌套的分支结构中

10. ACCEPT命令可以用于输入(　　)。

A. 字符型数据　　　　　　　B. 字符和数值型数据

C. 字符、数值和逻辑型数据　　　D. 字符、数值、逻辑和日期型数据

二、填空题

1. 定义过程使用的命令是________,过程文件的默认扩展名是________。

2. 内存变量按作用范围可以分为三种类型,它们分别为______、______、______。

3. 可以输入任意类型数据的命令是________,只能输入一个字符的命令是________。

4. 在Visual FoxPro 6.0中,可用于建立或修改过程文件的命令是______________。

5. 设置参数按值传递的命令是______,设置参数按引用传递的命令是______。

6. 在过程或函数中定义的参数称为________,在调用过程或函数时使用的参数称为________。

三、编程题

1. 从键盘上输入10个数,找出其中最大和最小的数。

2. 打印出100～999之间所有的“水仙花数”。所谓“水仙花数”是其各位数字的立方和等于该数本身。例如,153是一个水仙花数,因为$153=1^3+5^3+3^3$。

第7章　表单设计

本章导读

表单(Form)在基于图形用户界面的应用软件中被大量地应用，是用户的主要工作界面。它为数据库信息的显示、输入和编辑等操作提供了非常简便的方法。表单设计是可视化编程的基础，充分体现了面向对象程序设计的风格。

知识点

- 面向对象的程序设计
- 表单创建
- 表单修改

7.1　面向对象程序设计的基本概念

7.1.1　基本概念

面向对象技术(Object-Oriented Programming，OOP)概念的提出最初是从面向对象的程序设计语言开始的。它的出现以20世纪60年代末的Simula语言为标志。随着20世纪80年代Smalltalk语言和环境的出现，掀起了面向对象研究的高潮。面向对象的程序设计方法不同于传统的过程化程序设计。程序设计人员在进行面向对象程序设计时，不再是利用单纯的代码编写工作，而是要考虑如何创建对象和创建什么对象。面向对象技术简化了程序设计，提高了代码的可重用性。

要掌握面向对象程序设计技术，首先必须理解面向对象程序设计的概念和思想。

1. 对象(Object)

现实生活中，我们所说的对象，可能意味着某个人、某棵树，但是在Visual FoxPro 6.0中，对象是将数据和对该数据的所有必要操作的代码封装在一起的程序模块。即对象是包含属性(数据)和行为(又称方法)的逻辑实体。

在Visual FoxPro 6.0中，对象又可分为“控件对象”和“容器对象”两种。

(1) 控件对象：简称控件。它是表单中显示数据和执行操作的基本对象。如命令按钮、标签文字、文本框、编辑框等。

(2) 容器对象：简称容器。它是可以容纳其他对象的对象，如命令按钮组、页框、表格等。

Visual FoxPro 6.0中的任何对象都具有自己的特征和行为。对象的特征由它的各种属性描述，对象的行为则由它的事件和方法程序表达。

2. 属性(Property)

对象的属性是用来描述对象特征或保存特定信息的特殊的变量。如对于命令按钮，它的位置、颜色、大小以及按钮上的文字、图像等特征，都可以用属性表现。

3. 事件(Event)

事件泛指由用户或系统触发的一个特定操作，是可能会发生在对象上的特定操作。如用鼠标单击某个命令按钮，就会触发一个"Click"事件。一个对象可以有多个事件，但每个事件都是由系统事先规定好的。事件包括事件过程和事件触发方式两个方面。事件过程的代码应当事先编好以供系统在事件触发时调用。

事件触发方式可分为3种：

(1) 由用户触发，如单击命令按钮。

(2) 由系统触发，如计时器事件，系统将按设计的时间间隔发生。

(3) 由代码引发，如用代码来调用事件过程。

4. 方法(Method)

方法是对象能够执行的操作，每个方法对应一个与对象相关联的过程(方法程序)。方法程序可以单独存在，通过显式地调用来执行其功能；也可以与对象的某个事件相关联，当该事件发生时被调用执行。

5. 类(Class)

类是对一些具有相同属性和方法的对象的抽象，是对象的原型。类包含了有关对象的特征和行为信息，对象是类的具体化和实例化，所以对象又称为类的实例。一个类可以实例化出多个对象，各个对象都具有所属类描述的方法和属性，但每个对象的属性值可以不同。类是一个静态的概念，只有其实例化对象才是可运行的实体。

7.1.2 面向对象程序设计的特点

1. 可增强程序的模块性

类是面向对象程序的构件，它封装了数据和代码。所以，以类作为一个程序模块，要比通常的子程序的独立性更强。

2. 可提高程序的重用性

类作为一个大粒度的程序构件，可以供同类程序直接使用，不需要再重写代码。而且，类的继承性使用户可以在已有类的基础上创建自己的子类，更大程度地增加了程序的重用性。

3. 可改善程序的可维护性

由于对对象的操作是通过消息传递(访问属性、调用方法和触发事件)来实现的，只要对象的界面没有改变，无论其内部实现如何改变，都不需要修改发送消息的程序。类的信息隐蔽和封装机制使得外界对它的非法访问成为不可能。

4. 能对现实世界做自然描述

现实世界是由各种各样的事物组成的，事物都具有自身的属性和行为，即事物就是对象。现实世界的事物有一定的分类体系，其中的某个分类相当于OOP中的类。所以，OOP可以很好地描述和处理现实世界中的事物。

7.2 Visual FoxPro 基类简介

7.2.1 容器类与控件类

Visual FoxPro 6.0 提供的类主要有两大类型:容器类和控件类。同样,Visual FoxPro 6.0 的对象也分为容器类对象和控件类对象。

1. 容器类

容器类可以包含其他对象,并且允许访问这些对象。例如,若创建一个含有两个命令按钮的容器类,而后将该类的一个对象加入到表单中。那么无论在设计时刻还是在运行时刻,都可以对容器中的任何一个对象进行操作,如改变命令按钮的大小和标题。而且也可以在设计阶段和运行阶段给该容器类对象添加新的对象,如再增加一个命令按钮或其他控件。

表 7.1 列出了容器类及其所能包含的对象。

表 7.1 常用容器类及其对象

容 器	能包含的对象
命令按钮组	命令按钮
容器	任意控件
控件	任意控件
自定义	任意控件、页框、容器和自定义对象
表单集	表单、工具栏
表单	页框、任意控件、容器或自定义对象
表格列	表头和除表单集、表单、工具栏、计时器和其他列以外的其余任意对象
表格	表格列
选项按钮组	选项按钮
页框	页面
页面	任意控件、容器和自定义对象
工具栏	任意控件、页框和容器

2. 控件类

控件类的封装比容器类更为严密,因此它比容器类灵活性差。对于由控件类创建的对象,在设计和运行时是作为一个整体来对待的,构成控件对象的各个部分不能单独修改和操作。控件类没有 AddObject 方法程序,即不能向控件对象中添加其他对象。

7.2.2 常用控件及对象属性方法引用

通过表单设计器或编程创建对象后，就可以在程序中访问对象的属性、调用其方法程序和触发其事件。Visual FoxPro 的对象可以放在容器中，而且容器可以嵌套，从而形成容器的层次结构。引用对象时必须知道该对象在容器层次结构中的位置。

1. 绝对引用

假设有这样的一种容器层次结构：表单集中有表单，表单中包含选项组，若要引用表单中的“选项 1”的 Enabled 属性，必须用以下方式表示：

Formset. Form. OptionButtonGroup. OptionButton. Enabled

2. 相对引用

在容器层次中引用对象时，除使用上面的绝对引用方式外，还可以通过相对引用方式快捷地指明所要处理的对象。以下是相对引用的属性和关键字：

- Parent：表示该对象的直接容器对象。
- THIS：表示当前对象(可以是表单，或者表单中的其他对象)。
- THISFORM：表示当前表单。
- THISFORMSET：表示当前表单集。

在进行引用时，在关键字后跟一个“.”，再写出被引用对象或者对象的属性、事件或方法，例如：

THISFORM. BACKCOLOR：引用当前表单的“BACKCOLOR”属性(背景颜色)。

THISFORM. COMMAND1：引用当前表单的“COMMAND1”命令按钮。

在引用时，还允许多级引用，但必须逐级引用，例如：

THISFORM. COMMAND1. Caption：引用当前表单中的“COMMAND1”命令按钮的“Caption”属性。

THISFORM. COMMAND1. Click：当前表单中的“COMMAND1”命令按钮的“Click”事件。

3. 访问对象的属性

无论采用绝对引用或相对引用，都可以惟一地确定要访问的对象。这样，就可以进行对象属性的读取和赋值。引用对象属性的格式是：Object. property。

例如，给当前表单的背景颜色属性赋值：

```
THISFORM. BACKCOLOR=RGB(255,120,80)
THISFORM. HEIGHT=30
THISFORM. WIDTH=20
```

当同时要引用某对象的多个属性时，可以使用 WITH-ENDWITH 语句简化书写方式，例如上例可以改为：

```
WITH THISFORM
     . BACKCOLOR=RGB(255,120,80)
     . HEIGHT=30
     . WIDTH=20
ENDWITH
```

4. 访问对象的方法程序

调用方法程序的语法格式为：**Object. method**。

例如，给表单 Form1 上的列表框 Listbox1 添加列表项，并将焦点设置到该列表框上：

Form1. listbox1. additem("computer")

Form1. listbox1. setfocus

注意：传递给方法程序的参数应放在方法名后的括号内，无参数时可省略括号，但是要使用方法的返回值时，方法名后的括号不可省略。

7.3 表单设计概述

7.3.1 可视化编程简介

可视化编程，亦即可视化程序设计：以"所见即所得"的编程思想为原则，力图实现编程工作的可视化，即随时可以看到结果，程序与结果的调整同步。可视化编程是与传统的编程方式相比而言的，这里的"可视"，指的是无需编程，仅通过直观的操作方式即可完成界面的设计工作，是目前最好的 Windows 应用程序开发工具。

Visual FoxPro 6.0 使用"可视化编程"方法，采用的是面向对象、事件驱动编程机制，程序员只需编写响应用户动作的程序，如移动鼠标、单击事件等，而不必考虑按精确次序执行的每个步骤，编写代码相对较少。另外，Visual FoxPro 6.0 提供的多种"控件"可以快速创建强大的应用程序而不需涉及不必要的细节。

可视化程序设计中主要的几个基本概念有表单、组件、属性、事件、方法等。

7.3.2 创建表单

在应用程序开发中，为用户创建良好的用户界面是很有必要的。好的用户界面能够很好地展示应用程序的功能，并且能够明确地提示和指导用户使用应用程序的各个功能。利用 Visual FoxPro 6.0 可以方便地建立标准的 Windows 风格的用户界面，包括建立应用系统的菜单、工具栏和输入输出窗口。通过菜单和这些窗口间的调用，以及它们对查询和报表的调用、衔接，形成一个可运行的应用程序系统。

表单是 Visual FoxPro 6.0 中最充分体现面向对象程序设计的内容。表单本身以及在表单中可以使用的控件都是对象，这些对象能够响应由系统或用户触发的事件，自动地执行事件处理程序。应用程序设计者可以通过选用控件对象、设置对象属性、编写事件处理程序的代码来设计所需要的表单。建立表单的途径有两种：表单向导和表单设计。

在 VFP 应用程序窗口中，打开"文件"菜单，选择"新建"命令，在弹出的"新建"对话框中，选择"表单"单选按钮，再选择表单向导方式或是使用表单设计器，即可创建一个新表单，如图 7.1 所示。或在命令窗口中执行命令"CREATE FORM"，也可创建一个新表单。

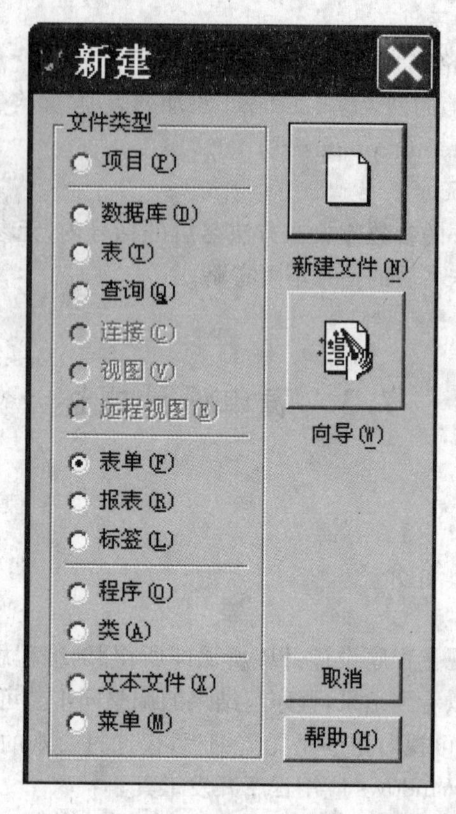

图 7.1 “新建”对话框

7.3.3 运行和修改表单

表单创建完成之后，可以通过“程序”菜单的“运行”命令运行。单击工具栏上的“!”按钮也可运行表单。对任一表单文件，还可以在命令窗口中，使用命令“DO FORM 表单文件名”来执行。如图 7.2 所示是一个表单的运行示例。

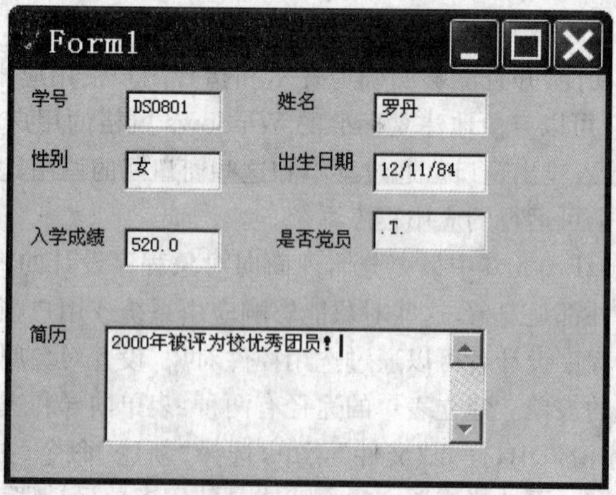

图 7.2 运行表单

若要修改一个已有的表单，可以使用“表单设计器”，如图 7.3 所示。

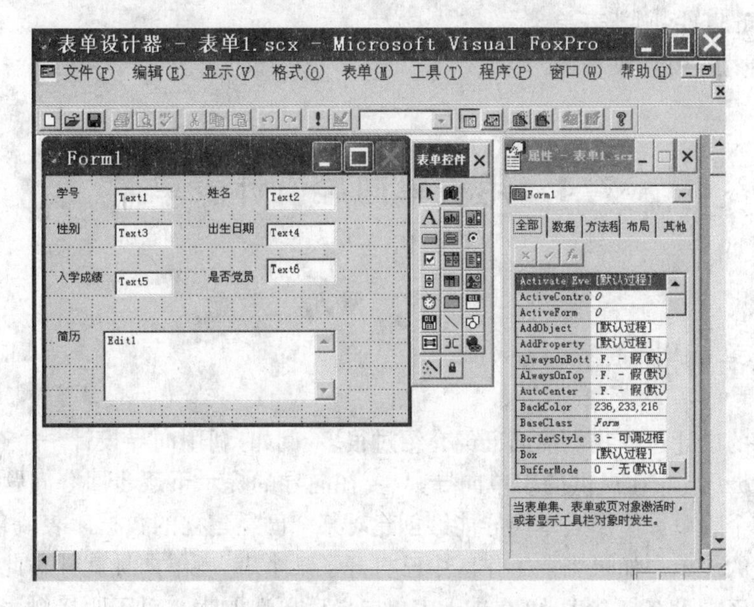

图 7.3　表单设计器

7.3.4　表单的属性、事件与方法

表单的默认对象名是 Form1。Visual FoxPro 6.0 为表单对象定义了多种属性、方法和事件。通过设置表单的属性可以确定表单本身的特征，此外，往往需要通过设置表单的属性、方法和事件，为表单中的控件提供变量定义和初始数据。

若要查看和设置表单的属性，可以使用表单快捷菜单中的“属性”菜单项打开“属性”窗口，然后设置和修改表单的属性。如果要为表单添加代码，可以使用“代码”窗口。使用表单快捷菜单中的“代码”菜单项打开“代码”窗口，然后选择某个过程，并输入代码。在“属性”窗口中双击某个方法程序名，也可以打开“代码”窗口。

1. 设置表单属性，确定表单的外形特征

下面列出了常用表单外形的属性：

- Height 和 Width：设置表单的高度和宽度。
- AutoCenter：属性值为.T.时，指定表单执行时在屏幕上居中。
- Caption：设置表单的标题。
- Moveable：值为.F.时，指明在执行时刻不可以移动表单。
- TitleBar：值为“1-打开”时，表示显示表单标题栏。
- WindowState：值为“0-普通”时，指明表单在开始运行时显示为普通窗口，而不是最大化或最小化状态。

2. 表单事件与方法

表单有一些常用的方法和事件，需要时，可以编写事件代码并调用方法。

- Init 事件：它是在创建表单时发生的事件。常在该事件代码中写入给表单中其他控件提供定义或初始值的初始化代码，也可设置表单运行所需的初始环境。

- Destroy 事件：释放表单时所发生的事件。
- Refresh 事件：刷新表单。
- Release 事件：释放表单。

7.4 用表单向导设计表单

7.4.1 表单向导

利用向导的设计过程我们前面已经介绍过很多，例如，利用向导设计一个查询、报表等。使用 Visual FoxPro 6.0 提供的表单向导，只要在向导的提示下逐步回答问题，就可以简便快速地建立一个表单。使用表单向导能够创建对某个已经建立的数据库表或自由表进行数据输入和修改的表单。如果当前工作区中已打开了某个表，表单向导就针对此表建立表单；如果当前工作区中没有打开表，可在进入表单向导后再选取表。对于刚接触表单的人，最好使用表单向导建立表单，由此可以尽快地得到一个可用表单。

下面就以创建一个“学生信息登记表”表单为例来说明设计的过程。

首先使用“文件”菜单的“新建”菜单项打开“新建”对话框，然后在该对话框中选择要建立的文件类型“表单”，单击“向导”按钮后就打开了“向导选取”对话框，如图 7.4 所示。

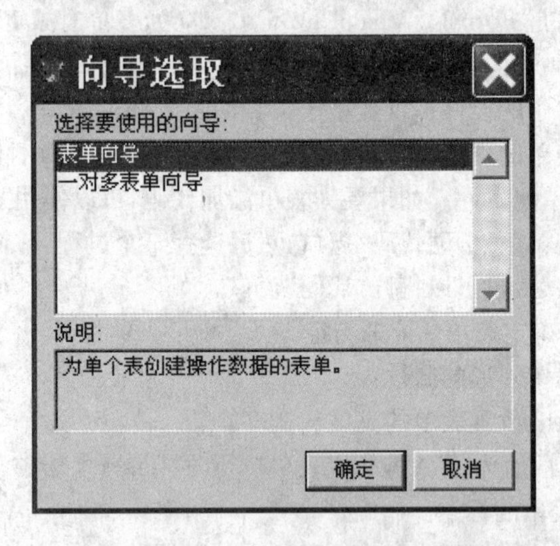

图 7.4 “向导选取”对话框

若要为项目中的表建立表单，可以先打开这个项目，如“学生管理系统”项目。在“项目管理器”窗口的“文档”选项卡中选择“表单”，单击“新建”按钮，然后在“新建表单”对话框中单击“表单向导”按钮，打开“向导选取”对话框。

在“向导选取”对话框中有两种选择，其中“表单向导”用于为单个表创建表单；“一对多表单向导”用于由两个已经建立关系的表建立表单，从而以父表为主，同时编辑两个表中的记录。本例选择的是“表单向导”，单击“确定”按钮后进入表单向导。

(1) 字段选取。表单向导的“步骤 1”(如图 7.5 所示)用于选择在表单上显示哪些字段。可以从“数据库和表”框中选择自由表或要用的数据库;若找不到,可以单击旁边的按钮,打开“打开”对话框来选择一个表;然后从“可用字段”列表中选择字段添加到“选定字段”框中。图 7.5 中显示的是选择“学生情况表”中的全部字段。

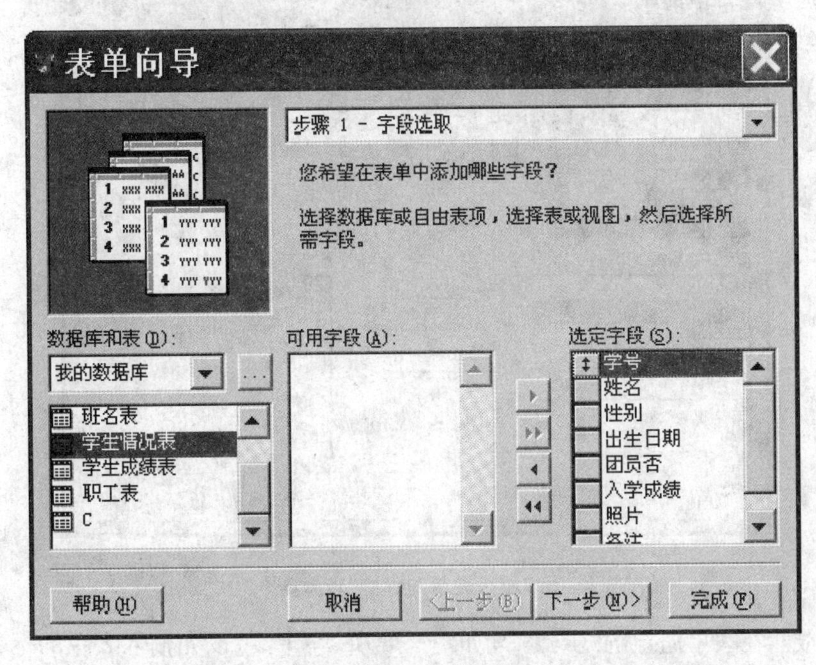

图 7.5 表单向导的“步骤 1”

(2) 选择表单样式。在表单向导的“步骤 2”(如图 7.6 所示)中,可以选择表单样式和表单中按钮的类型。在左上方处可以预览所选样式的效果。

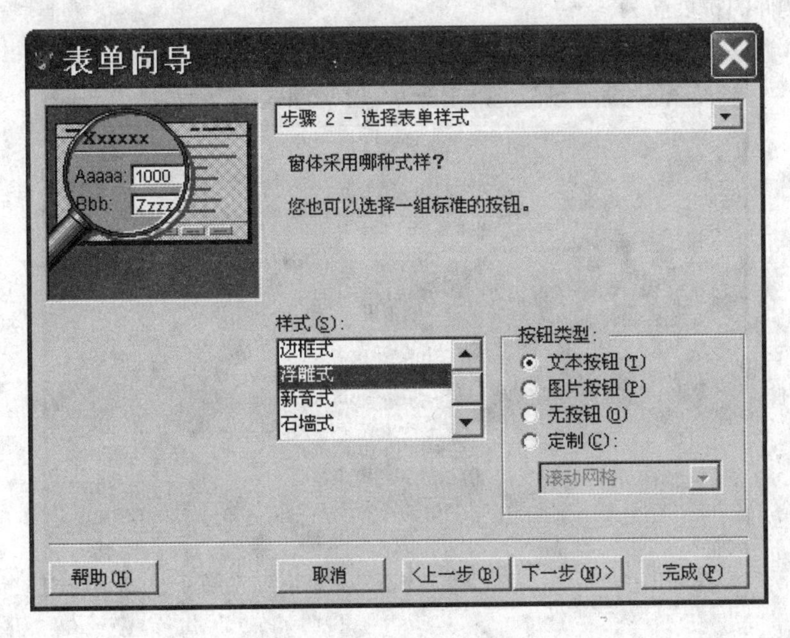

图 7.6 表单向导的“步骤 2”

(3) 排序次序。表单向导的“步骤 3”(如图 7.7 所示)用于选择在表单中是否按顺序显示记录,可以指定按某个索引标识或按某些字段来确定记录的显示顺序。方法是从“可用的字段或索引标识”框中选择某个字段或索引标识,单击“添加”按钮,将它添加到“选定字段”框中。

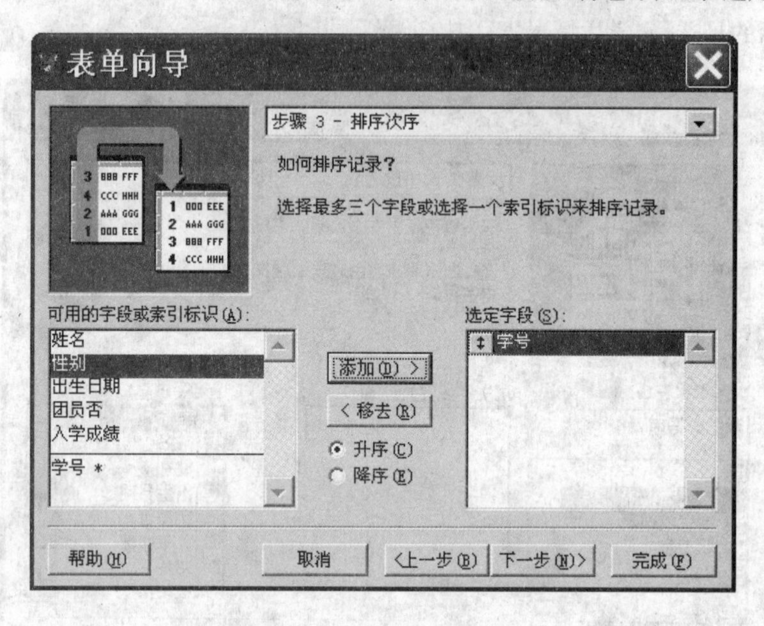

图 7.7　表单向导的“步骤 3”

(4) 完成。在表单向导的“步骤 4”(如图 7.8 所示)中,可以先输入表单的标题,然后使用“预览”按钮来预览表单的运行结果。如果结果不满意,可以使用“上一步”按钮退回上面的步骤进行修改。如果结果满意,就可以选择一种保存方式,例如选择“保存并运行表单”,然后单击“完成”按钮,在随后出现的“保存”对话框中将该表单命名为“学生信息登记表.scx”(表单文件的扩展名为.scx)。

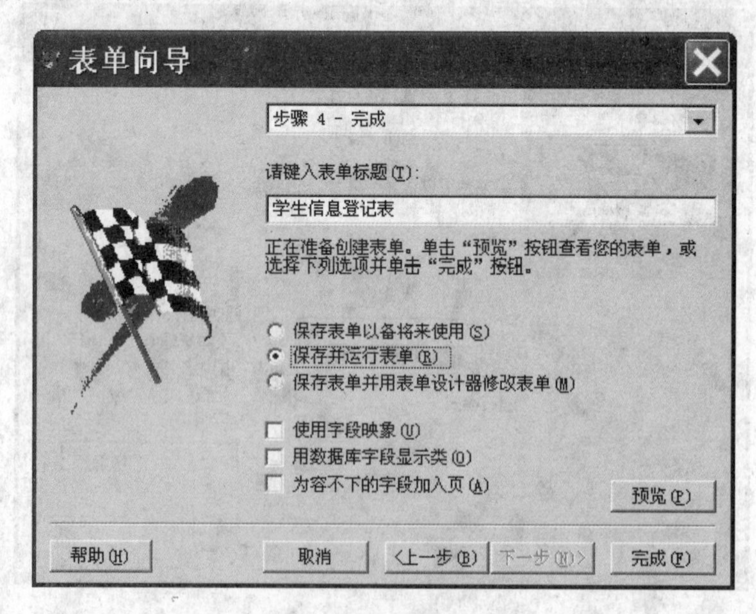

图 7.8　表单向导的“步骤 4”

按照以上选择的保存方式，接着开始运行表单，如图 7.9 所示，单击表单上的“退出”按钮可以结束表单的执行。以后可以使用“表单设计器”对这个表单做进一步修改。

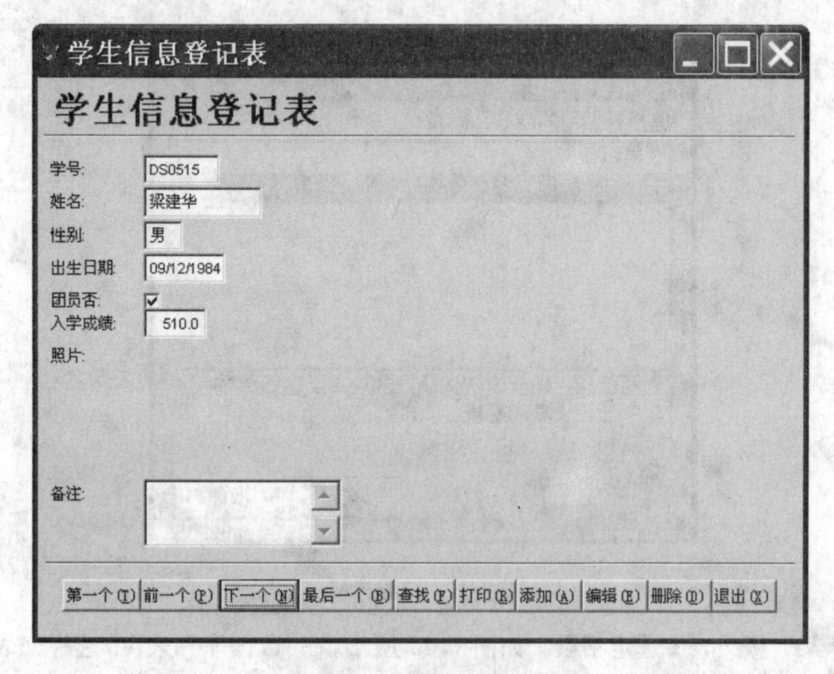

图 7.9　运行表单

图 7.9 中，表单下方有多个功能按钮，为数据表中记录的编辑提供了最大的方便。这些功能按钮的含义如表 7.2 所示。

表 7.2　表单中各功能按钮的含义

按　钮	含　义	按　钮	含　义
第一个	显示第一条记录	打印	打印记录
前一个	显示上一条记录	添加	在表末尾添加一个新记录
下一个	显示下一条记录	编辑	编辑当前记录中的内容
最后一个	显示最后一条记录	删除	删除当前记录
查找	打开“搜索”对话框，以供用户查找满足条件的记录	退出	关闭表单

7.4.2　一对多表单向导

上面创建的表单是基于一个表的简单表单。在实际应用中，表单中可能会用到多个表，而且表与表之间往往存在着各种关系，既可能是一对一的关系，也可能是一对多的关系。“一对多表单向导”用于由两个已经建立关系的表建立表单，从而以父表为主，同时编辑两个表中的记录。下面就以“学生情况表”与“学生成绩表”为例创建一对多的表单。

首先使用“文件”菜单的“新建”菜单项打开“新建”对话框，然后在该对话框中选择要建立的文件类型“表单”,单击“向导”按钮后就打开了“向导选取”对话框,选择“一对多表单向导”,如图 7.10 所示。

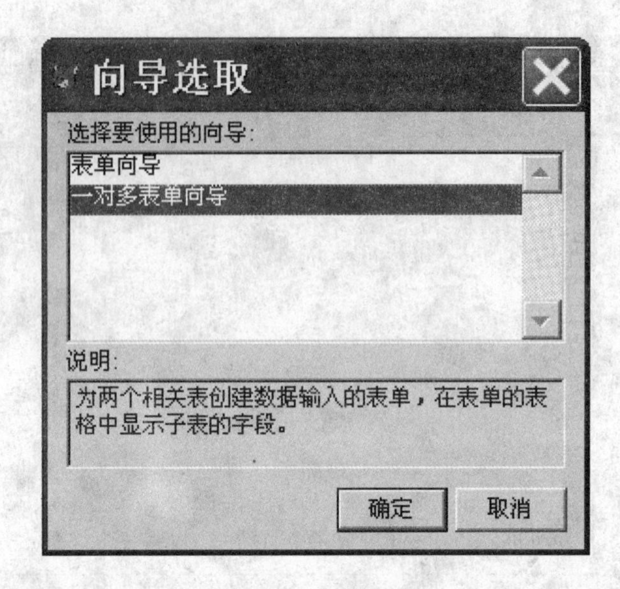

图 7.10 向导选取

(1) 步骤 1-从父表中选定字段。如图 7.11 所示,在“数据库和表”中选择父表,本例中为“学生情况表”,并在“可用字段”中依次选择学号、姓名、性别、出生日期等字段加入“选定字段”中。

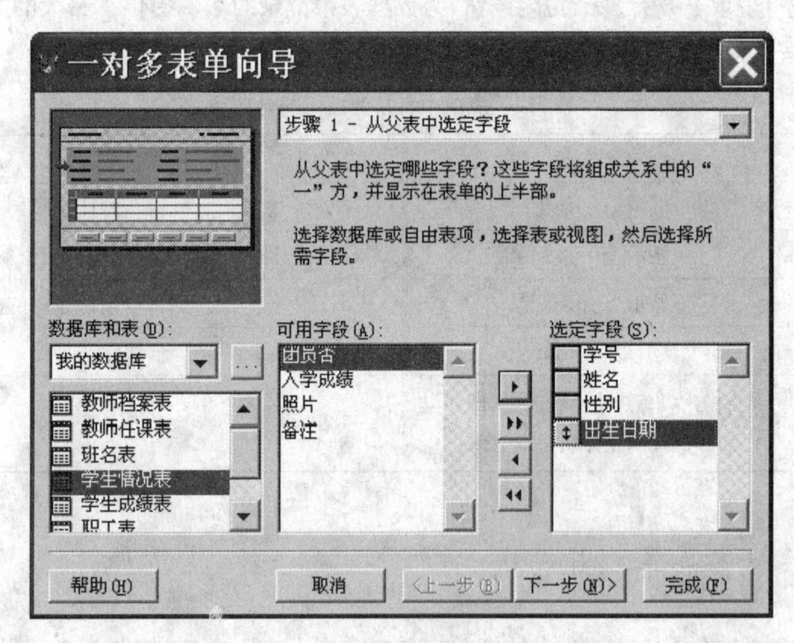

图 7.11 从父表中选定字段

(2) 步骤 2-从子表中选定字段。如图 7.12 所示,在“数据库和表”中选择一个子表,本例中为“学生成绩表”,将表中所有字段加入“选定字段”列表框中。

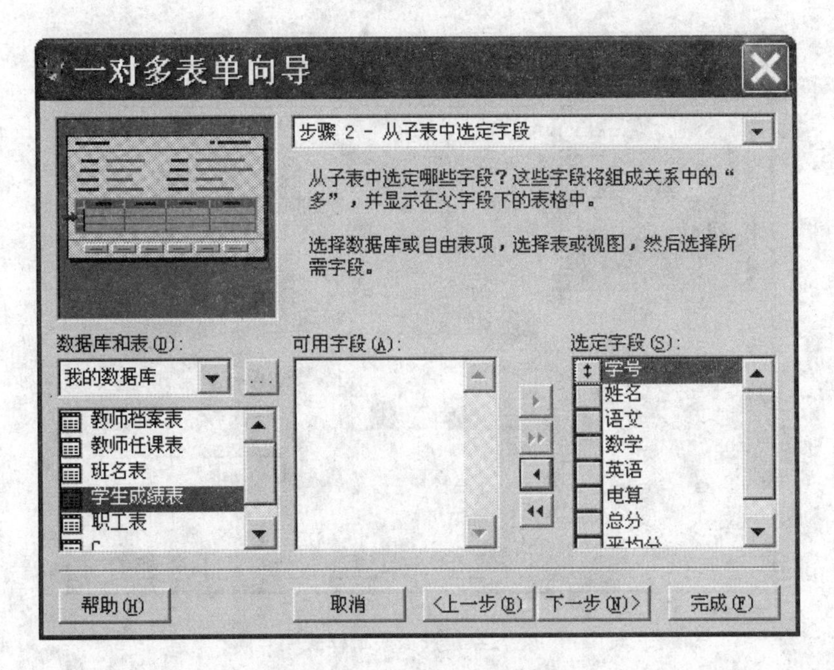

图 7.12　从子表中选定字段

(3) 步骤 3-建立表之间的关系。如图 7.13 所示，该对话框用于设置两表之间的关联。因为在建立数据库时已经在两表间建立了关联，所以可看到两表的“学号”字段之间的关联已经存在。

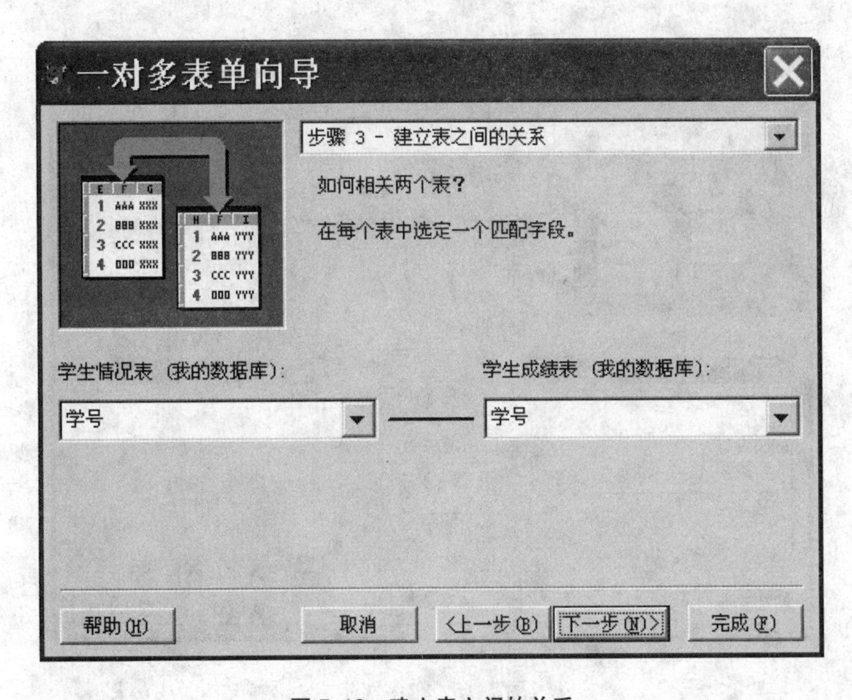

图 7.13　建立表之间的关系

(4) 步骤 4-选择表单样式。如图 7.14 所示，可以选择表单样式和表单中按钮的类型。在左上方处可以预览所选样式的效果。

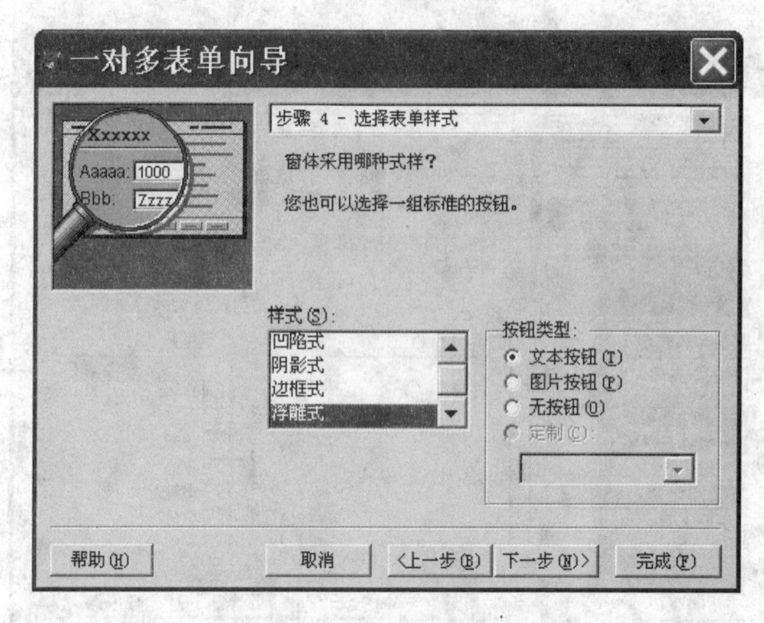

表 7.14　选择表单样式

(5) 步骤 5-排序次序。如图 7.15 所示，该对话框用于选择在表单中是否按顺序显示记录，可以指定按某个索引标识或按某些字段来确定记录的显示顺序。方法是从“可用的字段或索引标识”框中选择某个字段或索引标识，单击“添加”按钮，将它添加到“选定字段”框中。这里选择“学号”作为排序字段。

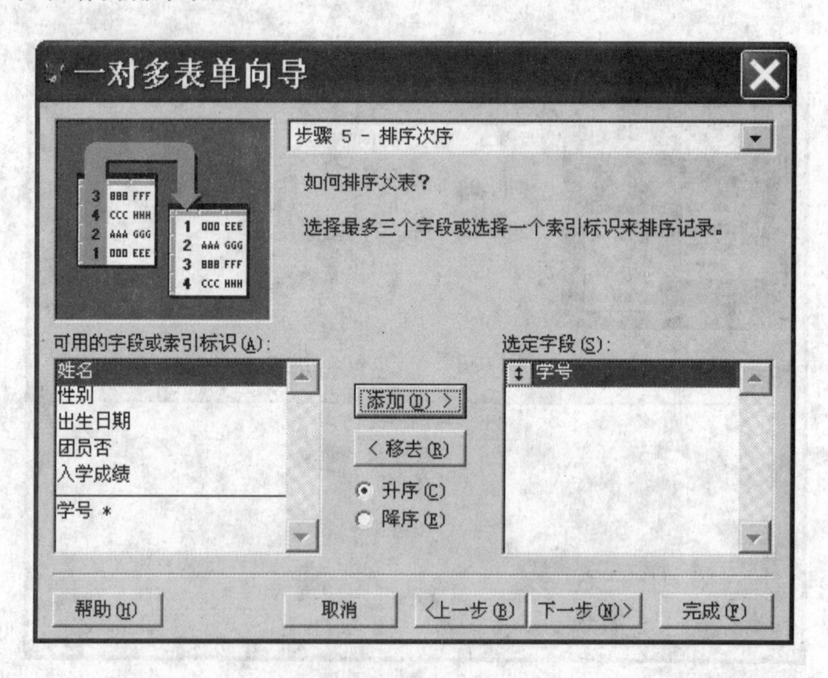

图 7.15　排序次序

(6) 步骤 6-完成。如图 7.16 所示，可以先输入表单的标题，然后使用“预览”按钮来预览表单的运行结果。如果结果不满意，可以使用“上一步”按钮退回上面的步骤进行修改。如果结果满意，就可以选择一种保存方式，例如选择“保存并运行表单”，然后单击“完成”按钮,在随后出现的“保存”对话框中将该表单命名为“学生成绩信息表.scx”(表单文件的扩展名为.scx)。

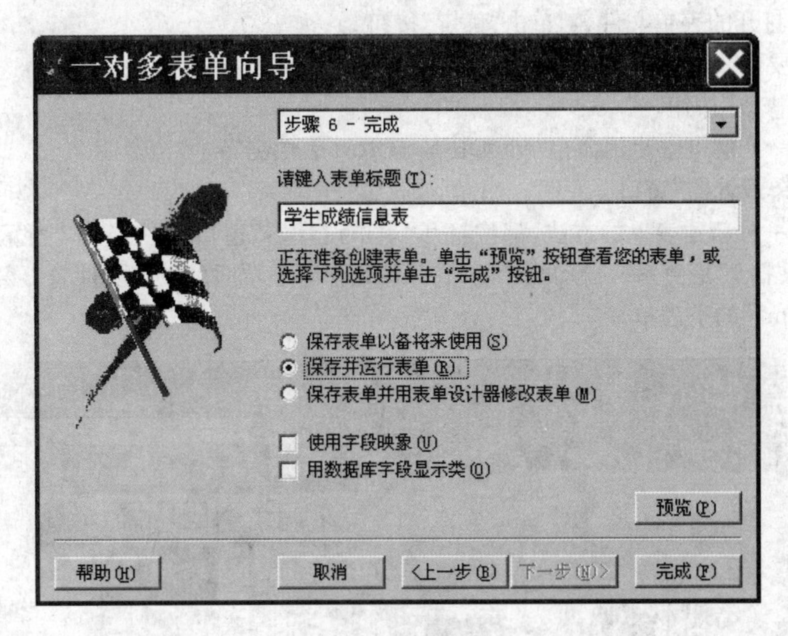

图 7.16　完成

(7) 单击“完成”按钮,可以看到一对多表单的运行结果。运行结果窗口由两部分组成,上半部分为父表(学生情况表)中的记录,下半部分为子表(学生成绩表)中与父表相匹配的记录。当父表中的记录发生变化时,子表中的记录也相应变化。

7.5　用表单设计器设计表单

7.5.1　表单设计器环境

使用 Visual FoxPro 提供的“表单设计器”,可以建立新表单,也可以修改已有的表单,形成内容和形式更为灵活的表单。“表单设计器”提供一个可视化的设计环境,设计者在设计过程中看到的表单以及其中各个对象的外观,就是执行表单时它们的最终显示效果。

1. 打开“表单设计器”

若要利用“表单设计器”建立新表单,可以使用下列三种方法打开“表单设计器”:

(1) 使用“文件”菜单中“新建”菜单项打开“新建”对话框,在该对话框中选择要建立的文件类型“表单”,单击“新建文件”按钮。

(2) 如果是在项目中建立新表单,可先打开这个项目,在“项目管理器”窗口的“文档”选项卡中选择“表单”,单击“新建”按钮,然后在“新建表单”对话框中单击“新建表单”按钮。

(3) 在命令窗口中使用命令“CREATE FORM”。

若要修改一个已存在的表单,可以使用以下几种方法打开"表单设计器":

(1) 使用"文件"菜单中"打开"菜单项打开"打开"对话框,在该对话框中选择文件类型"表单"和要打开的表单文件名,单击"确定"按钮。

(2) 若要修改项目中的表单,先要打开这个项目,然后在"项目管理器"中选择要修改的表单,单击"修改"按钮。

(3) 在命令窗口中使用命令"MODIFY FORM 表单名"。

2. "表单设计器"窗口

使用任一种新建表单的方法,都将打开"表单设计器"窗口,如图 7.17 所示。窗口的标题栏中的"文档 1"是由系统自动赋予的,它只影响保存表单时的默认文件名。窗口中有一个标题为"Form1"的空表单。

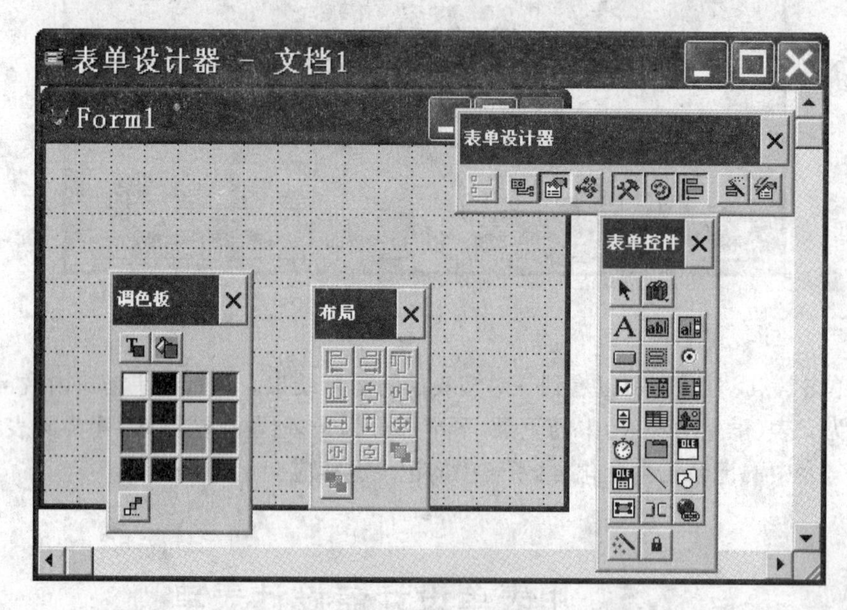

图 7.17 "表单设计器"窗口和有关工具栏

表单(M) 工具(T) 程序(P) 窗口(W)
新建属性(P)...
新建方法程序(M)...
编辑属性/方法程序(E)...
包含文件(I)...
创建表单集(C)
移除表单集(O)
添加新表单(F)
移除表单(V)
快速表单(Q)...
执行表单(R) Ctrl+E

图 7.18 "表单"菜单

当"表单设计器"是当前窗口时,"表单"菜单(如图 7.18 所示)和 4 个工具栏可以用于表单设计。4 个工具栏分别是"表单设计器"、"表单控件"、"调色板"和"布局"。如果看不到这些工具栏,可用"显示"菜单中的"工具栏"菜单项显示它们。

3. "属性"窗口

在表单设计器中设计表单时,需要对表单和在表单上添加的各种控件做大量的属性设置和代码编写工作,这些工作都可以在"属性"窗口中进行,如图 7.19 所示。

"属性"窗口可以分为上、下两部分。上部是一个下拉列表,列表中显示的是当前选定的对象。单击列表右端的向下箭头,可以看到包含当前表单、表单集和表单中所有控件对象的对象名列表，可以从中选择某个对象成为当前选定对象。

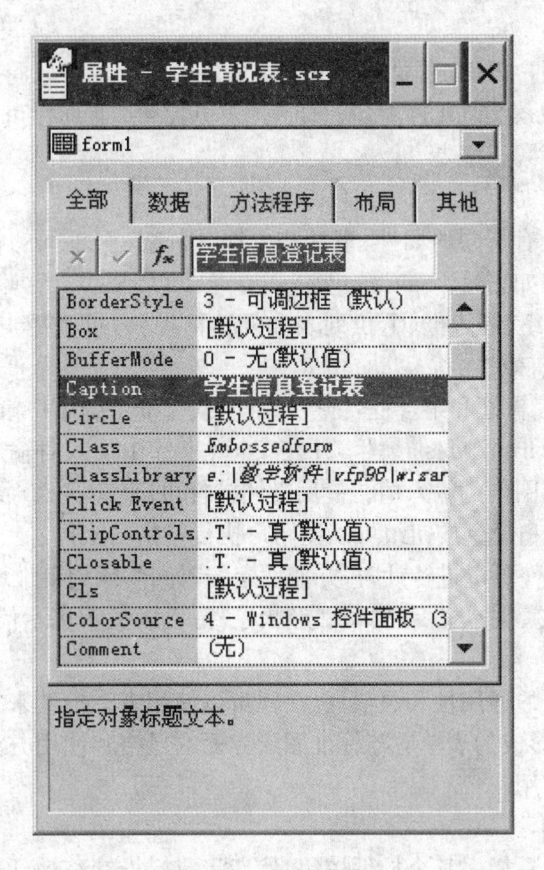

图 7.19 “属性”窗口

“属性”窗口的下部由三部分组成，按位置自上而下依次是选项卡、属性设置框和属性列表。选项卡是对属性、事件和方法程序的不同分类。例如，“全部”选项卡的属性列表中展示当前选定对象的全部属性、事件和方法程序的名称，并且显示它们的设置情况。属性设置框中显示选定对象选定属性的值。

在属性列表中，只读的属性、事件和方法程序以斜体显示。只有对于非只读的属性才可更改其属性值。更改属性值的方法是先在属性列表中选定属性，然后在属性值框中选择值或输入值。如果属性值框右边出现一个向下箭头，说明选定的属性有几个预定义值，可以单击向下箭头选择一个值。如果属性值框的右边出现“…”按钮，说明选定的属性需要指定一个文件名或一种颜色。属性值框左侧有三个按钮，单击接受按钮(对号标记)可以确认对属性值的更改；单击取消按钮(叉号标记)表示取消更改，恢复以前的值；单击函数按钮(fx 标记)，可以打开“表达式生成器”，把属性值设置为一个表达式，被设置为表达式的属性值的前面显示一个等号(=)。若想恢复某个属性的默认值，可在“属性”窗口中该属性的快捷菜单中选择“重置为默认值”。

7.5.2 控件的操作与布局

要设计所需要的用户界面，需要在表单上添加一些对象。可以向表单中添加四种对象：控件、容器、用户自定义类和 OLE 对象。使用“表单控件”工具栏可以向表单中添加各种 Visual FoxPro 标准控件。

1. 选择控件

不同类型的控件具有不同的属性、事件和方法，因此具有不同的特征、功能和用途。各类控件的主要用途归纳如下：

(1) 使用选项按钮组、列表框、下拉列表和复选框控件，可为用户提供一组预先设定的选择，确保输入数据的有效性。

(2) 使用文本框、编辑框和组合框，可接受不能预先确定的用户输入。

(3) 设置文本框的 InputMask 属性，并在 Valid 事件中加入对输入数据范围的判断，可使文本框只接受一定范围内的输入值。使用微调控件可以输入一个数值序列中的值。

(4) 使用命令按钮和命令按钮组可以让用户执行特定的操作。

(5) 利用计时器控件可以进行计时，并按设定的时间间隔周期性地执行指定操作。

(6) 使用图像、标签、文本框、编辑框和形状控件，可以显示提示信息以及其他需要在表单上输出的信息。

各种控件具有一定的通用性和灵活性，往往可以使用多种控件来完成某一特定的功能。在选用控件时，要考虑形成的表单应与标准图形界面的风格和使用方法相一致，这样的界面更容易让用户掌握和使用。

2. 添加控件

单击“表单控件”工具栏中某个控件按钮，然后将鼠标指针移动到表单上某处，鼠标指针变成“+”形状，按住鼠标左键并拖动，就可在表单上添加一个控件。如果要由数据环境中的表(或表中的某个字段)形成表单上的一个控件，可以先用鼠标选中数据环境中的该表(或字段)，然后拖动鼠标到表单上某处，就在表单上形成了一个表(或字段)的默认控件类的控件。刚添加的控件处于选中状态，可以用鼠标调整其大小和位置。

当“表单控件”工具栏中“按钮锁定”按钮处于按下状态时，在按下某个控件按钮后，可以在表单上多次添加同种控件，直到按下另一个控件按钮。

下面是“学生成绩信息表”表单上添加的一些控件，如图 7.20 所示，添加了标签、文本框、命令按钮等控件。

3. 设置控件的属性和编写事件代码

若要修改表单上某个控件的属性或代码，先要选中控件，然后从其快捷菜单中选择“属性”，可打开“属性”窗口；从快捷菜单中选择“代码”，可打开“代码”窗口。

4. 设置控件的〈Tab〉键次序

执行表单时，可以使用鼠标选择表单中的对象，还可以使用〈Tab〉键在对象间切换焦点。

5. 调整表单布局

在表单设计中，为使表单布局整齐美观，需要调整和改变表单中控件的大小、位置以及颜色。“布局”工具栏用于调整表单上控件的大小、位置以及对齐方式。“调色板”工具栏用于设置表单上控件的颜色。

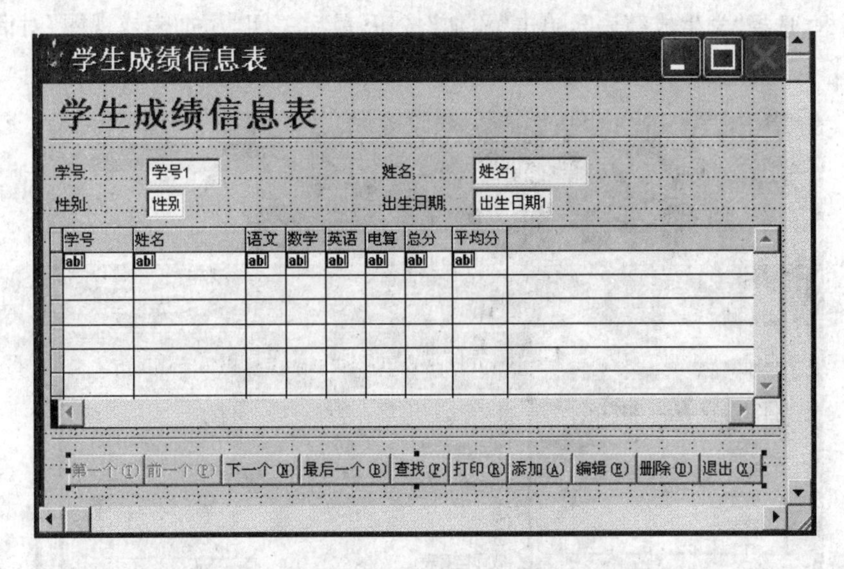

图 7.20　添加控件后的表单

(1) 以一个控件的位置为基准对齐选定的控件。可以使用“格式”菜单中的“对齐”子菜单或使用“布局”工具栏中的“左边对齐”、“右边对齐”、“顶边对齐”、“底边对齐”、“垂直居中对齐”、“水平居中对齐”按钮。

(2) 以一个控件的大小为基准调整选定控件的大小。可以使用“格式”菜单中的“大小”子菜单或使用“布局”工具栏中的“相同宽度”、“相同高度”、“相同大小”按钮。

(3) 按通过表单中心的垂直(或水平)轴线对齐选定控件。可以使用“格式”菜单中的“对齐”子菜单或使用“布局”工具栏中的“垂直居中”、“水平居中”按钮。

(4) 在控件位置有重叠的情形下,把选定控件放置到其他控件的前面(或后面)。可以使用“置前”或“置后”菜单项(或按钮)。

7.5.3　设置数据环境

数据环境泛指定义表单时使用的数据源,包括表、视图以及表间的关系。一般来说,每个表单都有一个数据环境。数据环境一旦建立,当打开或运行表单时,其中的表或视图就自动打开,而与在表单中是否将其显示出来无关。当关闭或释放表单时,表或视图也就自动关闭。根据表单功能的不同,可以为表单设置不同的数据环境。如果某个表单不对任何表或视图进行操作,那么它的数据环境内容就可以是空的。如果建立的表单要对表或视图进行记录编辑操作,就需要把有关的表或视图添加到数据环境中,并设置数据环境及表或视图的属性。可以利用“数据环境设计器”设置表单的数据环境。从“显示”菜单或表单的快捷菜单中选择“数据环境”,就可以打开“数据环境设计器”。

下面通过一个例子来体会数据环境这一概念。

新建一表单“学生成绩表.scx”,该表单中以表格形式显示出各科成绩。

(1) 打开“文件”菜单,选择“新建”命令,新建一个表单。

(2) 选择“显示”菜单中的“数据环境”命令,弹出“数据环境设计器”窗口,然后选择系统菜单中的“数据环境”菜单或“数据环境设计器”的快捷菜单中的“添加”按钮,打开“添加表或视图”对话框，选择“学生成绩表”，单击“添加”按钮，最后关闭“添加表或视图”对话框，如图7.21所示。

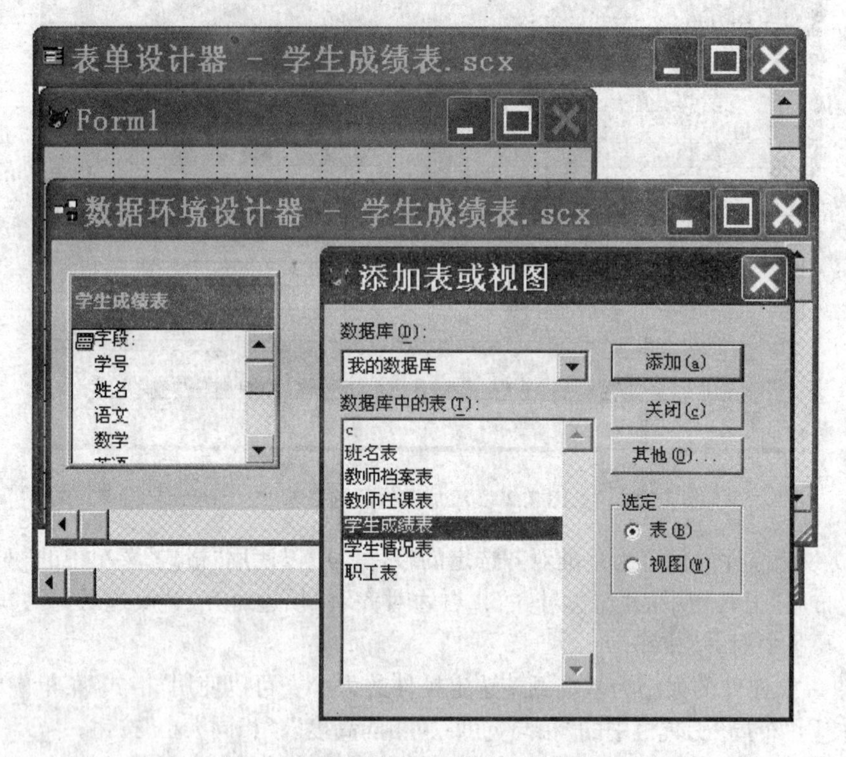

图 7.21　向数据环境中添加表或视图

(3) 转到“表单设计器”窗口，在“表单控件”工具栏中选择“表格”按钮，然后拖动鼠标在“表单设计器”窗口中画一个表格对象，如图7.22所示。

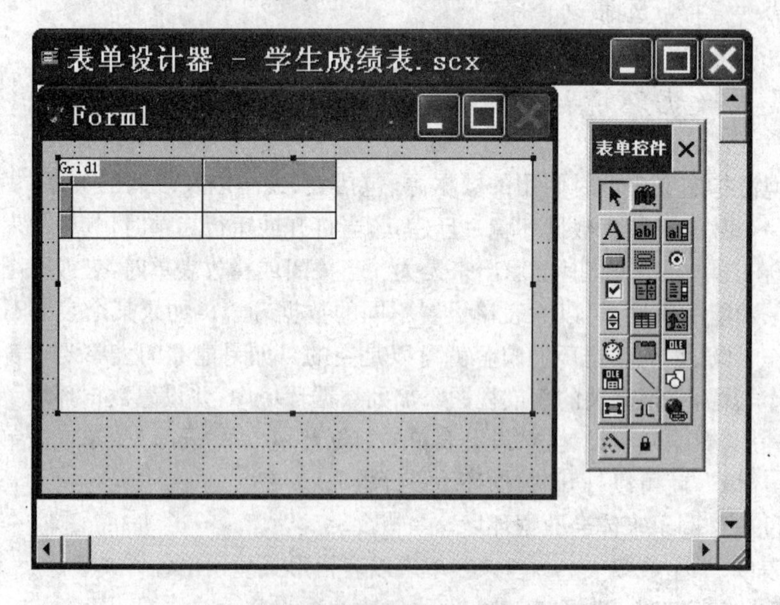

图 7.22　在新建表单中画一个表格对象

(4) 单击工具栏上的“运行”按钮，新建表单保存后，屏幕上显示出表单的运行结果，如

图 7.23 所示。

Form1

学号	姓名	语文	数学	英语	电算	总
DS0501	罗晓丹	85	80	93	95	
DS0506	李国强	75	63	90	70	
DS0515	梁建华	77	50	68	73	
DS0520	覃丽萍	65	80	75	77	
DS0802	韦国安	80	84	94	81	
DS0812	农雨英	91	74	86	76	
DS1001	莫慧霞	74	55	65	70	
DS1003	陆涛	79	80	72	86	

图 7.23　表单运行结果

如果向数据环境中添加了两个或两个以上的表，且表间具有永久关系的话，这些关系会自动在数据环境中体现出来。例如，在“数据环境设计器”中添加“学生情况表”和“学生成绩表”，由于在数据库中已为这两个表建立了永久关系，因此在“数据环境设计器”窗口中的显示如图 7.24 所示。如果添加的多个表之间没有永久关系，也可以在数据环境中进行设置，设置方法同在数据库中进行设置表间关系一样。选中某个关系后按下〈Del〉键可删除该关系。

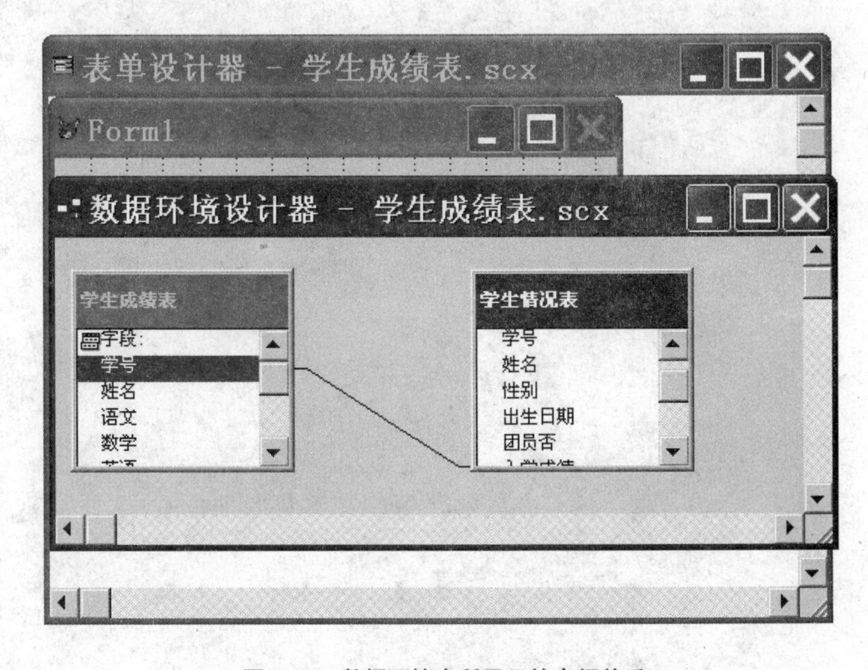

图 7.24　数据环境中所显示的表间关系

习 题 7

1. 建立表单的方法有哪些?

2. 使用表单向导创建一个基于“学生情况表”的表单,只选取其中的学号、姓名、性别和出生日期字段。

3. 使用表单向导创建一个表单,父表包括“学生情况表”中的学号、姓名、性别、出生日期字段,子表为“学生成绩表”。

第8章　常用控件设计

本章导读

在表单设计中,若要灵活设置表单上控件的属性和编写事件代码,需要表单设计者对各种控件做详细了解。本章介绍 Visual FoxPro 6.0 的基本控件操作。

知识点

- 常用的表单控件
- 表单控件的使用

8.1　输出类控件

8.1.1　标签

标签控件用于显示不能被用户改动的文本,它是表单中应用最广泛的控件之一,既可以单独使用,也可以与其他控件结合使用。标签能够显示由任意字符构成的文本,用于设计表单上所需的文字性提示信息。标签和大多数控件的不同点在于运行表单时不能用〈Tab〉键来选择标签。

常用的标签属性及其作用如下:

- Caption 属性:设置标签处显示的文本。
- AutoSize 属性:设置是否根据标签上显示的文本的长度自动调整标签大小。
- BackStyle 属性:设置标签是否透明。
- WordWrap 属性:设置标签上显示的文本能不能换行。
- FontSize 属性:设置标签上显示文本所采用的字号。
- FontName 属性:设置标签上显示文本所采用的字体。
- ForeColor/Backcolor 属性:设置标签上显示文本的颜色。
- Visible 属性:设置标签是可见还是隐藏。

8.1.2　图像、线条和形状

使用形状和线条控件可以在表单上添加线条、方框、圆或椭圆形状,常用于将表单中的多个控件归成组,这既有助于用户理解和使用界面,又可以美化界面。

1. 线条和形状的常用属性

线条和形状的常用属性如下：

- BackColor 属性：确定对象的边框颜色。
- BorderStyle 属性：确定对象的边框样式。
- BorderWidth 属性：确定对象的边框宽度。
- FillStyle 属性：确定形状对象的填充样式。
- FillColor 属性：确定形状对象的填充颜色。
- Curvature 属性：确定形状控件的角的曲率，属性值范围是 0(直角)～99(圆)。
- LineSlant 属性：该属性的有效值为斜杠(/)和反斜杠(\)，用于决定当线条既不水平又不垂直时线条倾斜的方向。
- SpecialEffect 属性：确定形状是平面的还是三维的，当 Curvature 属性设置为 0 时才有效。

2. 图像控件的主要属性

图像控件允许在表单中显示图片。其主要属性有：

- Picture 属性：指明图像控件位置处显示的图片(. bmp 文件)。
- BorderStyle 属性：决定图像是否具有可见的边框。
- Stretch 属性：如果属性值设为"0-剪裁"，则超出图像范围的那一部分图像将不显示；如果属性设置为"1-等比填充"，图像控件将保留图片的原有比例，并在图像控件中显示最大可能显示的图片；如果属性设置为"2-变比填充"，则调整图片到正好与图像控件的高度和宽度相匹配。

8.2 输入类控件

8.2.1 文本框

文本框是最常用的控件，使用文本框能进行多种类型数据的输入和输出。

文本框中数据的数据类型可以是数值、字符、日期或逻辑型。设计表单时，对文本框 Value 属性的设置决定了运行表单时在文本框中显示的数据的值和类型。如果设计表单时未设置 Value 属性值，则运行表单时默认输入数据是字符型数据。表单上文本框控件的长度会限制输入到文本框中的字符型数据或数值型数据的长度及大小。同时，在文本框中输入的字符型数据或数值型数据的最大长度和大小还受相应数据类型的限制。运行表单时，当文本框获得焦点时用户就可以输入或修改数据；当移走焦点或按下〈Enter〉键时就结束了数据的输入。对文本框数据的输入或修改将改变其 Value 属性值。

文本框的主要应用是对表中非备注字段中的数据进行显示和编辑，这需要将文本框的 ControlSource 属性设置成表的某个字段。运行表单时，文本框显示当前记录的 ControlSource 属性所指字段的数据，并将用户修改后的数据保存到字段中，同时改变文本框的 Value 属性值。

可以使用 InputMark 属性规定向文本框中输入数据的格式。InputMark 属性值必须是一个格式字符串,其中可用的格式字符与字段输入掩码基本相同。

文本框常用属性如下:

• Height/Width 属性:设置文本框的高度/宽度。

• ControlSource 属性:确定文本框的数据源。

• FontName 属性:设置文本框中文字的字体。

• FontSize 属性:设置文本框中文字的字体大小。

• Alignment 属性:确定文本框中内容的对齐方式。自动对齐的具体方式取决于数据类型。例如,数值型数据右对齐,字符型数据左对齐。

• MaxLength 属性:在未设置 InputMark 属性时决定文本框中字符数据的长度。

• ReadOnly 属性:该属性值为. T. 时,文本框显示为灰色,表明不可编辑其中的数据。

• PasswordChar 属性:若使用文本框输入用户密码,可以把 PasswordChar 设置为"*"或其他字符,则运行表单时,文本框的 Value 和 Text 属性可以接受用户真正输入的数据,而在文本框中显示为多个 PasswordChar 指定字符。

8.2.2 编辑框

使用编辑框可让用户编辑备注字段、内容较长的字符字段或较长的字符文本。在编辑框中编辑文本时,可以自动换行显示多行文本,还能用方向键和滚动条来滚动显示文本。

编辑框的常用属性有:

• SelText 属性:返回编辑框中选定的文本。

• SelStart 属性:设定或返回文本在编辑框中的起始位置。

• SelLength 属性:设定或返回选定文本的长度。

• ReadOnly 属性:设置是否允许修改编辑框中的文本。

• ScrollBars 属性:确定编辑框有无垂直滚动条。

8.2.3 列表框

列表框控件显示供用户选择的可滚动的数据项列表,该列表可以是包括多行多列数据项的多列列表,也可以是包括一列多行数据项的单列列表,两种列表中,单列列表更常用。运行表单时,在列表框高度范围内,能看到多行数据;用户不可编辑列表中的数据项,只可使用滚动条和鼠标选择数据行,默认情况下只允许选择其中一行,如图 8.1 所示。

列表框常用属性:

• RowSourceType 属性:指定列表框的数据源类型,有值、别名、字段等多种类型。

• RowSource 属性:设置列表框的数据源,即列表中显示的数据项的来源。它应与 RowSourceType 属性的设置相一致,以下是常用的 7 种数据源设置:

(1) 当 RowSourceType 设置为"1-值"时,RowSource 属性应是由多个值构成的单列列表。设置方法是在"属性"窗口中选择 RowSource 属性后,输入用逗号分隔的列表项,例如,一月,二月,三月,四月。

(2) 当 RowSourceType 属性为"2-别名"时,应将 RowSource 属性设置为一个打开的表。这样会形成一个多列列表。

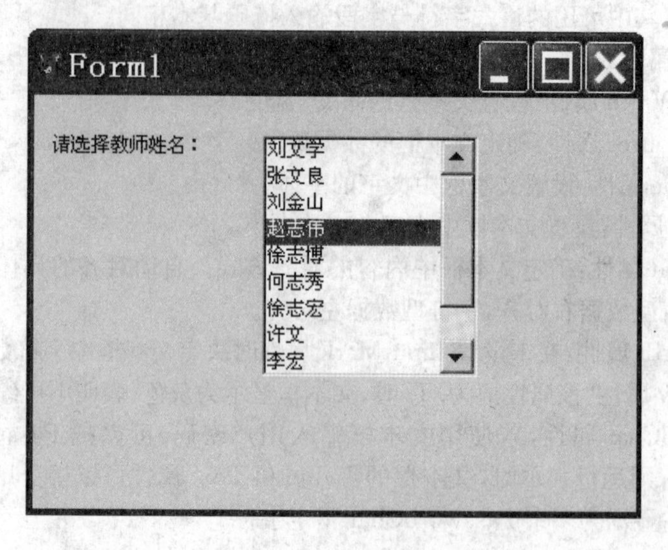

图 8.1　单列列表

(3) 当 RowSourceType 属性为“3-SQL 语句”时，应将 RowSource 属性设置为一个 SQL 语句，例如“SELECT * FROM 学生成绩表”。列表框中显示内容由 SQL 语句执行结果决定。

(4) 当 RowSourceType 属性为“4-查询”时，应将 RowSource 属性设置为一个查询文件名。列表框显示内容由查询执行结果决定。

(5) 当 RowSourceType 属性为“5-数组”时，应将 RowSource 属性设置为某个数组。这样表单执行时，将用数组中的项填充列表。可以在表单的 Init 事件中定义数组并进行赋值或为表单定义和设置数组属性，否则执行表单时可能发生找不到数组的错误。

(6) 当 RowSourceType 属性设置为“6-字段”时，应将 RowSource 属性设置为一个字段。这样表单执行时，列表框中将显示该字段的数据。

(7) 当 RowSourceType 属性设置为“7-文件”时，应将 RowSource 属性设置为文件名通配符，例如“*.bmp”。

• ColumnCount 属性：对于多列列表，由该属性值决定列表框中显示数据项的列数。

• ControlSource 属性：设置用户在列表中选择的值保存在何处。如果设置 ControlSource 为表中某字段，选择的值将保存在当前记录的字段中。

• Value 属性：该属性可以返回用户所选择的值。默认为字符型。如果将 Value 属性设置为一个数值，则运行表单时返回用户所选择行的行号。

• MultiSelect 属性：指定是否允许在列表中选择多行。该属性默认值为 .F.，表示不允许选择多行。

使用列表框生成器可以简便地设置列表框。

8.2.4　组合框

组合框用于形成下拉列表，它类似于一个右边带有向下按钮的文本框。当运行表单时，若用户单击组合框的向下按钮，就可以显示可滚动的数据项列表，用户可从中选择一个。

组合框有两种形式：下拉组合框和下拉列表框。通过设置组合框的 Style 属性可选择这两种形式之一。两者的不同点在于：对于下拉组合框，当运行表单时，用户不仅可以在数据项列表中进行选择，还可以直接在向下按钮左边的框中输入一个新项；对于下拉列表框，当运行表单时，只允许用户单击向下按钮选择数据行，不允许直接在向下按钮左边的框中输入新项。

组合框常用属性如下：

- RouSourceType/RowSource 属性：同列表框类似，确定数据项列表的数据来源。
- DisplayCount 属性：设置数据项列表中显示的数据行数。
- Value 属性：返回用户所选择的值。
- ControlSource 属性：设置用户所选择的值保存在何处。若将 ControlSource 属性设置为表中字段，则运行表单时，向下按钮左边的框中将显示当前记录的字段值。

8.2.5 微调控件

微调控件常用在给定数值范围以及数值间距的情况下，让用户从数值范围内通过上调或下调操作来选择一个值或直接在微调框中输入值。直接在微调框中输入的值应是一个数值。数值范围和数值间距都可以是整数或小数。

常用的微调属性和事件如下：

- KeyboardHighValue 属性：指定用户能输入到微调框中的最高值。
- KeyboardLowValue 属性：指定用户能输入到微调框中的最低值。
- SpinnerHighValue 属性：指定用户单击向上按钮时，微调控件能显示的最高值。
- SpinnerLowValue 属性：指定用户单击向下按钮时，微调控件能显示的最低值。
- Increment 属性：用户每次单击向上或向下按钮时增加或减少的值(即数值间距)。
- Value 属性：返回用户输入的值。

8.3 控制类控件

8.3.1 命令按钮

命令按钮控件在应用程序中起控制作用，用于完成某一项特定的操作。在设计应用程序时，程序设计者经常在表单中添加具有不同功能的命令按钮，供用户选择不同的操作。只要将完成不同操作的代码存入不同按钮的“Click”单击事件中，在表单运行时，用户单击某一命令按钮，则系统自动调用该命令按钮的“Click”事件代码完成指定的操作。如果表单运行时，某个命令按钮获得了焦点(这时命令按钮上会比其他按钮多一个线框)，则用户按下〈Enter〉键或空格键也会执行这个命令按钮的 Click 事件代码。尤其重要的是需要为命令按钮控件设置“Click”事件。

常用的命令按钮属性有：

• Caption 属性：设置在按钮上显示的文本。

• Default 属性：在表单运行时，当命令按钮以外的某些控件获得焦点时，若用户按下〈Enter〉键，将执行 Default 属性值为. T. 的命令按钮的 Click 事件代码。

• Enabled 属性：设置按钮是否有效，即是否可以被选择。

• DisabledPicture 属性：指定当按钮失效时，在按钮上显示的. bmp 文件。

• DownPicture 属性：指定当按钮按下时，在按钮上显示的. bmp 文件。

• Picture 属性：显示在按钮上的. bmp 文件。

• Visible 属性：设置按钮是否可见。

8.3.2 命令按钮组

命令按钮组也是一种常用控件，是容器对象，由一组命令按钮组成，通常用于反映一组有联系的操作。可以使用命令按钮组生成器简便地设置组中命令按钮的个数、大小、布局等属性，使一组命令按钮具有相同大小和间距。若要对组中的按钮进行个别设置，可以使用命令按钮组快捷菜单中的“编辑”菜单项，然后选择某一个按钮，用其快捷菜单打开“属性”窗口或“代码”窗口。

命令按钮组的常用属性有：

• ButtonCount 属性：组中命令按钮的个数。

• Value 属性：返回用户所单击的命令按钮在组中的序号。

命令按钮组常用的事件是 Click 事件，在事件代码中应根据 Value 属性值转入相应按钮的操作。

8.3.3 复选框

复选框用于让用户对某个问题做出是或否的回答。通常用复选框的选中状态表示“是”，用未选中状态表示“否”。在 Visual FoxPro 中，添加到表单上的复选框可能呈现三种状态，由复选框的 Value 属性值决定。运行表单时，用户改变复选框状态的同时也改变了 Value 属性值。Value 属性值与复选框状态的对应关系如下：

• 0 或. F.：复选框呈清除(未选中)状态。

• 1 或. T.：复选框呈被选中状态。

• 2 或. NULL.：复选框呈灰色状态。

复选框还可用于显示表中逻辑型字段值，只需将复选框的 ControlSource 属性设置为相应字段。运行表单时，当逻辑型字段的当前值是. NULL.、. T. 或. F. 时，复选框将分别显示为灰色、被选中或清除状态；用户对复选框状态的改变将修改字段的当前值。

8.3.4 选项按钮组

选项按钮组常用在各种对话框中，让用户从几个给定操作中选择一个。选项按钮组控件是包含若干个选项按钮的容器。添加到表单上的一个选项按钮组默认包含两个选项按钮。改变组的 ButtonCount 属性值可以设置组中选项按钮个数。如果选项按钮组的值与数据表的内容有关,还需要设置数据源。

可以设置选项按钮组中单个选项按钮的属性,方法是从选项按钮组的快捷菜单中选择"编辑"菜单项,用鼠标选择一个按钮,在"属性"窗口中设置它的属性。一般只需设置选项按钮的 Caption 属性,即改变按钮的标题。

设置选项按钮组的简便方法是从选项按钮组的快捷菜单中选择"生成器"菜单项。

选项按钮组的常用属性有:

- Name 属性:选项按钮组的对象名。
- Enabled 属性:当该属性值为. F. 时,选项按钮组不可用,即不响应各种事件。
- Buttons 属性:该属性用于保存组中所有按钮的一个数组。
- ButtonCount 属性:设置组中选项按钮个数。

8.3.5 计时器

计时器控件是利用系统时钟控制某些具有规律性的定时操作,其典型应用是检查系统时钟,决定是否到了某个程序的执行时间。与前面的控件不同,计时器控件在表单中运行是不可见的。

计时器控件的常用属性:

• Timer 事件:即计时器事件,是在时间间隔到达时触发的事件。应编写该事件的代码来指定完成某个操作。

• Interval 属性:用于指定时间间隔,即一个计时器事件和下一个计时器事件之间的毫秒数。

• Enabled 属性:如果将这个属性设置为. T. ,计时器在表单开始运行时便启动计时工作。如果设置为. F. ,就会停止计时器的工作。

计时器的应用非常广泛,下面是计时器应用的一个例子:利用计时器控件产生文字移动的效果。

具体步骤:

(1) 新建一个空白表单。

(2) 在该表单中创建一个标签控件,设置其位置、大小以及其中文字的字体、字号等属性。

(3) 单击"表单控件"工具栏中的计时器按钮,在表单中创建一个计时器控件。

(4) 选择计时器控件,在属性窗口中将"Enable"属性的值设置为". T. ",将"Interval"属性的值设置为"100"。

(5) 双击表单中的计时器控件,系统打开代码编辑窗口,选择过程"Timmer",并在该窗口中输入代码:

```
If thisform. label1. left<1
  Thisform. label1. left=thisform. width-10
Else
  Thisform. label1. left=thisform. label1. left-10
Endif
```

如图 8.2、图 8.3、图 8.4 所示。

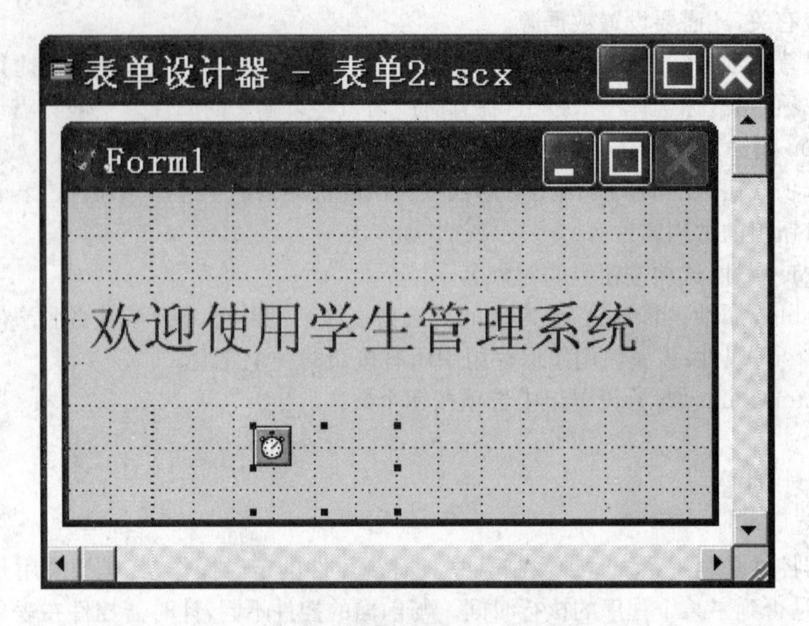

图 8.2　表单中添加标签和计时器控件

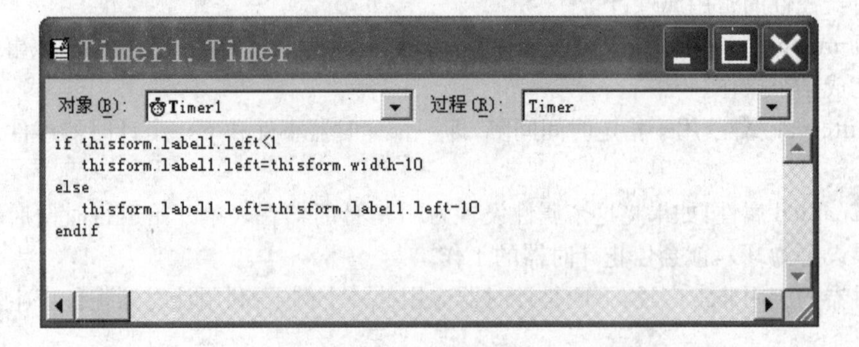

图 8.3　计时器代码窗口

图 8.4　表单运行结果

8.4 容器类控件

8.4.1 表格

表格控件用于在表单上添加表格对象。表格是容器对象,能包含多个列。每个表格列也是容器对象,默认包含一个表头和一个文本框控件。表格及其中的每个对象都拥有自己的一组属性、事件和方法程序,通过设置它们可以使得表格灵活多样。运行表单时,表格的显示形式与 Visual FoxPro 中表的“浏览”窗口类似,可以显示和编辑行和列中的数据。

1. 设置表格的属性

表格常用于显示和编辑表或视图中的数据,这需要把表或视图指定为表格的 RecordSource 属性(即数据源)。也可以直接从数据环境中拖动表或视图到表单上,这样就自动设置了 RecordSource 属性。如果没有指定表格的 RecordSource 属性,但在当前工作区中有一个打开的表,那么执行表单时将在表格中显示这个表的所有字段。

设置表格的 RecordSourceType(数据源类型)属性可以指定表格的数据源的类型, RecordSource 属性与 RecordSourceType 属性的设置应该一致。数据源类型有以下 5 种:

(1) 表,要求 RecordSource 属性是一个表。

(2) 别名,要求 RecordSource 属性是当前打开的表,例如从数据环境中选择的表。

(3) 提示,当表单运行时,如果当前工作区中没有打开表,则显示对话框让用户打开表作为表格数据源。

(4) 查询(.qpr),要求 RecordSource 属性是一个查询文件。

(5) SQL 语句,要求 RecordSource 属性是一个 SQL 语句。

常用表格属性如下:

- ColumnCount:设置表格的列数。如果设置为“-1(默认值)”,则在运行表单时,表格的列数与 RecordSource 属性所指定表的字段数相同。
- AllowAddNew:是否允许在 RecordSource 属性所指定的表中追加新记录。
- AllowRowSizing:该属性设为.F.,可以防止用户在运行时改变表格的行高。
- DeleteMark:设置是否显示删除标志列。
- ReadOnly:设置是否允许修改表格中显示的数据。
- HeaderHeight:设置表格列标头的高度。
- RowHeight:设置表格的行高。

2. 形成一对多表单

表格控件还常用于为数据库中已建立一对多关系的两个表形成一对多表单,即当表单中的文本框显示父表记录时,表格中显示子表的记录;当用户在父表中浏览记录时,表格中将显示与父表当前记录相匹配的子表记录。构成一对多表单的最简单方法是前面提到的使用一对多表单向导,该向导能自动设置文本框和表格的属性。

3. 表格中控件的属性

- ControlSource：列的 ControlSource 属性决定了表格列中显示数据的来源。
- Caption：列表头的 Caption 属性决定列的标题。

4. 改变列的默认控件

表格列中默认的控件使用文本框显示数据。但也可以在列中嵌入别的控件显示数据。在图 8.5 所示表单中，在“学号”列中添加了一个下拉列表框，在表单运行时，就可以从下拉列表框中选择学号，而无需输入。

该表单中表格对象的设置包括如下三个步骤：

(1) 从数据环境中将“学生成绩表”拖动到表单上。

(2) 进入表格的编辑状态；在“表单控件”工具栏中选择组合框按钮，然后用鼠标单击表格中的第一列(称为组合框的父列)放置组合框，此时组合框不会在表格列中显示，但在“属性”窗口的对象名列表中，在表格的第一列中可以看到该组合框对象名“Combo1”；设置“Combo1”的 Style 属性为“2-下拉列表框”，RowSourceType 属性为“6-字段”，RowSource 属性为数据环境中“学生情况表”的“学号”字段，ControlSource 属性为“学生成绩表”的“学号”字段。

(3) 将父列的 CurrentControl 属性设置为“Combo1”，Sparse 属性设置为. F. 。

运行结果如图 8.6 所示。

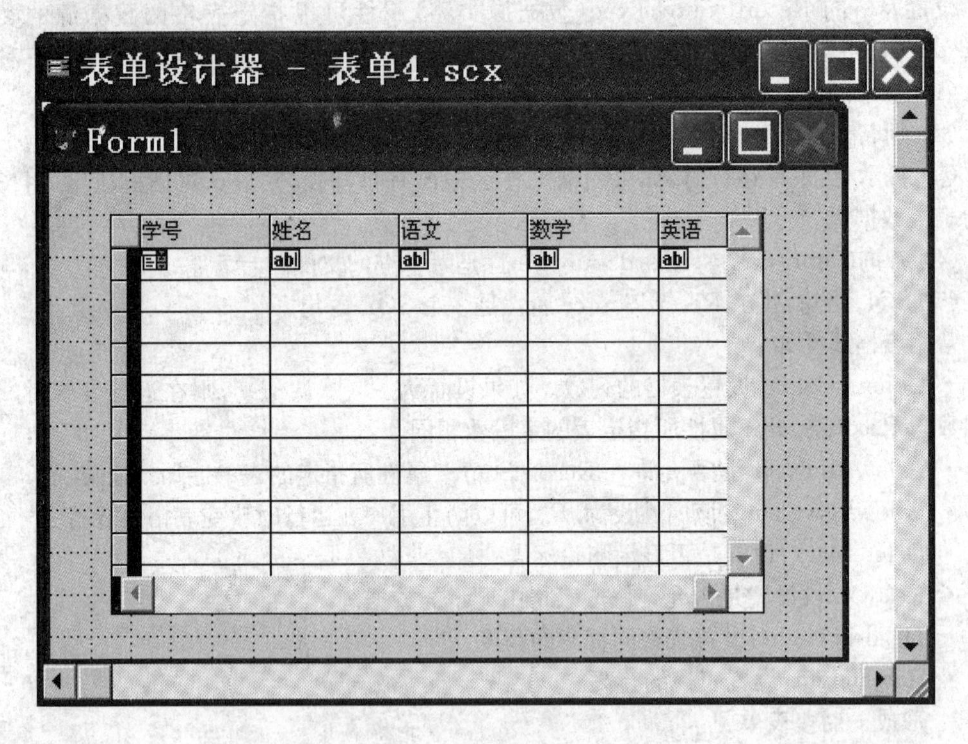

图 8.5 学生成绩表单

如果要移去表格列中的控件，可在“属性”窗口的对象框中选择要移去的对象名，激活“表单设计器”，然后按下〈Del〉键。

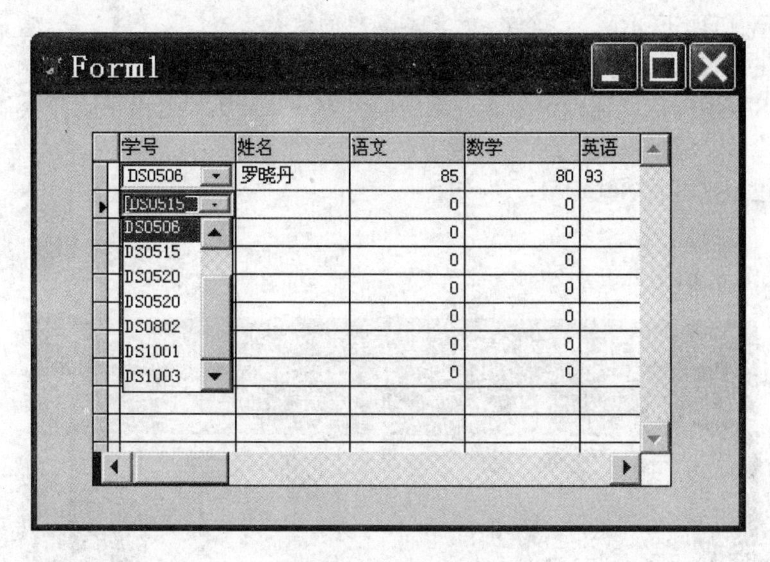

图 8.6　运行结果

8.4.2　页框

页框控件实际上是选项卡界面。在表单中，一个页框可以有两个以上的页面，它们共同占有表单中的一块区域。在某一时刻，只有一个页面是活动页面，或者说是可见页面。可以用鼠标选择不同的页面，从而激活它使之成为活动页面。

表单中的页框控件是一种容器控件，它可以容纳几个页面，而每个页面中又可以包含其他控件。页框常用于各种 Windows 对话框中，能在对话框上同一个区域中切换几种不同功能。

例如，在表单中使用一个包含两个页面的页框，一个页面显示教师档案信息，一个页面显示教师任课信息。

该表单的设置步骤如下：

(1) 新建一个空白表单。

(2) 在该表单中创建一个标签控件，其“Caption”属性设置为“页框示例”。

(3) 打开“数据环境设计器”，将“教师档案”表和“教师任课”表添加到表单的数据环境中。

(4) 单击“表单控件”工具栏中的“页框”控件按钮，创建一个页框控件。

(5) 在“属性”窗口的“对象列表”框中选择“PageFrame1”下的“Page1”，将其“Caption”属性改为“教师档案”。

(6) 单击“表单控件”工具栏中的“表格”按钮，在该页面中创建一个表格控件。

(7) 单击该表格控件，在“属性”窗口中的“数据”选项卡中找到“RecordSource”属性，将其值设为“教师档案表”。

(8) 将“Page2”的“Caption”属性设置为“教师任课”，在该页上也创建一个表格控件，将表格控件的“RecordSource”属性的值设置为“教师任课表”。

(9) 在表单上创建两个命令按钮，“Caption”属性分别设为“确定”和“退出”。

(10) 双击命令按钮控件，打开代码编辑窗口，为两个按钮添加“Click”事件过程代码。

① “Command1”对象的“Click”事件代码：

```
RELEASE THISFORM      && 结束本表单的运行
```

② “Command2”对象的“Click”事件代码：

```
A=MESSAGEBOX("你确定要离开系统吗?",4+16+0, "退出系统")
IF A=6
    RELEASE THISFORM
ENDIF
```

如图 8.7、图 8.8、图 8.9 所示。

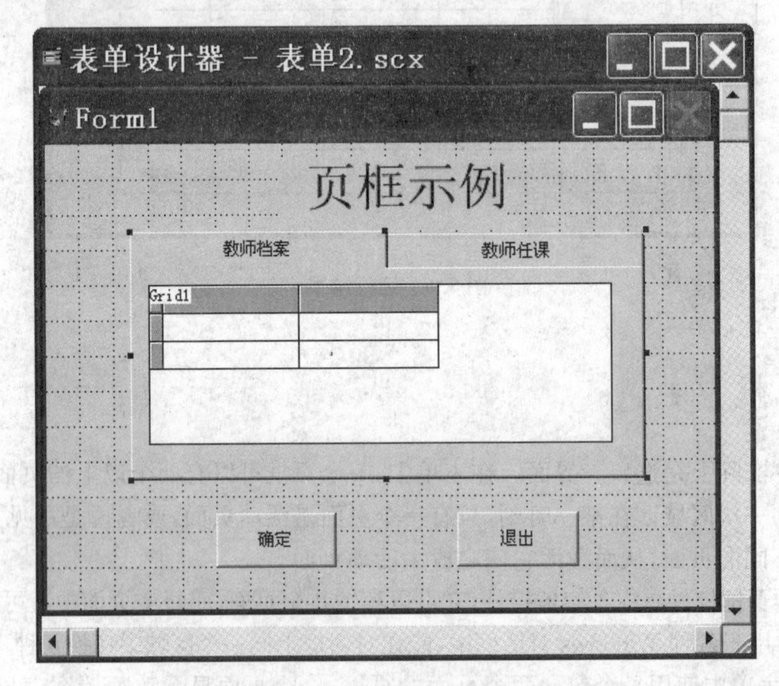

图 8.7　带页框控件的表单

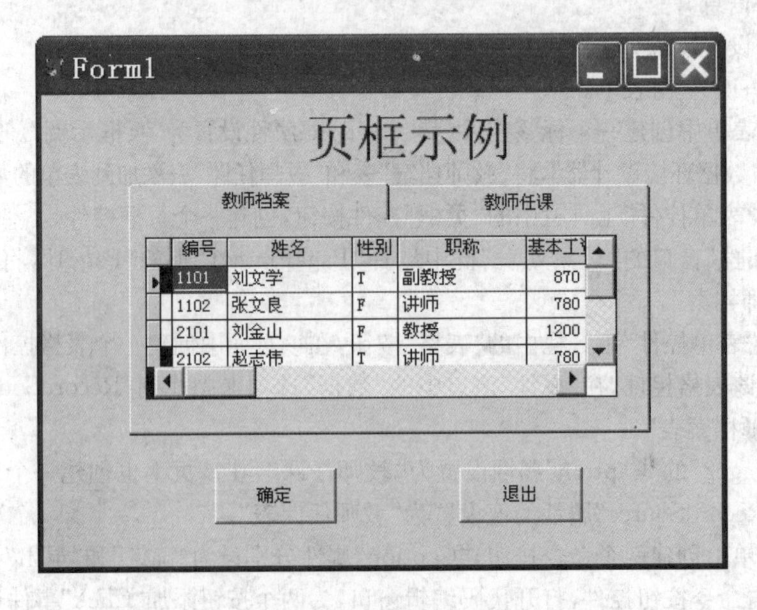

图 8.8　运行结果(1)

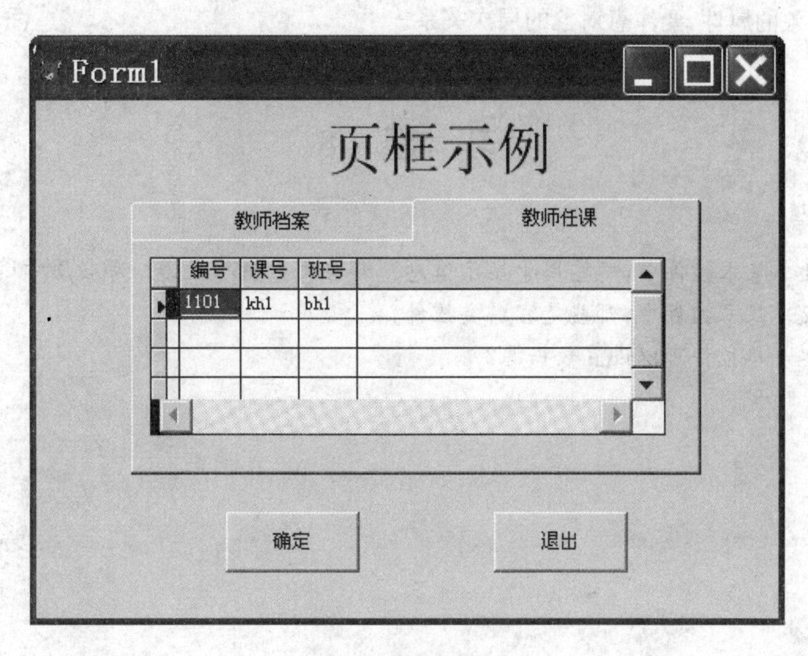

图 8.9　运行结果(2)

1. 设置页框的属性

页框的属性决定了页面的位置、数目等。常用页框属性如下：

- ActivePage：设置和返回活动页面编号。
- PageCount：设置页框中包含的页面数，有效值是 0～9。
- Tabs：默认值为. T. ，表示显示页面选项卡。
- TabStyle：决定选项卡是否都是相同大小，并且都与页框的宽度相同。
- TabStretch：决定选项卡是单行还是多行显示。

2. 常用的页面属性

- Caption：用于指定页面的标题，即在选项卡上显示的文本。
- FontName 和 FontSize：设定页面标题的字体和字号。

3. 设置控件的属性

在代码中设置或访问页面中控件属性时，需要注意对象的层次关系，书写正确的对象名。例如：

THISFORM. Pageframe1. page1. grid1. RecordSource＝"教师档案表"

8.4.3　容器

容器用于容纳一组相关的对象，设计表单时，若移动容器对象，容器中的所有对象会一同移动。使用容器可以在表单上形成区域，以体现某个功能主题。

容器对象的主要属性如下：

- BackStyle：设置容器对象的背景透明或不透明。
- SpecialEffect：设置容器对象的显示效果，是平面、凸起或凹下。

设计表单时，只有当容器对象处于编辑状态时，才可以向容器中添加其他对象。若要访问容器中对象的属性，要注意对象的层次关系。

习　题　8

1. 在表单基本控件中，哪些用于显示信息？哪些用于输入数据？哪些用于选择数据？
2. 在表单基本控件中，哪些是容器类控件？
3. 哪些表单控件可以设置数据源？

第9章 菜单设计

本章导读

一个应用程序的各种功能通常是以菜单形式提供的，因此，设计一个完善的菜单系统是使得用户接受并迅速掌握应用程序使用的关键。本章主要介绍如何使用菜单设计器来设计一个常用的菜单系统。

知识点

- 菜单设计器的使用
- 菜单设计

9.1 规划菜单系统

9.1.1 菜单组成

通常，菜单系统是由一个菜单栏、多个菜单、菜单项和下拉菜单组成。菜单栏是位于窗口标题下的水平条状区域，用于放置各个菜单项；菜单项是菜单栏中的一个菜单的名称，也称菜单名，它标识了所代表的一个菜单，单击菜单项即可弹出下拉菜单；菜单是包含命令、过程和子菜单的选项列表，因此按等级分为父菜单和子菜单，子菜单挂在父菜单下作为父菜单的一个菜单项。

9.1.2 菜单系统的规划原则

菜单系统的质量直接关系到应用程序系统的质量，规划合理的菜单，有利于用户接受应用程序，方便用户理解应用程序的功能。

在设计菜单系统时，需要注意下列准则：

(1) 按照用户所要执行的任务组织菜单系统，而不是按应用程序的层次组织菜单。

因为应用程序最终是面向用户的，所以应该按照用户思考问题的习惯和完成任务的方法来组织菜单，使用户只要查看菜单和菜单项，就可以对应用程序的组织方法有一个感性认识。

(2) 给每个菜单一个有意义的标题。标题应简单，能够反映要执行的任务。

(3) 按照估计的菜单项的使用频率、逻辑顺序或字母顺序组织菜单项。

当不能预计频率，也无法确定逻辑顺序时，则可以按字母顺序组织菜单项。当菜单中包含有 8 个以上的菜单时，按字母顺序是特别有效的。太多的菜单项使用户要花费一定的时间才能浏览一遍，而按字母顺序将便于查看菜单项。

(4) 在菜单项的逻辑组之间放置分隔线。

(5) 将菜单上的基础数目限制在一个屏幕之内。

若菜单项目的数目超过了一屏，则应考虑为其中一些菜单项创建子菜单。

(6) 为菜单和菜单项设置热键或键盘快捷键。

(7) 使用能够准确描述菜单项的文字。

(8) 在菜单项中混合使用大小写字母。

9.2 用菜单设计器创建菜单

9.2.1 启动菜单设计器

Visual FoxPro 6.0 的菜单设计器功能强大，界面友好，并且使用方便。启动菜单设计器的方法如下：

(1) 单击“文件”菜单中的“新建”菜单项，弹出“新建”对话框，在对话框中选中“菜单”单选框。

(2) 选择“新建文件”按钮，弹出如图 9.1 所示的“新建菜单”对话框。

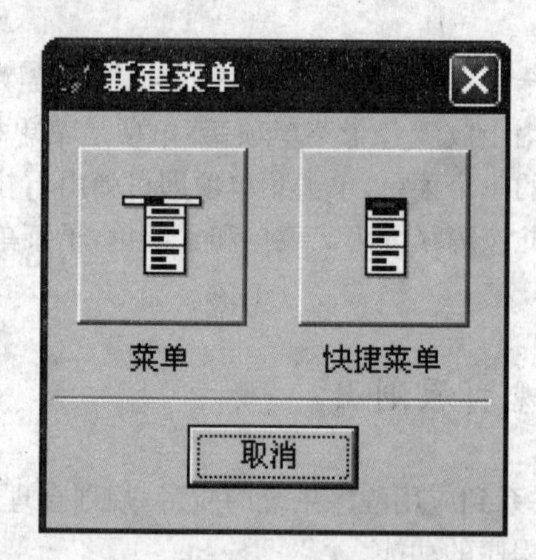

图 9.1 “新建菜单”对话框

(3) 选择“菜单”按钮，进入如图 9.2 所示的“菜单设计器”界面。

菜单设计器功能简介：

• “菜单名称”列。用于指定菜单系统中的菜单标题和菜单项。

• “结果”列。用于指定在单击标题或菜单(或按下热键)时发生的动作。

例如，可执行一个命令，打开一个子菜单或运行一个过程。

• “选项”列。单击该列的按钮，弹出如图 9.3 所示的“提示选项”对话框，可在其中定义键盘快捷方式和其他菜单选项。

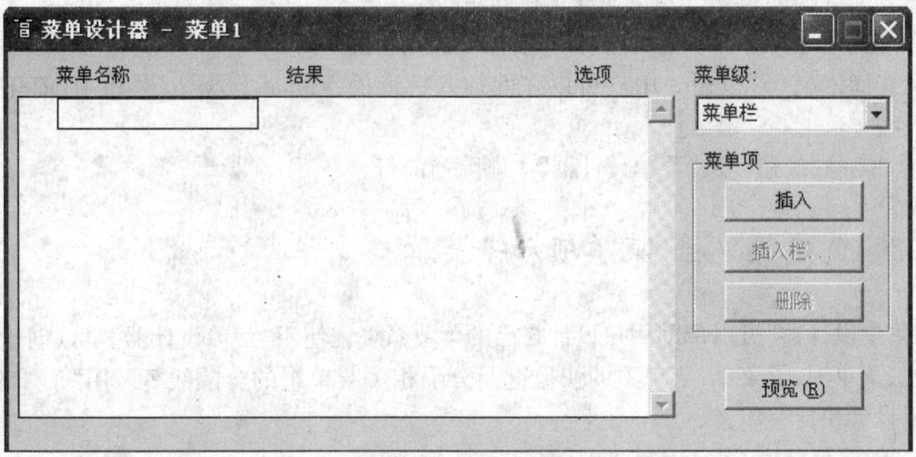

图 9.2　菜单设计器

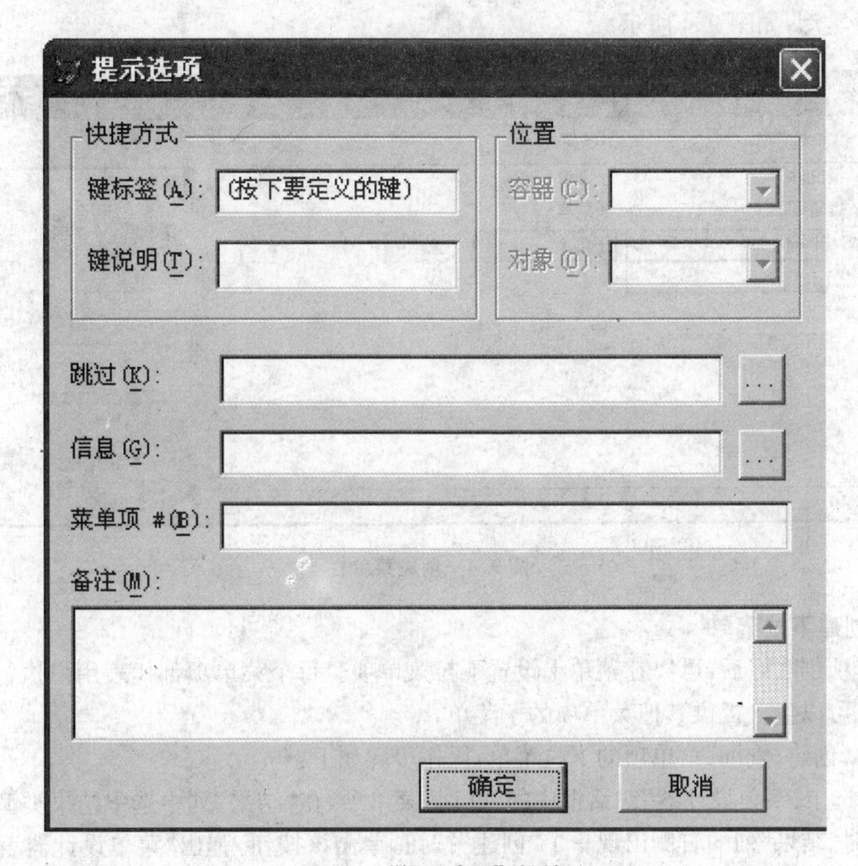

图 9.3　“提示选项”对话框

- “菜单级:”下拉式列表。允许用户选择要处理的菜单或子菜单。
- 上下双向箭头按钮。出现在“菜单名称”列的左边。在设计时用鼠标拖动该按钮,可调整菜单项次序。
- “创建”按钮。指定菜单标题或菜单项目的子菜单或过程。
- “编辑”按钮。更改与菜单标题或菜单项目相关的子菜单或过程。

• “预览(R)”按钮。预览显示正在创建的菜单。

• “插入”按钮。“菜单设计器”对话框中插入新的一行。

• “插入栏…”按钮。用户可以在此插入标准的 Visual FoxPro 菜单项，简化菜单的设置。

• “删除”按钮。从“菜单设计器”中删除当前行。

9.2.2 创建菜单栏、菜单项和子菜单

“菜单设计器”可以帮助用户设计自己的菜单系统。使用“菜单设计器”可以创建并设计菜单栏、菜单项、子菜单、菜单项的快捷键及分隔相关菜单组的分隔线等。用“菜单设计器”还可以设计快捷菜单。

1. 创建菜单栏

在“菜单设计器”对话框中的“菜单名称”列输入菜单的标题，在“结果”列中选择该菜单项的结果类型，如图 9.4 所示。

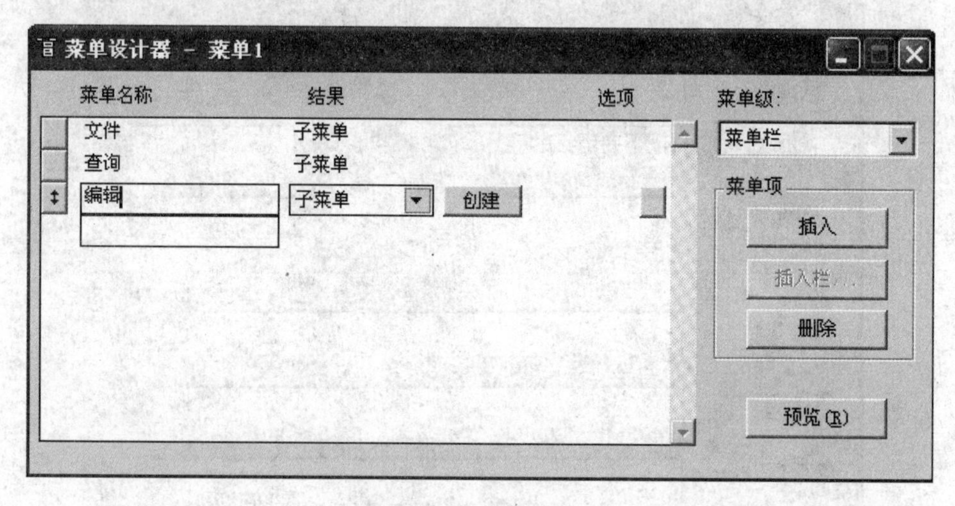

图 9.4 创建菜单栏

2. 创建下拉菜单

菜单项创建好后，可以在菜单上设置下拉菜单项。每个菜单项都代表用户执行的过程，菜单项也可以包含提供其他菜单项的子菜单。

例如，创建“查询”菜单项的下拉菜单，操作步骤如下：

(1) 选中“菜单设计器”对话框中的“查询”菜单项，在“结果”列中选中结果类型为“子菜单”。此时“结果”列的右侧出现一个“创建”按钮，单击该按钮，弹出“菜单设计器-菜单 1”对话框。

(2) 在对话框的“菜单名称”列中输入新建各项菜单的标题，如图 9.5 所示：

提示：此时“菜单级”下拉式列表框中的内容是“查询”，表示此时对话框中的各菜单项是“查询”菜单项的子菜单，单击“菜单级”下面的“查询”下拉式按钮，从弹出的下拉式列表框中选择菜单级，可以使“菜单设计器”对话框在菜单的不同层次中切换。

预览以上所设计的菜单，如图 9.6 所示。

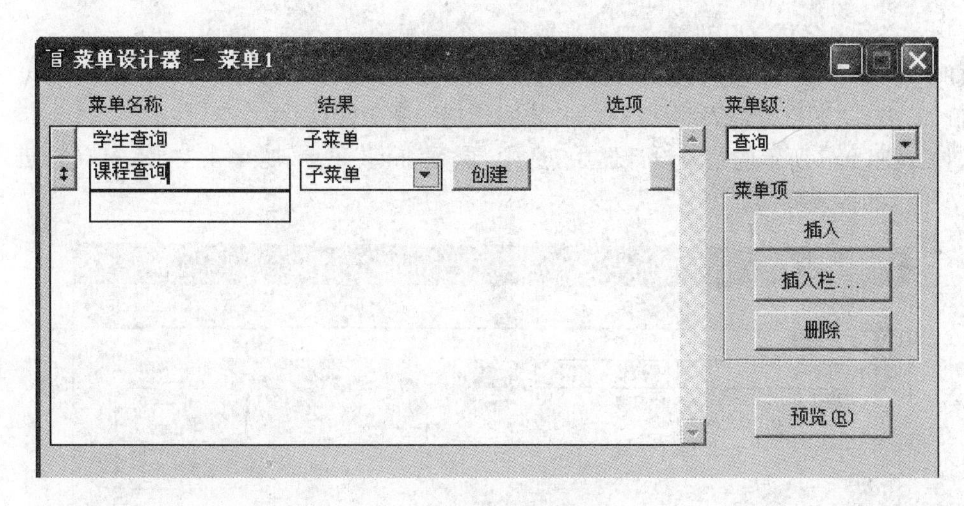

图 9.5　创建下拉菜单

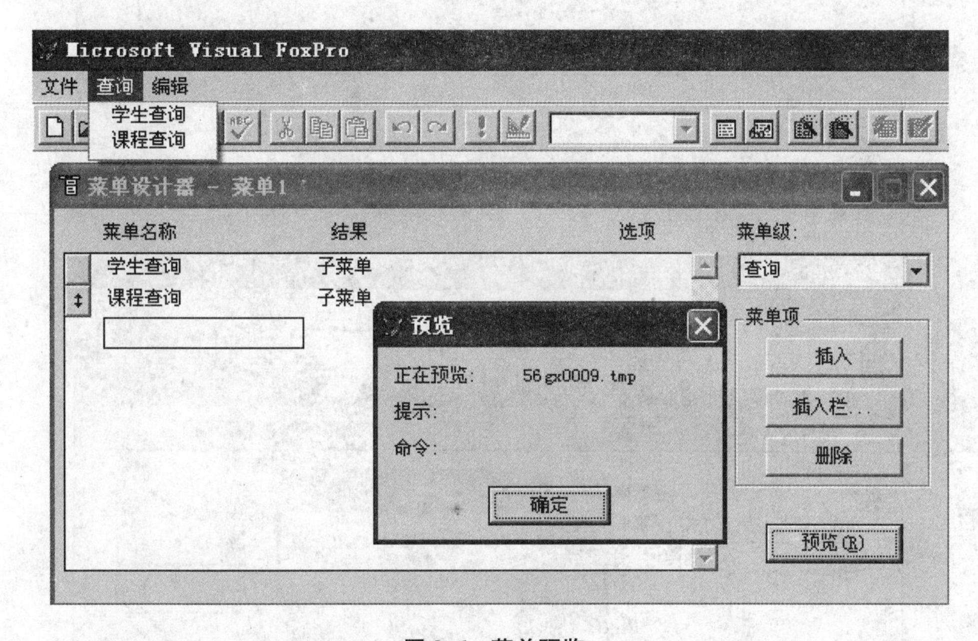

图 9.6　菜单预览

3. 创建子菜单

对于每个菜单项，都可以创建包含其他菜单项的子菜单。创建子菜单的操作步骤如下：

(1) 在"菜单名称"列中，单击要添加子菜单的菜单项。

(2) 在"结果"列中，选择"子菜单"，"创建"按钮会出现在列表的右侧。如果已经有了子菜单，则此处出现的是"编辑"按钮。

(3) 单击"创建"按钮或"编辑"按钮。

(4) 在"菜单名称"列中，输入新建的各子菜单项的名称。

9.2.3　设计菜单组的分隔线

为了增加菜单的可读性，可使用分隔线，将功能相似的菜单项分隔成组，操作步骤如下：

(1) 在“菜单名称”列中，输入“\-”来取代一个菜单项。

(2) 拖动“\-”提示符左侧的按钮，将分隔线移动到所希望的位置。

例如，要在“学生查询”和“课程查询”之间增加一条分隔线，操作如下：

(1) 在图 9.5 所示的菜单设计器中，选中“课程查询”菜单项，单击“插入”按钮，进入如图 9.7 所示的插入界面。

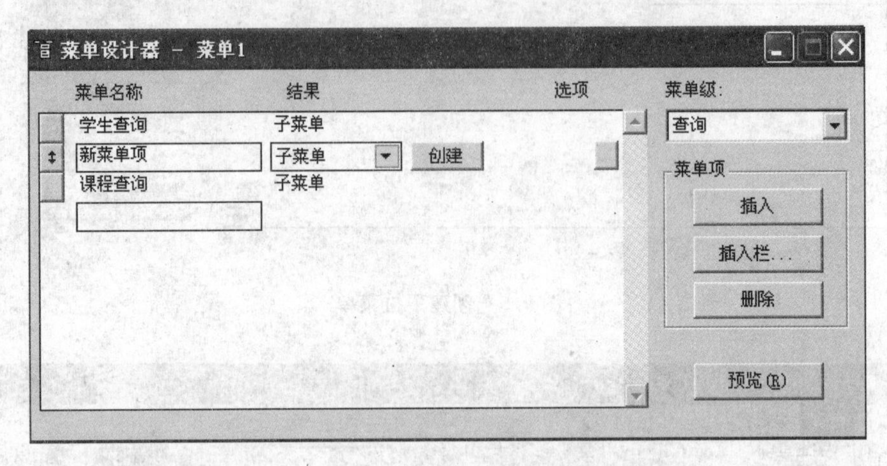

图 9.7 插入界面

(2) 将“新菜单项”删除，输入“\-”即可。预览效果如图 9.8 所示。

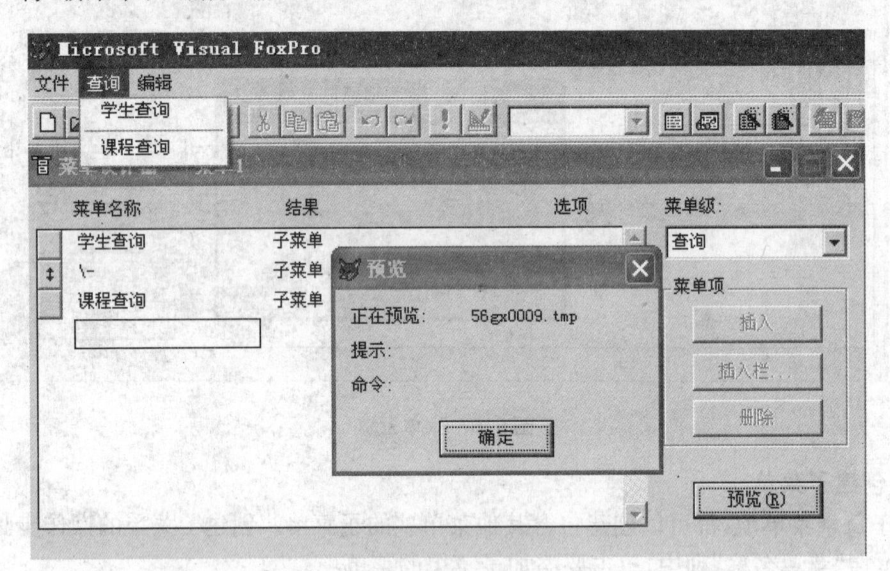

图 9.8 预览界面

9.2.4 指定热键

设计良好的菜单都应具有热键，此功能可使用户能通过键盘快速地访问菜单。为菜单或菜单项指定热键的方法为：在希望成为热键的字母左侧输入“\<”。

例如，对“文件”菜单，设置“F”作为热键，只需在“文件”菜单名称中加入“(\<F)”即可，如图 9.9 所示。这样设置后的预览效果如图 9.10 所示。

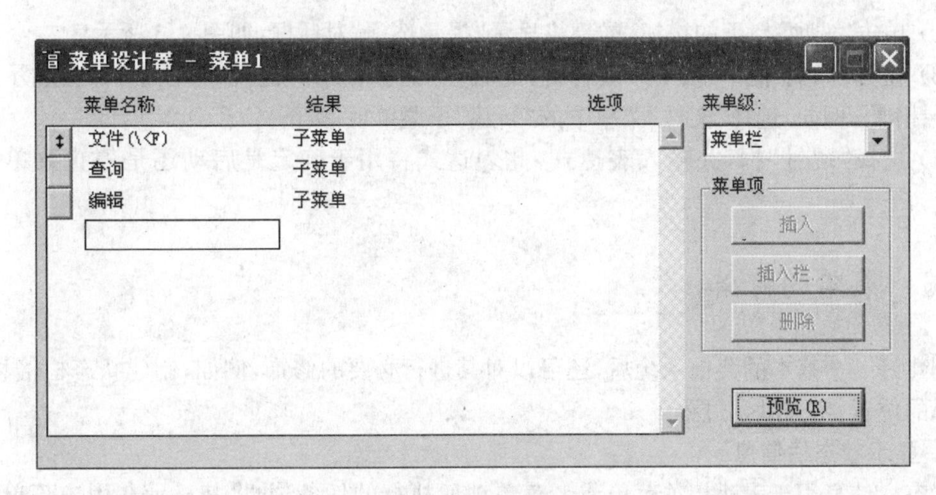

图 9.9　指定热键

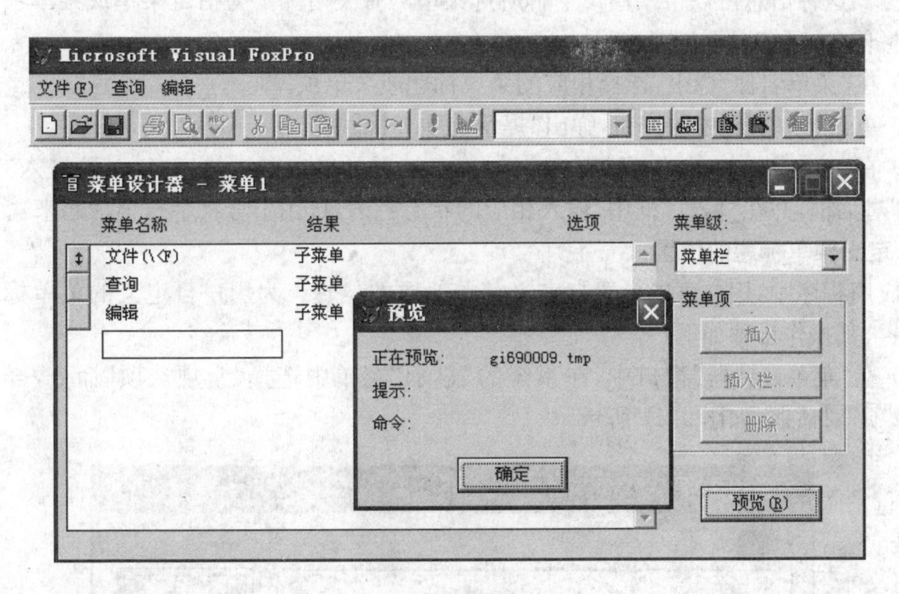

图 9.10　预览窗口

提示:热键在菜单或下拉菜单项上用带下划线的大写字母表示,对上述示例,按下〈Alt〉+F 键,即可激活文件菜单项目。如果没有为某个菜单或下拉菜单项指定热键,系统将自动指定第一个字母作为热键。

9.2.5　添加快捷键

除了指定热键以外,还可以为菜单或下拉菜单项指定键盘快捷键。

菜单的快捷键提供了键盘直接执行菜单命令的方法。如同热键一样,使用键盘快捷键,可以提高选择菜单项的速度。使用快捷键可以在不显示菜单的情况下,选择此菜单上某个菜单项。键盘快捷键一般用〈Ctrl〉或〈Alt〉键与另一个键相组合。例如,按〈Ctrl〉+N 可在 VFP 中创建新文件。为菜单或菜单项指定键盘快捷键的操作步骤如下:

(1) 在"菜单名称"栏中,选择相应的菜单标题或菜单项。

(2) 单击“选项”栏下的按钮，屏幕将显示“提示选项”对话框，如图 9.3 所示。

(3) 在“键标签”框中，按下一组合键，此时在“键标签”和“键说明”框中，都会显示所按下的快捷键。例如，选择“文件”菜单下的“新建”子菜单项，按下〈Ctrl〉+N。

(4) 选择“跳过”框，并输入表达式，此表达式将用于确定是启动还是停止菜单或菜单项。

9.2.6 菜单的修饰

创建好一个基本的菜单系统后，还可以对其进行必要的修饰，例如，创建状态栏信息，定义菜单的位置，定义默认过程等。

1. 显示状态栏信息

状态栏信息用于表达相关菜单或者菜单项所执行的任务，并将其显示在用户菜单界面的左下方。这种信息可以帮助用户了解所选菜单的有关情况。为指定菜单或菜单项设置显示状态栏信息，可按以下步骤进行：

(1) 在“菜单名称”栏中，选择相应的菜单标题或菜单项。

(2) 单击“选项”栏中的按钮，弹出“提示选项”对话框。

(3) 在“信息”框中，输入相应的状态栏信息。也可单击右边的三点按钮，进入“表达式生成器”对话框，并在“信息”框中，输入相应的状态栏信息(用引号将字符串括起来)。

2. 定义菜单标题的位置

在应用程序中，用户可以设置自定义菜单标题的位置。为用户自定义的菜单标题指定相对位置，其操作步骤如下：

(1) 在“菜单设计器”窗口中，在系统的“显示”菜单中选择“常规选项”命令，屏幕显示“常规选项”对话框，如图 9.11 所示。

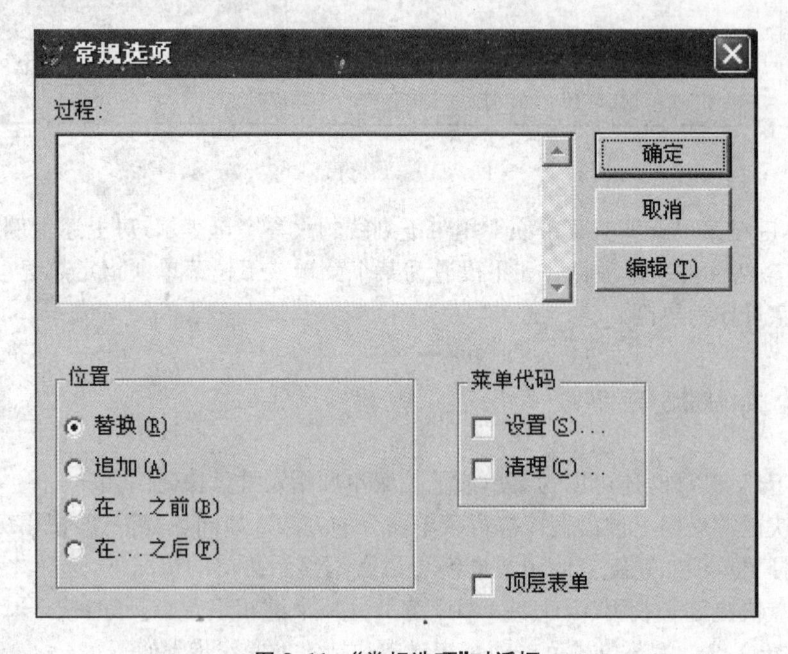

图 9.11 “常规选项”对话框

(2) 在“位置”框中,选择适当的选项:“替换”、“追加”、“在...之前”或“在...之后”。此时,VFP会重新排列所有菜单标题的位置。如果只想设置其中的几个,而不想全部重新设置,只要在“菜单设计器”窗口中,将想要移动的菜单标题旁边的移动钮拖到正确的位置即可。

3. 为菜单系统创建默认过程

可以创建一个全局过程,应用于整个菜单系统。创建默认过程的操作如下:

(1) 打开正在设计的菜单系统。

(2) 单击系统菜单中的“菜单”选项,在弹出的下拉菜单中选择“常规选项”子菜单。

(3) 选择下列任一操作,指定过程:

• 在“过程”框中,编写或调用过程。

• 单击“编辑”按钮,再单击“确定”按钮,打开一个独立的编辑窗口,然后编写或调用过程。

9.2.7 菜单的修改

菜单创建完成后,难免有不妥之处,此时可以使用“菜单设计器”删除菜单项或增加菜单项。

1. 删除菜单项

删除菜单项的操作步骤如下:

(1) 在“菜单设计器”的菜单列表中,单击要删除的菜单项。

(2) 单击“菜单设计器”中的“删除”按钮,或选择系统菜单中“菜单/删除菜单项”命令。

(3) 在“系统提示”对话框中,单击“是(Y)”按钮,则选中的菜单项被删除。

(4) 选择“文件”菜单中的“保存”选项,可以把改过的菜单项保存到菜单中。

2. 增加菜单项

增加菜单项的操作步骤如下:

(1) 单击“菜单名称”列中的任意一菜单项。

(2) 单击右侧“菜单项”中的“插入”按钮,就可以插入一个菜单项。

(3) 把插入的菜单项保存到菜单中,选择“文件”菜单中的“保存”选项就可以了。

9.2.8 菜单的保存

保存菜单就是将菜单存为磁盘文件,文件名的后缀是.MNX,编译文件名的后缀是.MPX,执行文件名的后缀是.MPR。保存后的菜单,可以像使用应用程序一样来使用它。保存菜单的操作步骤如下:

(1) 单击“文件”菜单中的“保存”选项,屏幕显示“另存为”对话框,如图9.12所示。

(2) 在“另存为”对话框中,选定要保存的目录,再输入要保存的文件名。

(3) 单击“保存”按钮,则菜单被保存。

(4) 在系统的“菜单”菜单项中,选择“生成”命令,屏幕显示“生成菜单”对话框,如图9.13所示。

单击“生成”按钮,就会生成扩展名为.MPR的菜单程序文件。

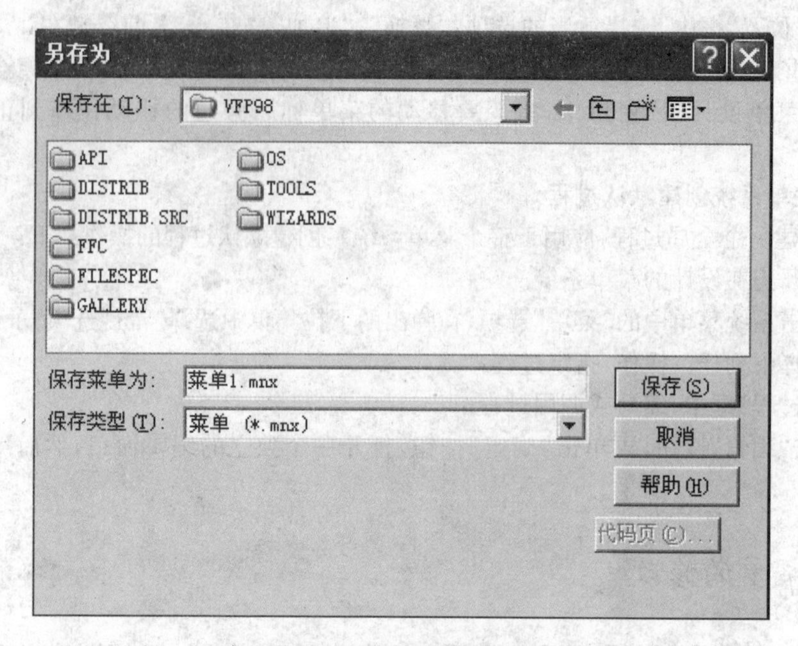

图 9.12 “另存为”对话框

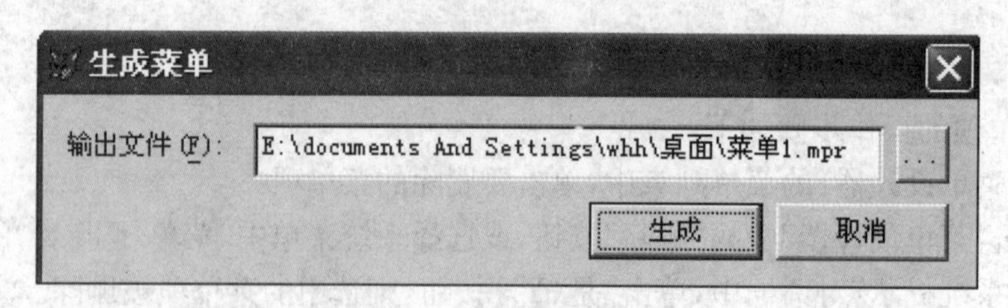

图 9.13 “生成菜单”对话框

9.3 向菜单添加事件代码

9.3.1 向菜单添加“清理”代码

当程序运行时,会发现菜单不能停留在屏幕上,这是因为菜单中没有循环代码来等待用户操作。为了让菜单能停留在屏幕上等待用户选择,需要在菜单的“清理”代码中加入代码“READ EVENTS”。向菜单系统添加清理代码的操作步骤如下:

(1) 打开要添加事件代码的菜单文件,系统进入“菜单设计器”对话框。

(2) 在“显示”菜单中,选择“常规选项”命令,屏幕显示“常规选项”对话框。

(3) 在“菜单代码”区域,选择“清理”复选框,打开“代码”窗口。

(4) 在“常规选项”对话框中,单击“确定”按钮,激活 VFP 为清理代码显示的独立窗口。

(5) 在清理代码窗口中,输入正确的清理代码,例如,输入“READ EVENTS”命令,并按〈Ctrl〉+W 存盘退出,作为应用程序中主程序的菜单。

(6) 关闭此窗口,返回到“菜单设计器”窗口。保存菜单系统时,VFP 同时保存清理代码。

提示:为了保证菜单系统的正常退出,在“清理代码”窗口中,必须输入“READ EVENTS”命令,并按〈Ctrl〉+W 存盘退出;创建和运行菜单程序时,清理代码要紧跟在初始化代码及菜单定义代码之后,在为菜单或菜单项指定的过程代码之前;通过向菜单系统添加清理代码类,可剪裁菜单系统,典型的清理代码包含初始时启用或废止菜单及菜单项的代码。

9.3.2 向菜单系统添加初始化代码

初始化代码可以包含创建环境的代码、定义内存变量的代码、打开所需文件的代码以及使用 PUSH MENU 和 POP MENU 命令来保存或还原菜单系统的代码。向菜单系统添加初始化代码的操作步骤如下:

(1) 打开要添加初始化代码的菜单文件,系统进入“菜单设计器”对话框。

(2) 在“显示”菜单中,选择“常规选项”命令,屏幕显示“常规选项”对话框。

(3) 在“常规选项”对话框的“菜单代码”列表框中,选择“设置”复选框,打开“代码”窗口。

(4) 单击“确定”按钮,系统将显示一个独立的“初始化代码”窗口。

(5) 在“初始化代码”窗口中,输入需要的初始化代码,按〈Ctrl〉+W 键存盘并退出。

(6) 关闭此窗口,返回到“菜单设计器”窗口。保存菜单系统时,VFP 同时保存初始化代码。

9.3.3 启用和废止菜单项

用户可根据逻辑条件启用或废止菜单及菜单项。若要启用或废止菜单及菜单项,可按以下步骤进行:

(1) 在“菜单名称”栏中,单击相应的菜单标题或下拉菜单。

(2) 单击“选项”栏中的按钮,屏幕将显示“提示选项”对话框。

(3) 选择“跳过”复选框右侧的“…”按钮,屏幕显示“表达式生成器”对话框。

(4) 在“跳过”框中,输入表达式,此表达式将用于确定是启用还是停止菜单或菜单项。

如果此表达式取值为“假”(.F.),则废止菜单或菜单项。如果此表达式取值为“真”(.T.),则启用菜单或菜单项。

显示菜单系统后,可以使用 SET SKIP OFF 命令,控制启动或废止菜单及菜单项。

9.3.4 为菜单或菜单项指定任务

选择一个菜单或菜单项时,将执行相应的任务。需要为菜单或菜单项指定一个命令去执行相应的任务。此命令可以是任何有效的 VFP 的一条语句,也可以是一个过程的调用。

1. 指定命令

为菜单或菜单项指定命令的操作步骤如下:

(1) 在“菜单名称”栏中,选择相应的菜单标题或菜单项。

(2) 在“结果”栏中，选择“命令”。

(3) 在“结果”栏右侧的“编辑”框中，输入相应的命令。

如果该命令调用了菜单清理代码中的一个过程，则必须使用具有以下格式的 DO 命令：

DO ProcName IN MenuName

在上述的语法中，ProcName 是要执行的过程名，MenuName 是包含这个过程的菜单文件名，其扩展名是.mpr，而该过程在菜单的清理代码中，必须使用 SET PROCEDURE TO MenuName.mpr 来指定此过程的位置。

2. 指定过程

为菜单或菜单项指定过程的方式取决于菜单或菜单项是否有子菜单。为不含有子菜单的菜单或菜单项指定过程，其操作步骤如下：

(1) 在“菜单名称”栏中，选择相应的菜单标题或菜单项。

(2) 在“结果”栏中选择“过程”，“创建”按钮出现在列表的右侧。如果已定义了一个过程，则这里出现的是“编辑”按钮。

(3) 单击“创建”或“编辑”按钮，屏幕显示“编辑过程”窗口。

(4) 在窗口中输入要执行的代码。

为含有子菜单的菜单或菜单项指定过程，其操作步骤如下：

(1) 在“菜单设计器”的“菜单级”栏中，选择包含相应菜单或菜单项的菜单级。

(2) 为含有子菜单的菜单项指定过程时，系统会将该菜单项的所有子菜单删除。

9.3.5 预览菜单系统

在“菜单设计器”中设计一个菜单时，可以随时单击“预览”按钮或者选中“菜单”菜单中的“预览”菜单项来观察设计的效果。

9.3.6 运行菜单系统

运行菜单系统的操作步骤如下：

(1) 保存该菜单。

(2) 选中系统“程序”菜单中的“运行”菜单项，找到所要运行的菜单程序或者在命令窗口中直接输入命令：DO C:\VFP98\菜单 1.mpr，如图 9.14 所示。

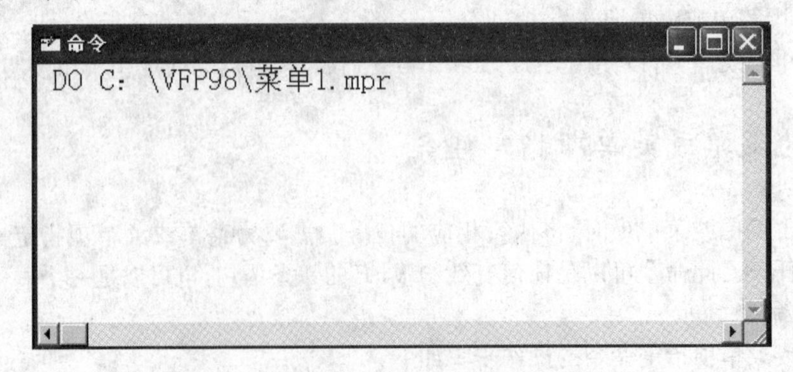

图 9.14 命令窗口

9.4 创建快捷菜单

快捷菜单和普通菜单的创建方法几乎是一样的，但两者的用途却是不同的。所谓快捷菜单，简单地说，就是在屏幕(或控件中)右击鼠标时弹出来的菜单。

下面举一个简单的例子来说明快捷菜单的创建，例如，要创建一个包含“新建表”和“打开数据库”两个菜单项的快捷菜单，具体操作步骤如下：

(1) 单击“文件”菜单中的“新建”命令，弹出“新建”对话框。在“新建”对话框中选中“菜单”单选框，再单击“新建文件”按钮，弹出如图 9.1 所示的“新建菜单”对话框。

(2) 单击“新建菜单”对话框中的“快捷菜单”按钮，弹出如图 9.15 所示的“快捷菜单设计器”对话框。

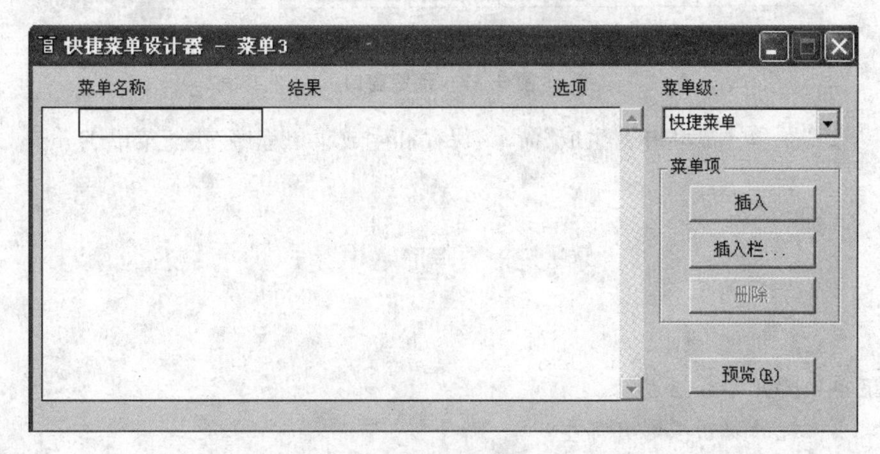

图 9.15 “快捷菜单设计器”对话框

(3) 在“快捷菜单设计器”对话框中设置两个菜单项：“新建表”和“打开数据库”，如图9.16所示。其中“create”命令用于创建新表，打开表设计器；“open database”命令用于打开数据库文件。

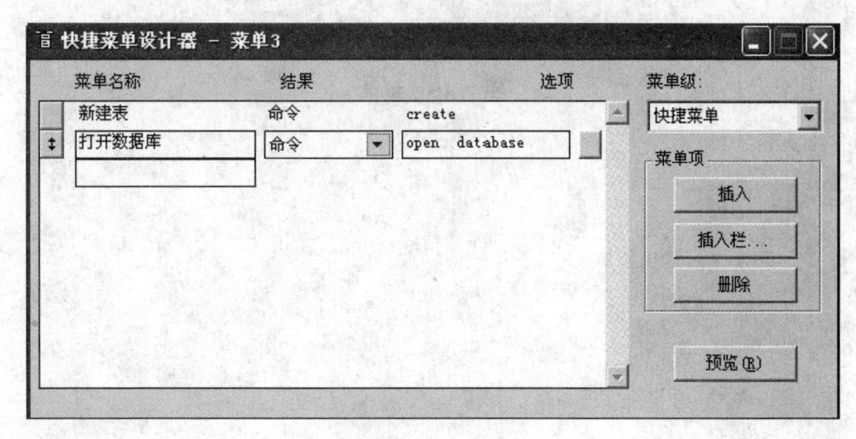

图 9.16 录入菜单

(4) 单击“预览”按钮，弹出如图 9.17 所示的预览窗口。

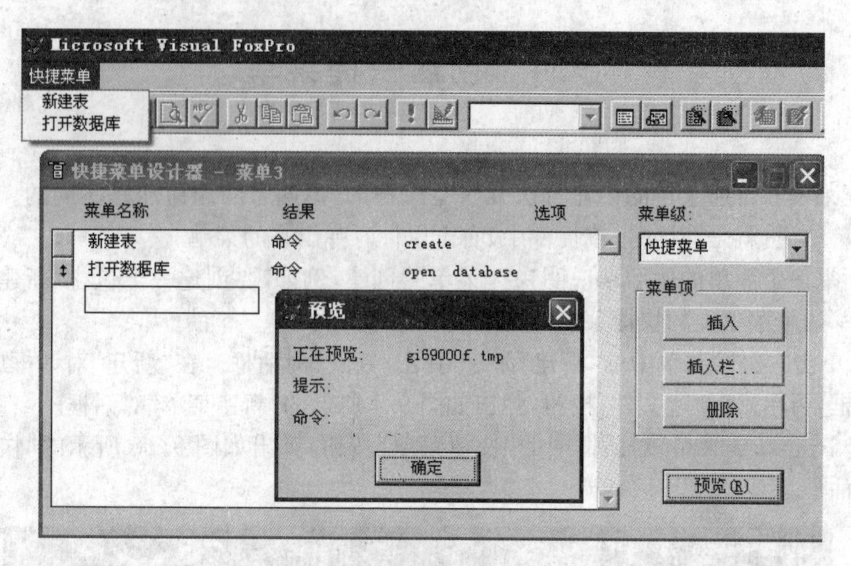

图 9.17 预览窗口

(5) 单击“菜单”菜单中的“生成”命令，保存和生成菜单程序：快捷菜单 1.mpr。

习 题 9

1. 菜单由哪几部分组成？
2. 菜单系统的规划原则有哪些？
3. 利用菜单设计器设计如图 9.18 所示菜单。

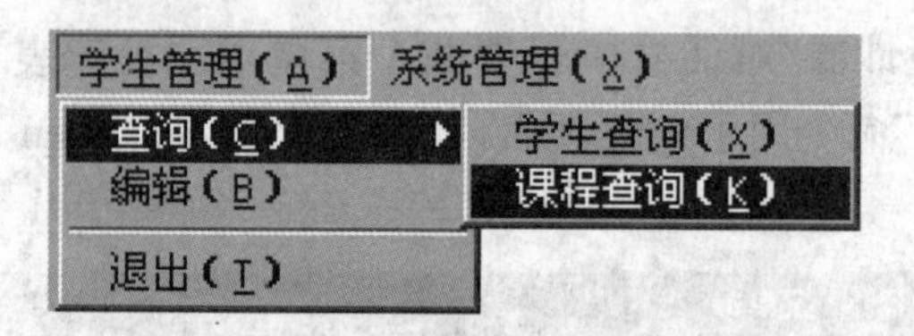

图 9.18 菜单

第10章 报表设计

本章导读

设计数据库系统时，经常需要通过报表显示数据并将处理结果打印输出。在 Visual FoxPro 6.0 中，借助于“报表向导”和“报表设计器”可以轻松地设计报表，解决报表打印问题。本章主要介绍 Visual FoxPro 报表文件的建立与相关工具的使用。

知识点

- 报表的创建
- 报表设计器的使用

10.1 报表设计简介

报表是指由若干行、列组成的表格，是数据库中输出数据的一种特殊方式。报表具有数据源和布局两个基本组成部分，数据源通常是表、视图、查询或临时表，报表布局则定义了报表的打印格式。

报表文件的扩展名为.frx，它用于存储报表的详细信息。每个报表文件还有扩展名为.frt的相关文件。报表文件不存储每个数据字段的值，而只是存储一个特定报表的位置和格式信息。每次运行报表，值都可能不同，这取决于报表文件所用数据源的字段内容是否更改。

报表可以是一个简单的统计报表，也可能是一张复杂的清单，因此在创建报表之前，必须先确定报表样式。表10.1列出了一些常用的报表布局类型。

表10.1 报表的常用布局

报表样式	说 明	例 子
列报表	每行输出一个记录，记录字段的值按水平位置	学生成绩单、统计报表
行报表	每条记录的字段在一侧竖直放置	货物清单、产品目录
一对多报表	一条记录对应的多条记录	发票、财务状况报表
多栏报表	每条记录的字段沿左侧边缘竖直放置	电话簿、名片

10.2 报表向导的使用

“报表向导”是创建报表的最简单的方法，只需根据提示信息按步骤操作即可完成。

10.2.1 报表向导的启用

下面介绍启动报表向导的4种方法：

(1) 在“项目管理器”的“文档”选项卡中，选择“报表”，单击“新建”按钮，弹出“新建报表”对话框，如图10.1所示，再单击“报表向导”按钮。

(2)单击“文件”菜单中的“新建”菜单项，在文件类型栏中选择“报表”，然后单击“向导”按钮。

(3)单击“工具”菜单栏中的“向导”子菜单，选择“报表”。

(4)单击工具栏上的“报表”按钮，也可启动报表向导。

采用以上4种方法都可启动报表向导，弹出报表“向导选取”对话框，如图10.2所示。

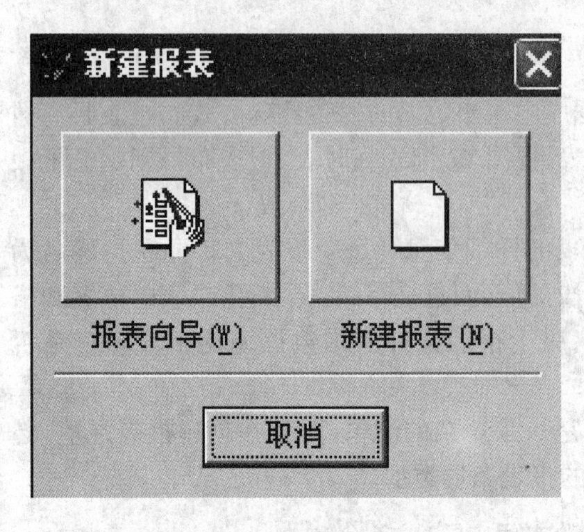

图10.1 “新建报表”对话框

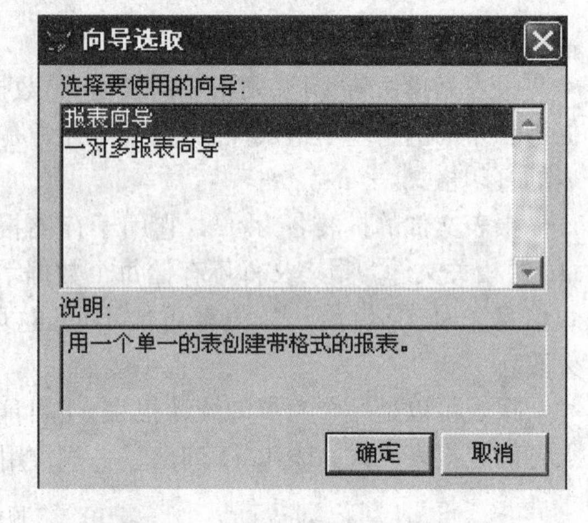

图10.2 报表“向导选取”对话框

10.2.2 报表向导的操作步骤

下面以“学生情况表.dbf”表作为数据源，使用报表向导创建一个报表，具体操作步骤如下：

(1) 用以上介绍的4种方法之一，打开“向导选取”对话框，并选择“报表向导”，单击“确定”，进入“报表向导”对话框，如图10.3所示。

(2) 在如图10.3所示对话框中，在“数据库和表”列表中找到“学生情况表”并选中，将“可用字段”列表框中的字段移到“选定字段”列表框中，单击“下一步”，进入“步骤2-分组记录”对话框。本例的“选定字段”为：“学号”、“姓名”、“性别”、“入学成绩”。

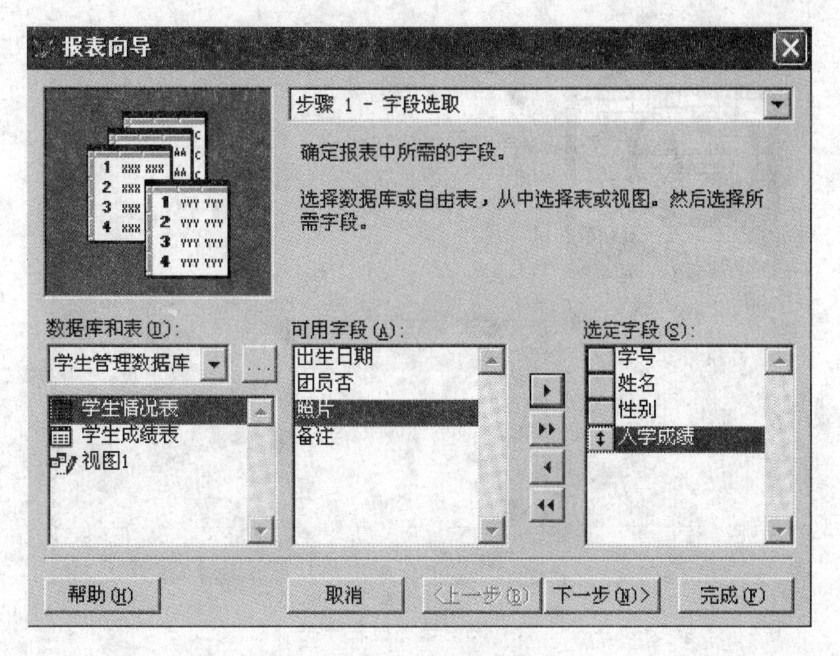

图 10.3　字段选取

(3) 在“步骤 2-分组记录”对话框中，要确定记录分组方式。分组最多有 3 层，分别在图 10.4 所示窗口中的 1、2、3 处选取分组字段。如果不分组，则单击“下一步”即可。本例中是按“性别”进行分组，如图 10.4 所示。

(4) 在“步骤 3-选取报表样式”对话框中，有 5 种报表样式可供选择。本例选择“帐务式”，如图 10.5 所示。单击“下一步”，进入报表向导“步骤 4-定义报表布局”对话框。

(5)在“步骤 4-定义报表布局”对话框中，可根据需要确定报表布局。布局包括确定列数、方向和字段布局这 3 个方面的设定。本例中，方向选择“横向”，如图 10.6 所示。单击“下一步”，进入报表向导“步骤 5-排序记录”对话框。

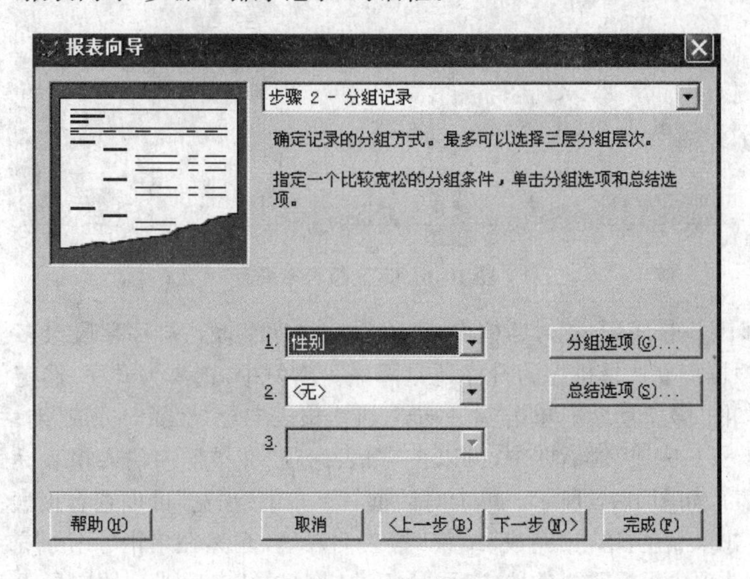

图 10.4　分组记录

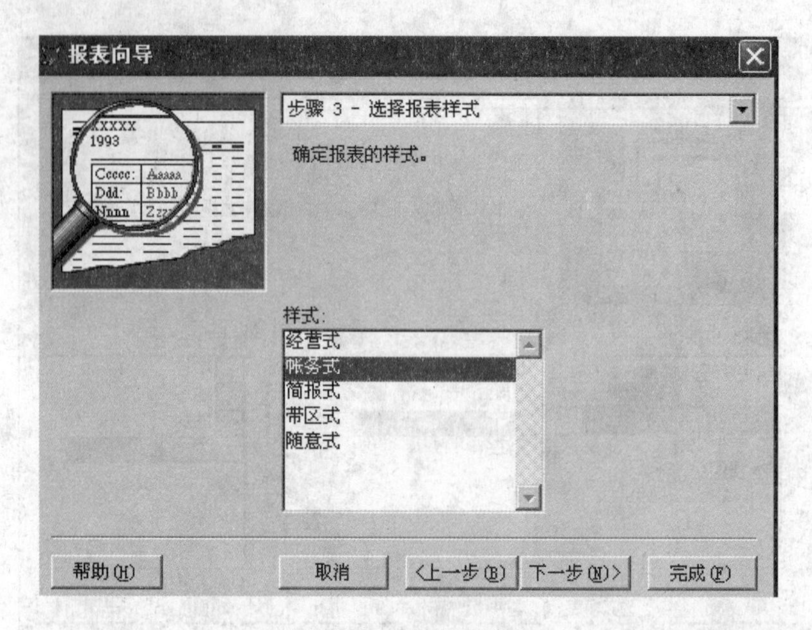

图 10.5　选择报表样式

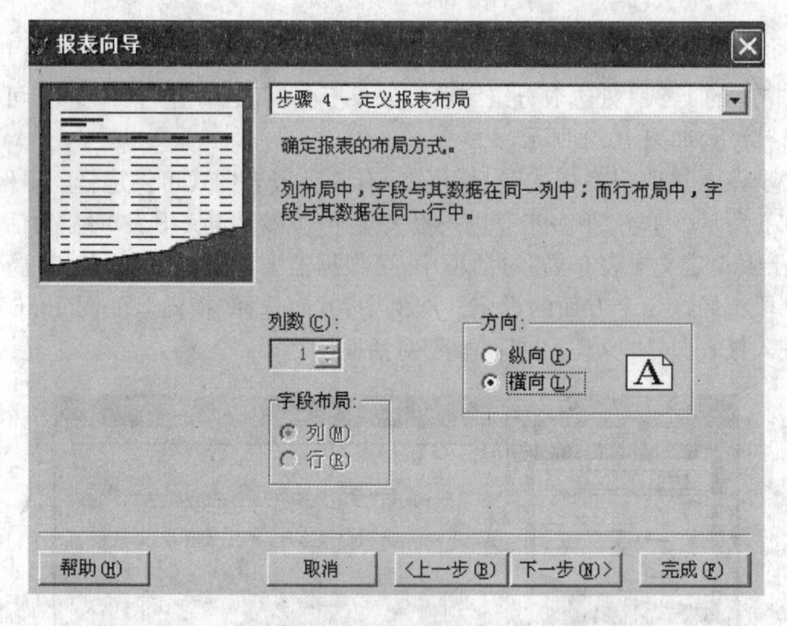

图 10.6　定义报表布局

(6) 在"步骤 5-排序记录"对话框中,可以设定排序字段。排序字段最多只能有 3 个索引字段,还可根据需要选择排序为升序还是降序。本例中,选择为升序,选定的排序字段为"入学成绩",如图 10.7 所示。单击"下一步",进入报表向导"步骤 6-完成"对话框。

(7) 在"步骤 6-完成"对话框中,可以在"报表标题"文本框中输入报表标题。本例中输入"学生情况表",如图 10.8 所示。单击对话框右下角的"预览"可以查看报表设置的外观是否满足要求。如果满足,单击"完成"结束"报表向导"。当然在单击"完成"前,要在图 10.8 中的 3 个单项选项中根据需要选取一项,从而决定向导结束后对利用向导设计的报表如何处理。

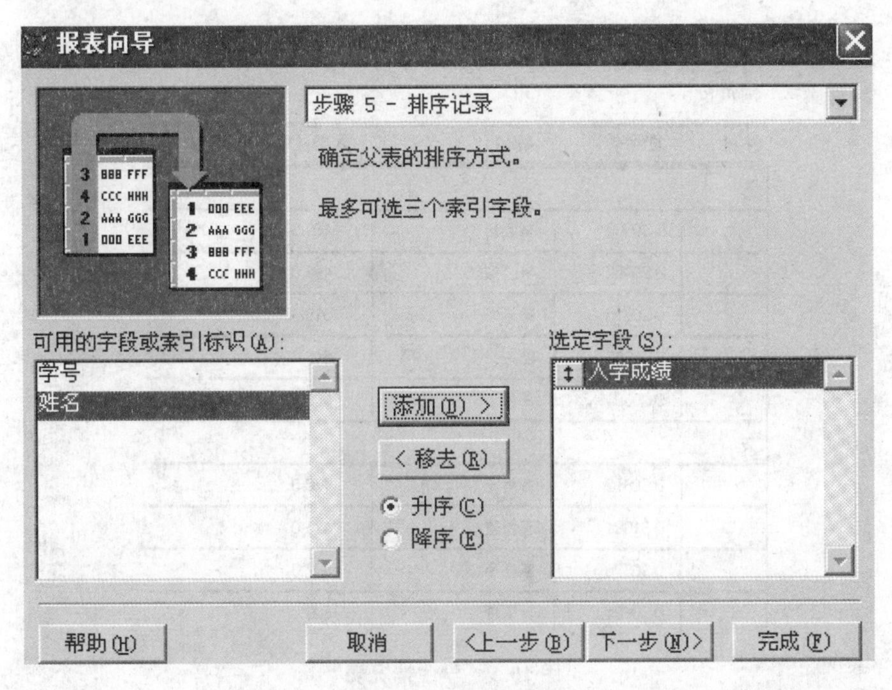

图 10.7　排序记录

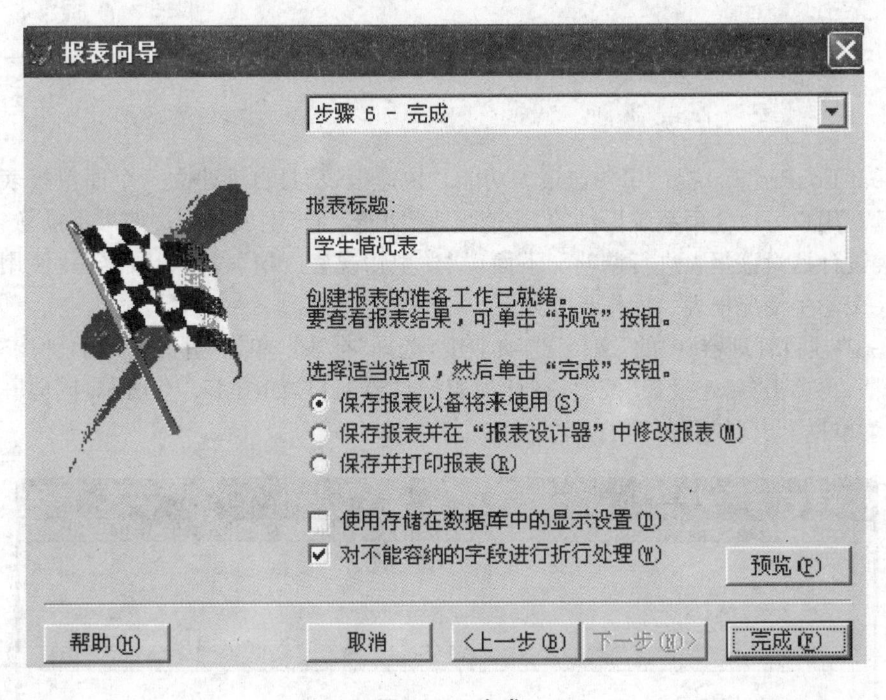

图 10.8　完成

(8) 设计的报表运行界面如图 10.9 所示。

学生情况表

04/06/10

性别	学号	姓名	入学成绩
男			
	DS0506	李国豫	490.0
	DS0802	韦国安	495.0
	DS0515	梁建华	510.0
	DS1003	陆涛	515.0
	DS0601	王哲	568.0
女			
	DS0812	农雨英	470.0
	DS1001	莫慧霞	475.0
	DS0520	覃丽萍	507.0
	DS0501	罗晓丹	520.0

图 10.9　学生情况表

10.3　快速报表

Visual FoxPro 6.0 提供了快速报表功能,“快速报表”是自动建立一个简单报表布局的快速工具。用户可以使用系统提供的“快速报表”功能,初步生成报表。如果不满意,则可以利用报表设计器对该报表进行调整。下面以“学生情况表.dbf”表作为数据源,使用快速报表创建一个学生情况报表。操作步骤如下:

(1) 在“项目管理器”中的“文档”选项卡中,选择“报表”,单击“新建”按钮,弹出“新建报表”对话框,再单击“新建报表”按钮,打开报表设计器窗口,如图 10.10 所示,同时在 Visual FoxPro 菜单栏上出现“报表”菜单。

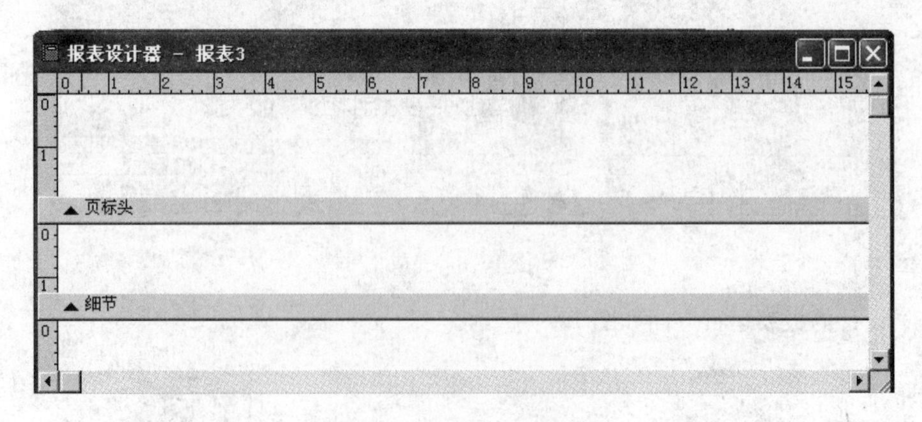

图 10.10　报表设计器窗口

（2）单击“报表”菜单中的“快速报表”菜单项，弹出“打开”对话框，选择所需使用的表后，再单击“确定”按钮。本例选择“学生情况表.dbf”表作为数据源，如图 10.11 所示。

（3）在“快速报表”对话框中，可以输入标题、添加别名，如图 10.12 所示。

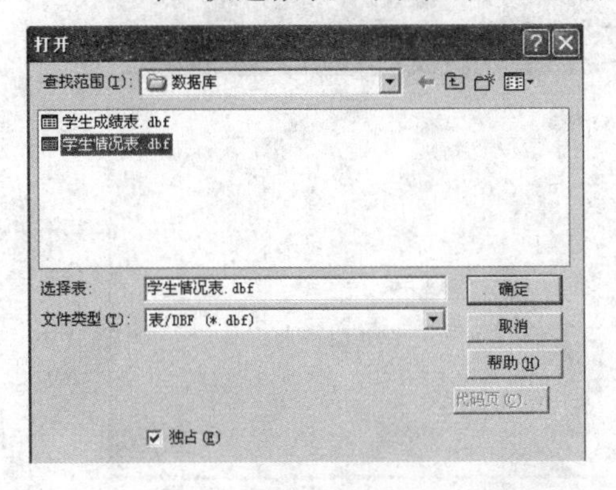

图 10.11 “打开”对话框

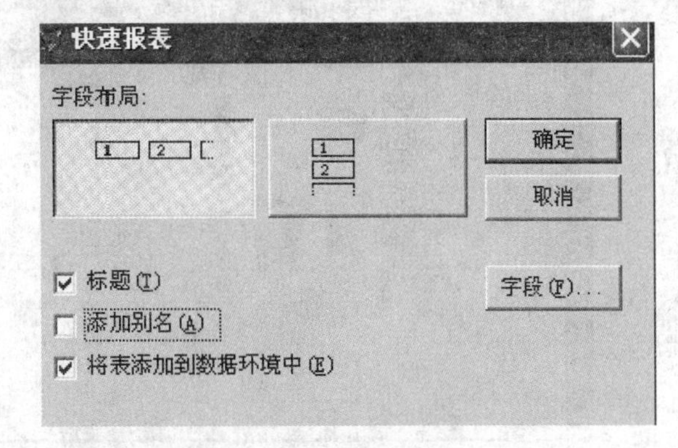

图 10.12 “快速报表”对话框

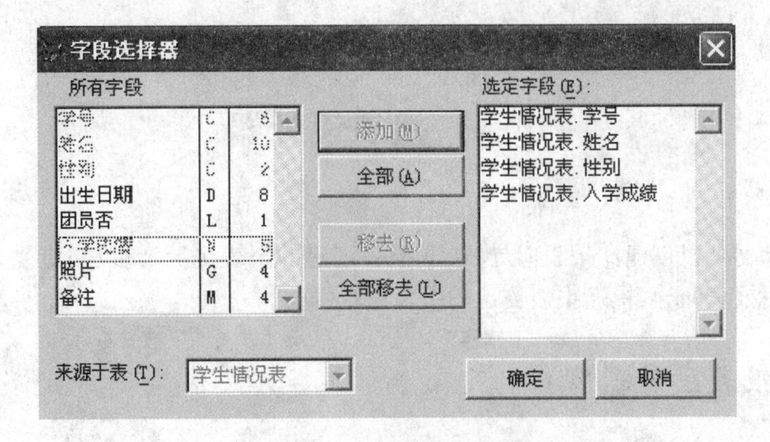

图 10.13 “字段选择器”对话框

（4）单击“字段”按钮，进入“字段选择器”对话框，选择所需要的字段。本例中选择“学号”、“姓名”、“性别”、“入学成绩”四个字段。如图 10.13 所示。

（5）在“快速报表”对话框中，选择“确定”按钮，系统会根据用户的选择创建一个快速报表，如图 10.14 所示。

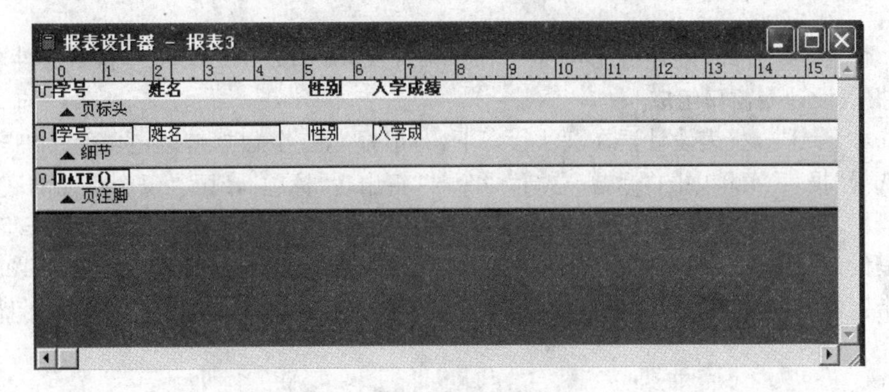

图 10.14 创建快速报表

（6）关闭“报表设计器”，在“项目管理器”中，选择刚设计出的报表，然后选择“预览”，可以预览刚才生成的报表。本例生成的“学生情况报表”如图 10.15 所示。

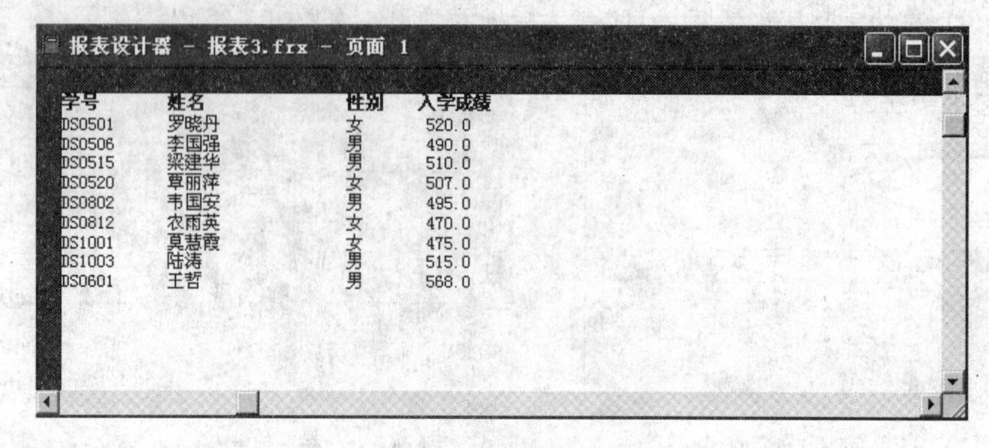

学号	姓名	性别	入学成绩
DS0501	罗晓丹	女	520.0
DS0506	李国强	男	490.0
DS0515	梁建华	男	510.0
DS0520	覃丽萍	女	507.0
DS0802	韦国安	男	495.0
DS0812	农雨英	女	470.0
DS1001	莫慧霞	女	475.0
DS1003	陆涛	男	515.0
DS0601	王哲	男	568.0

图 10.15　快速报表预览

10.4　报表设计器

报表设计器可以创建比报表向导、快速报表创建的报表更灵活多样、更复杂的报表，它还可以将已由报表向导、快速报表创建的报表进行修改。

10.4.1　报表设计器窗口

1. 启动报表设计器

启动报表设计器方法很多，常用的有以下三种：

（1）打开“项目管理器”，选择“文档”选项卡中的“报表”选项，单击“新建”按钮，在弹出的“新建报表”对话框中单击“新建报表”按钮，即可打开报表设计器，如图 10.10 所示。

（2）打开“文件”菜单中的“新建”命令，在文件类型栏中选择“报表”，然后单击“新建文件”按钮。

（3）通过命令方式打开报表设计器。命令格式：**CREATE REPORT** [〈**报表文件名**〉]。

2. 报表设计器窗口组成

Visual FoxPro 报表设计器在默认状态下，一般显示三个数据带区：页标头、细节、页注脚。当选择“报表”菜单中的“标题/总结”命令时，将出现“标题”带区。每个带区的底部都有一个分隔栏。各分隔栏左侧有一个向上的蓝箭头，表示此带区位于分隔栏之上。

报表设计器里除了图 10.10 所示的三个默认带区之外，还可向报表中添加表 10.2 所列的其他带区。它们表示的意义各不相同，用户可根据自己的需要来确定选用哪个带区。

表 10.2 报表可选带区及作用

带区	表示内容	使用方法
标题	标题、日期等	"报表"菜单中选择"标题/总结"
列标头	列标题	"文件"菜单中选择"页面设置",设置"列数">1
组标头	数据前面的提示说明文本	"报表"菜单中选择"数据分组"
组注脚	分组数据的计算结果	"报表"菜单中选择"数据分组"
列注脚	总结和总计	"文件"菜单中选择"页面设置"
总结	总结	"报表"菜单中选择"标题/总结"

10.4.2 报表设计工具

Visual FoxPro 6.0 提供了"报表控件"工具栏(如图 10.16 所示)、"报表设计器"工具栏(如图 10.17 所示)和"布局"工具栏(如图 10.18 所示)等来帮助用户设计报表。若打开系统后没有显示这些工具,可以选择"显示"菜单中的"工具栏"选项,在弹出的"工具栏"对话框内,选择相应的工具,如图 10.19 所示。

图 10.16 "报表控件"工具栏

图 10.17 "报表设计器"工具栏

图 10.18 "布局"工具栏

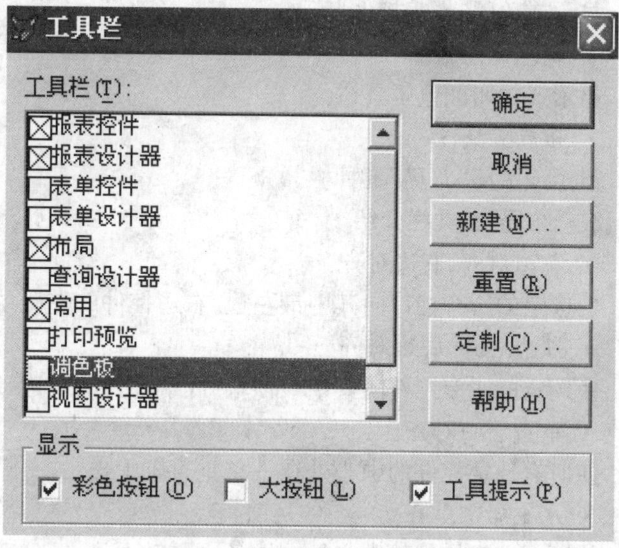

图 10.19 "工具栏"对话框

1. “报表控件”工具栏介绍

• 选定对象控件

移动或更改控件的大小，创建一个控件后，系统会自动选定对象按钮，除非选中“按钮锁定”按钮。

• 标签控件

在报表上创建一个标签控件，用于显示与记录无关的数据。

• 域控件

用于显示字段、内存变量或其他表达式的内容。

• 线条控件

用于设计各种各样的线条。

• 矩形控件

用于画各种矩形。

• 圆角矩形控件

用于画各种椭圆形和圆形矩形。

• 图片/ActiveX 绑定控件

用于显示图片和通用型字段。

• 按钮锁定控件

用于多次添加同一类型的控件而不用重复选定同一类型的控件。

2. “报表设计器”工具栏介绍

• 数据分组

显示“数据分组”对话框，用于创建数据分组及指定其属性。

• 数据环境

显示报表的“数据环境设计器”窗口。

• 报表控件控制

显示或关闭“报表控件”工具栏。

• 调色板控制

显示或关闭颜色工具栏。

• 布局工具

显示或关闭“布局”工具栏。

3. “布局”工具栏介绍

• 左边对齐、右边对齐

使选定的所有控件向其中最左边/右边控件的左侧/右侧对齐。

• 顶边对齐、底边对齐

使选定的所有控件向其中最顶端/底端控件的顶边/底边对齐。

• 垂直居中对齐

使所有选定控件的中心处在一条垂直轴上。

• 水平居中对齐

使所有选定控件的中心处在一条水平轴上。

• 水平居中、垂直居中

使所有选定控件的中心处在带区水平/垂直方向的中间位置。

• 相同宽度

将所有选定控件的宽度调整到与其中最宽控件相同。

• 相同高度

将所有选定控件的高度调整到与其中最高控件相同。

• 相同大小

使所有选定控件具有相同的大小。

• 置前

将选定控件移至其他控件的最上层。

• 置后

将选定控件移至其他控件的最下层。

10.4.3 报表控件的使用

"报表控件"工具栏设计报表时是最常用的工具之一,下面介绍如何在报表中使用这些控件。

1. 选定对象

单击"选定对象"按钮,光标变为。当选定某一个操作对象时,被选定的对象四周会出现控制点。若要选定一批对象,则需先单击"选定对象"按钮,再用鼠标拖拽的方法选择某一范围,如图 10.20(a)所示,松开鼠标后,该范围中的对象即被选中,如图 10.20(b)所示。用户可对这些对象进行移动、修改及编辑等相关操作。

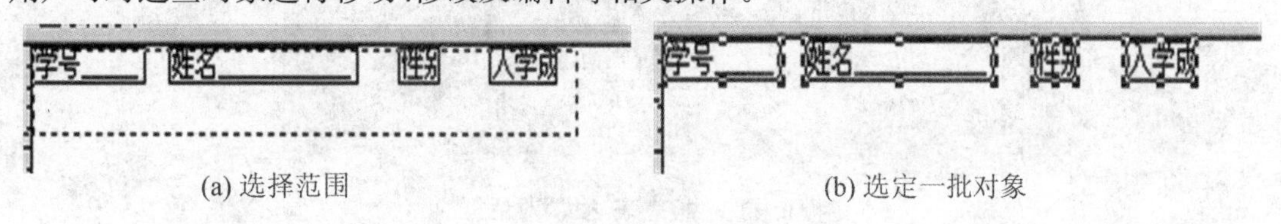

(a) 选择范围　　(b) 选定一批对象

图 10.20

2. 标签

单击"标签"按钮A,光标变为I,可用来在各带区内增添文本标签,输出说明文字、标题等内容。双击"标签"控件,可以打开"文本"对话框,如图 10.21 所示,可在其中设置对象的位置,输入注释信息,单击"打印条件"按钮,将打开"打印条件"对话框,如图 10.22 所示。

3. 域控件

单击"域控件"按钮abl,光标变为+,可用来在细节带区内增添字段域名。选择此按钮后,将光标移到要放置域控件的位置单击,将打开"报表表达式"对话框,如图 10.23 所示。

在"表达式"文本框中直接输入字段名称,单击其后面的"…"按钮,可以打开"表达式生成器"设置表达式,如图 10.24 所示。

输入字段表达式后,可以在"格式"文本框中输入显示表达式的格式。单击后面的"…"按钮,可以打开"格式"对话框,如图 10.25 所示。

在"报表表达式"对话框中单击"计算"按钮,将打开"计算字段"对话框,如图 10.26 所示,可在域控件中输出选择字段表达式的计算结果。

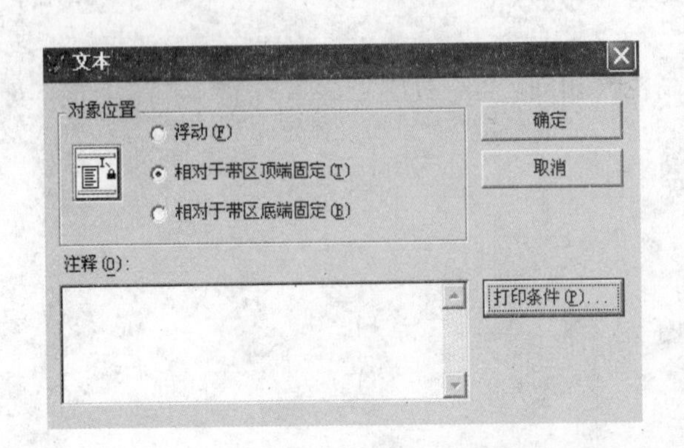

图 10.21 “文本”对话框

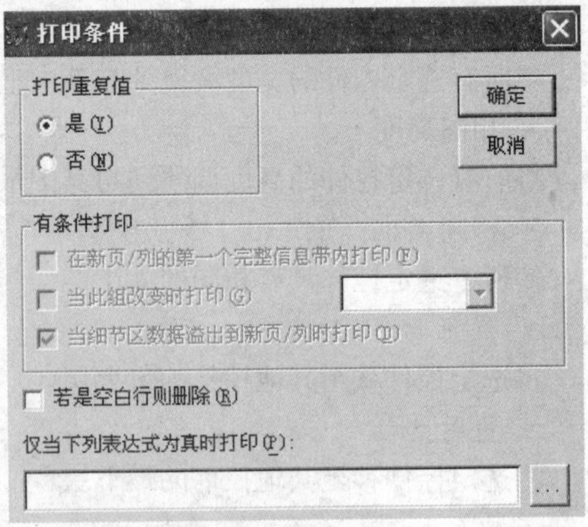

图 10.22 “打印条件”对话框

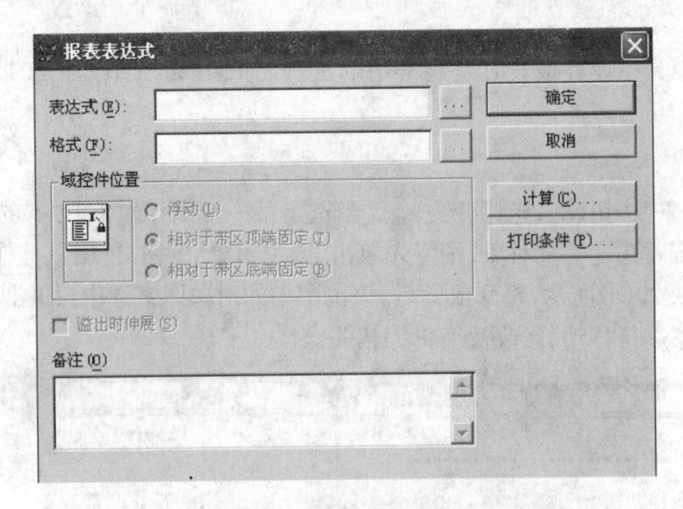

图 10.23 “报表表达式”对话框

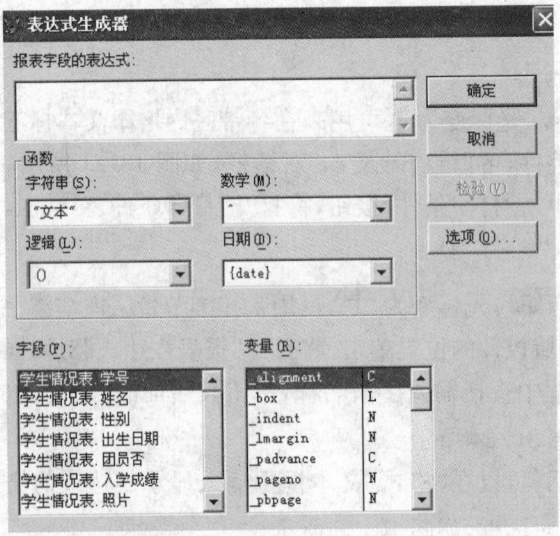

图 10.24 “表达式生成器”对话框

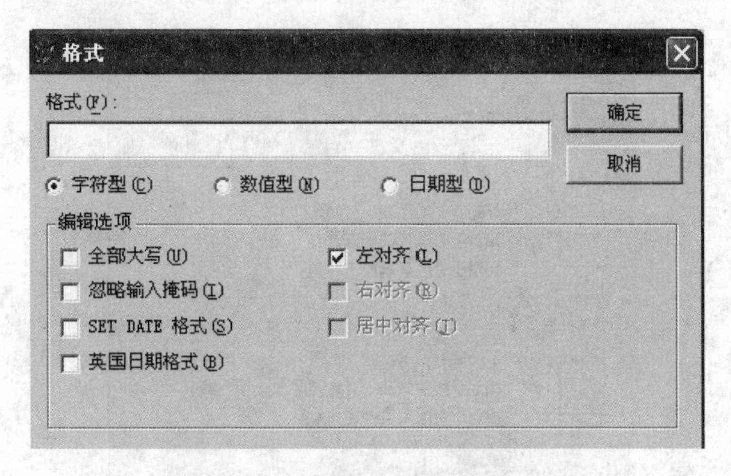

图 10.25 “格式”对话框

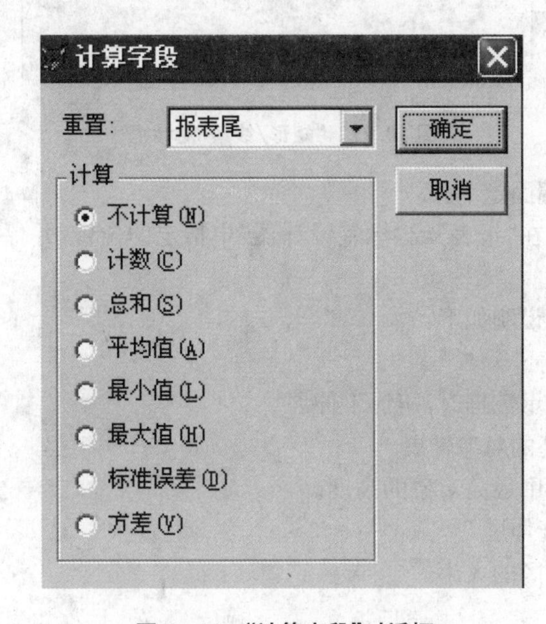

图 10.26 “计算字段”对话框

4. 线条

单击“线条”按钮┼,光标变为十,用来画分隔线、表格线等各种样式的线条。双击“线条”控件,将弹出“矩形/线条”对话框,如图 10.27 所示。

在“矩形/线条”对话框中,可以设置矩形和线条控件的打印条件、对象位置、向下伸展和注释等。

“对象位置”选项的说明如下:

• 浮动

指定所选择的线条或矩形控件相对于周围字段的大小而移动。

• 相对于带区顶端固定

使线条或矩形保持在“报表”或“标签设计器”中指定的位置,并保持其在相对于带区顶端的位置。

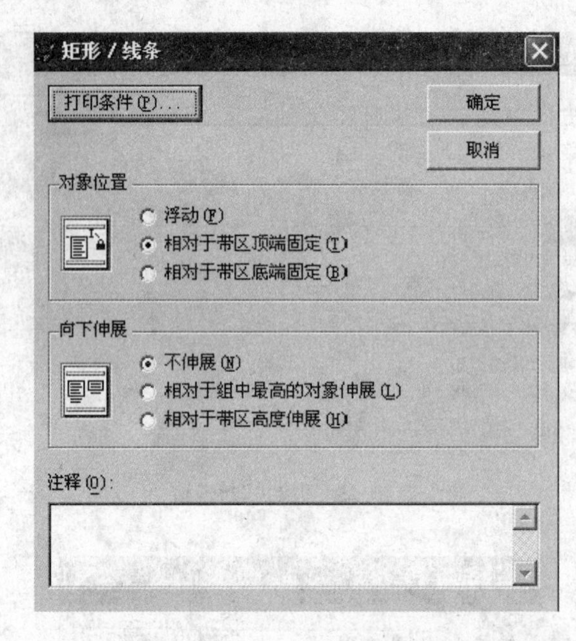

图 10.27 “矩形/线条”对话框

• 相对于带区底端固定

使线条或矩形保持在“报表”或“标签设计器”中指定的位置，并保持其在相对于带区底端的位置。

“向下伸展”选项的说明如下：

• 不伸展

指定当带区伸展显示数据时，矩形不伸展。

• 相对于组中最高的对象伸展

指定矩形伸展到组中最高对象的高度。

• 相对于带区高度伸展

指定矩形伸展到带区的大小。

5. 矩形、圆角矩形

单击“矩形”按钮■，光标变为十，用来画各种样式的矩形。

单击“圆角矩形”按钮●，光标变为十，用来画各种圆角矩形。

其相关操作同“线条”控件相类似。

6. 图片/ActiveX 绑定控件

单击“图片/ActiveX 绑定控件”按钮，光标变为十，用来插入用户所需的图片，该图片可取自文件，也可取自字段，具体操作方法如下：

(1) 单击“图片/ActiveX 绑定控件”按钮。

(2) 用鼠标拖拽的方法选定存放图片的位置、大小，出现如图 10.28 所示的对话框。

(3) 在“图片来源”选项框中有两个单选项，一个是“文件”选项，主要用来选择图片文件插入到报表中；另一个是“字段”选项，主要用来选择某字段中的图片。用户可根据需要选择其中的某个单选项，可直接输入图片文件名或字段名，也可通过右侧的“...”按钮进行选择。

(4) “假如图片和图文框的大小不一致”选项框中有 3 个单选项，说明如下：

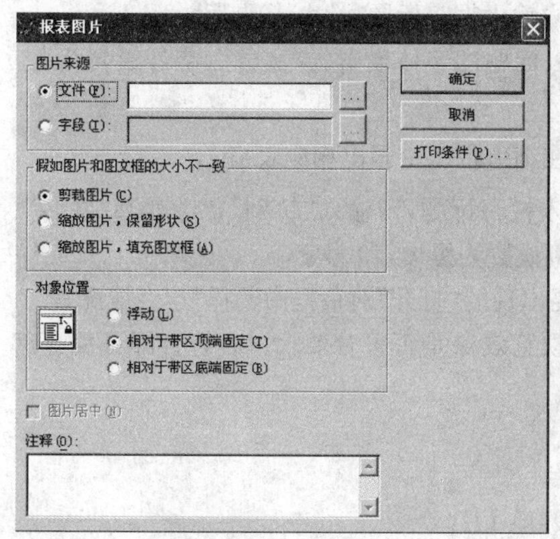

图 10.28 “报表图片”对话框

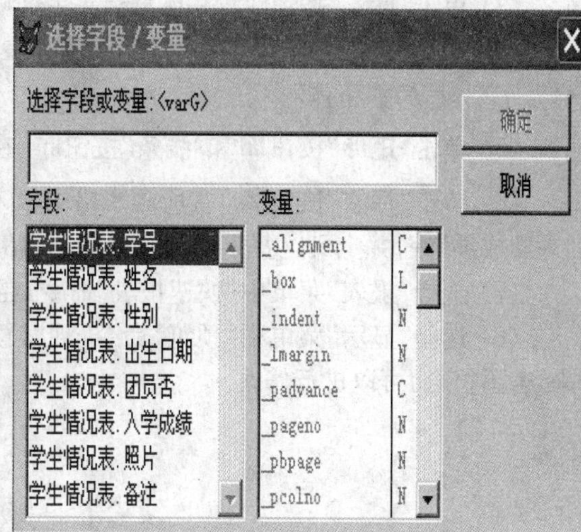

图 10.29 “选择字段/变量”对话框

- 剪裁图片

图片将保持原有大小，图文框中只显示图片的部分内容。图片将以图文框的左上角为基准点，超出图文框的右下部分不显示。

- 缩放图片，保留形状

显示整个图片，在保持图片相对比例不变的条件下尽量填满图文框。这可防止图片的纵向或横向变形。

- 缩放图片，填充图文框

显示整个图片，完全填满图文框。图片通过纵向或横向变形来填满图文框。

例如，需要输出如图 10.30 所示的报表，具体操作方法如下：

(1) 选择“文件”菜单中“新建”命令，打开“新建”对话框。

(2) 选择“报表”选项后，打开“报表控件”工具栏。

报表设计器 - 学生情况表.frx - 页面 1

学生情况表

04/13/10

性别	学号	姓名	入学成绩
男	DS0506	李国强	490.0
男	DS0802	韦国安	495.0
男	DS0515	梁建华	510.0

图 10.30 学生情况表

(3) 单击“标签”按钮**A**,并在页标头带区内输入报表标题“学生情况表”。

(4) 选择“格式”菜单中“字体”命令,将报表标题的字体设置为“黑体”,字号设置为“三号”,字型设置为“粗体”。

(5) 单击“矩形”按钮■和“线条”按钮+,在细节带区中画出相应表格。

(6) 单击“标签”按钮**A**,在所画表格中输入栏目标题,即输入“性别”、“学号”、“姓名”、“入学成绩”等,并定义这些字的相应格式。本例设置为黑体,10 号字。

(7) 选择“报表”菜单中“快速报表”命令,在出现的“打开”对话框中选择“学生情况表”。

(8) 选择“显示”菜单中“预览”命令,观察预览效果是否符合要求。若符合即可保存起来,若不符合,可以进行修改。

习 题 10

一、选择题

1. 报表的数据源(　　)。
   A. 只能是视图　　B. 只能是表
   C. 只能是查询　　D. 既能是表,也可以是视图
2. 利用报表设计器创建报表时,系统默认的三个带区是(　　)。
   A. 页标头、细节和页注脚　　B. 页标头、细节和总结
   C. 标题、细节和列注脚　　D. 组标头、细节和总结
3. 下列关于报表带区及其作用的叙述,错误的是(　　)。
   A. 对于“页标头”带区,系统打印一次该带区所包含的内容
   B. 对于“标题”带区,系统只在报表开始时打印一次该带区所包含的内容
   C. 对于“细节”带区,每条记录的内容只打印一次
   D. 对于“组标头”带区,系统将在数据分组时打印一次该内容
4. 在 Visual FoxPro 6.0 中,报表由(　　)两个基本部分组成。
   A. 视图和布局　　B. 数据表和布局
   C. 数据源和布局　　D. 数据库和布局
5. 报表的布局为行报表、列报表和(　　)。
   A. 多列报表　　B. 标签报表
   C. 一对多报表　　D. 以上皆是

二、填空题

1. 在报表的控件中,可用于显示字段、内存变量或其他表达式的控件为________。
2. 报表文件的扩展名为________。

3. 创建报表有3种方法,即________、________、________。

4. 使用“快速报表”创建报表,仅需________和设定报表布局。

三、简答题

1. 报表布局通常包括哪几种?

2. 如何创建报表?

3. 报表的控件有哪些?分别有哪些功能?

第11章　应用系统的开发与设计

本章导读

本章主要介绍应用系统开发的一般过程、系统的总体规划、系统功能模块的设计和组装；并利用和综合前面所学的内容，重点介绍了一个系统实例：学生管理系统的设计与开发过程。

知识点

- 系统开发的一般过程
- 系统总体规划
- 系统主要功能模块的设计
- 系统主要功能模块的组装
- 学生管理系统设计实例

11.1　应用系统开发的一般过程

要开发一个软件项目，应该首先搞清楚这个项目应具有什么功能，需要一些什么表，数据流程如何，等等，这样才能使整个软件开发的过程比较顺利，否则会给后面的软件开发、修改、维护等带来麻烦。因此在开发软件之前，应该先做系统分析，使之符合软件开发的一般规律。从软件工程的角度讲，应用系统开发一般要经过需求分析、概要设计、详细设计、编码、测试、安装及维护6个阶段。

1. 需求分析阶段

进行需求分析，主要是找出开发本软件的目的、所需的各种功能等，并形成一个系统的分析文档。在VFP中，该文档虽然并不是软件本身的一部分，但也属于本软件开发的文档，应该将其放在项目管理器中。如果在软件编译时不需要把文件编译到.EXE文件中，可执行以下操作：

(1) 用右键单击该文件。

(2) 在弹出的菜单中，选择排除。

(3) 在这之后会在该文件左边看到一个符号“Φ”，表示该文件已被排除到软件之外了。

在本阶段，信息收集是决定系统开发可行性的重要环节。程序设计者要通过对应用系统所需信息的收集，确定应用系统的总目标、应用系统开发的总体思路及开发所需的时间等。在这个阶段，开发方与用户方的深入交流是项目获得成功的关键，项目管理的重要目标便是建立一个便于开发方与用户方之间进行交流的环境。

2. 概要设计阶段

这个阶段主要是将系统需求分析的结果模块化，并把系统的数据流向等关系搞明白。最好画出一个程序的流程图，把整个项目的框架设计出来。比如对学生管理系统来说，就要考虑需要哪些模块，每个模块大体需要完成哪些功能，以及它们之间有什么关系，等等。

3. 详细设计阶段

这个阶段是在系统的模块化的基础上，把系统的功能具体化，逐步完善系统的功能需求。这个阶段要为具体的设计打好基础。

4. 编码阶段

这个阶段是系统具体设计的实施阶段，就是将系统需要具有的功能通过编码具体实现的一个过程。这个过程同时还包括设计封面、校验系统实现容错等。在本阶段，要按系统论的思想，把程序对象视为一个大的系统。将这个系统分成若干小系统，保证主控模块能够控制各个功能模块。

一般采用"自顶向下"的设计思想开发主控模块，并逐级控制更低一层的模块。每一个模块执行一个独立精确的任务，且受控于主控模块。

编写程序时要坚持使程序易阅读、易维护及易修改的原则，并使过程和函数尽量小而简明，尽量减少模块间的接口数目。

5. 测试阶段

当完成编码之后，要对系统进行反复的测试，保证正确实现各种功能，保证系统整体的正确无误。例如，输入合法数据时是否反映正确，对于非法的数据是否具有容错能力等。只有顺利通过测试阶段的系统，才能投入实际使用。

6. 安装及维护阶段

用 VFP 编写的软件有时还需要进行连编和发布，如制作成可执行文件。这些内容将在后面介绍。

以上介绍的设计软件的大概过程，主要是针对使用 VFP 进行小项目设计的方法，如果要设计大的软件项目，还需要更复杂的论证和研究。

11.2 应用系统总体规划

应用系统总体规划的设计，是系统开发的初始，也是整个设计的关键。一个好的系统总体规划，对整个应用系统开发过程起着积极的作用。

一个较完善的应用系统应具有以下不同功能的模块：

(1) 应用系统主程序。应用系统主程序是整个系统最高一级的程序。通过这个程序，可以启动系统、了解系统总体功能。

(2) 应用系统工具栏。应用系统工具栏是为更方便地实现系统功能而提供的工具。利用系统提供的工具，可以完成对系统各功能部件的操作。

(3) 应用系统菜单。系统菜单是为用户设计的控制系统操作的菜单。使用系统菜单可以快捷、方便地实现对系统的全部操作。

(4) 应用系统登录表单。系统登录表单是用来控制操作员使用系统的口令和输入的窗口。通过程序设计者提供的保密口令可以安全可靠地使用系统，通过系统的口令也可以分级实现系统功能。

(5) 应用系统数据库。系统数据库是系统的数据资源，是整个系统运行过程中全部数据的来源。通过数据资源，可以为系统提供必要的数据资料。在进行系统开发时，首先要设计数据库，设计好数据库中诸多数据表，设计好数据表间的关联关系，设计好数据表的结构，然后再设计好由数据库资源生成的视图文件及查询文件等。

(6) 应用系统数据输入表单。系统数据输入表单是原始数据输入窗口。通过数据输入窗口，可以准确、快捷地输入原始数据信息。

(7) 应用系统数据维护表单。系统数据维护表单是用来维护系统全部数据资源的窗口。通过数据维护表单，可以修改、删除、增加或显示数据。

(8) 应用系统数据检索表单。系统数据检索表单是系统进行数据信息检索的窗口。通过该表单，可以查找、发布、浏览或输出数据。

(9) 应用系统帮助表单。系统帮助表单是系统操作的说明信息的发布窗口。通过该表单可以实时获得操作提示信息。

(10) 应用系统项目文件。系统项目文件是整个系统的核心文件，它是系统所有资源文件的集合。通过该文件，可以根据需要对系统资源进行维护、调试或保存，另外还可以通过它生成系统的可执行文件。

11.3 应用系统主要功能模块的设计

1. 数据库的设计

一个数据库应用系统的好坏，主要取决于数据库的设计。应用系统的数据量越大，数据来源越复杂，数据库设计的好坏就越显得重要。

数据库设计是系统设计的第一步，也是非常重要的一步，它将影响着整个系统的设计过程。设计数据库要完成以下几项工作：

(1) 收集数据。收集数据就是将与系统相关的数据粗略汇集到一起。

(2) 分析数据。根据系统功能需求，分析确定数据源，去掉重复数据，删除无关数据。

(3) 规范数据。按照“数据规范化”原则，设计多个表，合理定义每个表中各个字段的属性。

(4) 建立关联。给字段建立索引，确定多表间的关联关系类型。

(5) 组装数据库。建立数据库，添加表，确定多表间的关联关系。

2. 数据表单的设计

设计数据表单，就是设计以下几种类型的表单：

(1) 数据输入表单。

(2) 数据维护表单。

(3) 数据查询表单。

3. 系统登录表单的设计

系统登录表单设计，是用户使用系统的第一个窗口。设计时要考虑界面的美观大方，要通过该界面吸引用户对系统的关注。另外系统口令的输入要尽量方便、简捷。要有容错功能。

4. 系统菜单的设计

当系统数据表单、系统登录表单及其他工作窗口设计完成后，就可以设计系统菜单，通过系统菜单整体调度系统每一个工作窗口。

5. 系统工具条的设计

系统工具条是系统菜单的另一种表现形式，通过系统工具条中所列的命令按钮，同样可以完成系统功能的操作。

6. 主程序的设计

所谓主程序，就是一个应用系统的主控软件，是系统首先要执行的程序。在主程序中，常常要完成以下功能：

(1) 设置系统运行参数。设置系统运行参数，从而确定整个系统运行过程中的系统环境。

(2) 系统全局变量的定义。在系统运行过程中，将要使用许多全局变量作为临时存储数据的单元，实现数据多次利用、传递、输入及输出等操作。在主程序中，要定义整个系统中的全局变量。

(3) 系统主页面设计。系统的主页面，通常是由主程序设计的，也有通过表单设计完成的。

(4) 系统工具条调用。工具条设计一般分为两类：一类是在表单中调用的工具条，这种工具条设计方法比较简单，可直接从类定义中继承。另一类工具条是在 Visual FoxPro 主窗口中调用，设计这种工具条时，先要定义一个 container 类(容器类)，然后在容器类中添加按钮，再设置按钮图标及其 Click 代码，这样的工具条是通过主程序调用的。

(5) 调用系统登录表单。系统登录表单可以通过 DO 命令来调用。

(6) 启动系统菜单。系统菜单可以通过 DO 命令来调用。

11.4 应用系统主要功能模块的组装

1. 建立项目文件

当系统的各资源文件都设计完成后，就可以创建系统的项目文件，将系统的全部组件组装在同一个项目文件中统一管理。这样可以方便资源统一调度、统一调整和协调。

2. 组装项目文件

使用项目管理器组装各部件，就是将所有与系统相关的资源文件组装在项目文件中。

组装项目文件的操作步骤如下：

(1) 建立项目文件。

(2) 在“项目管理器”对话框中选择“数据”选项卡，如图 11.1 所示，按“添加”按钮，将所有数据资源文件添加到项目文件中。

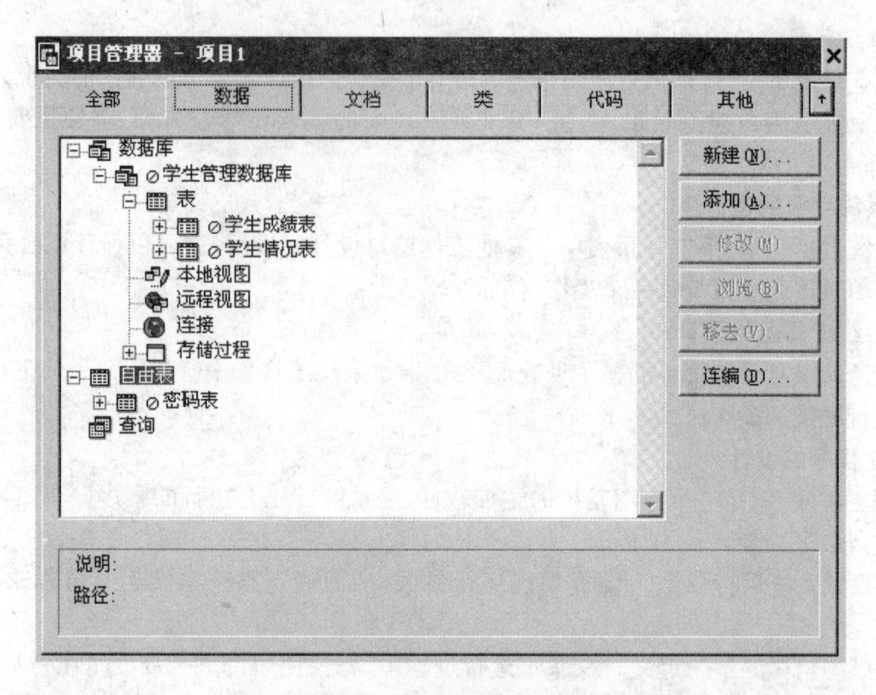

图 11.1 “项目管理器”中的“数据”选项卡

(3) 在“项目管理器”对话框中选择“文档”选项卡，按“添加”按钮，将所有文档文件添加到项目文件中，如图 11.2 所示。

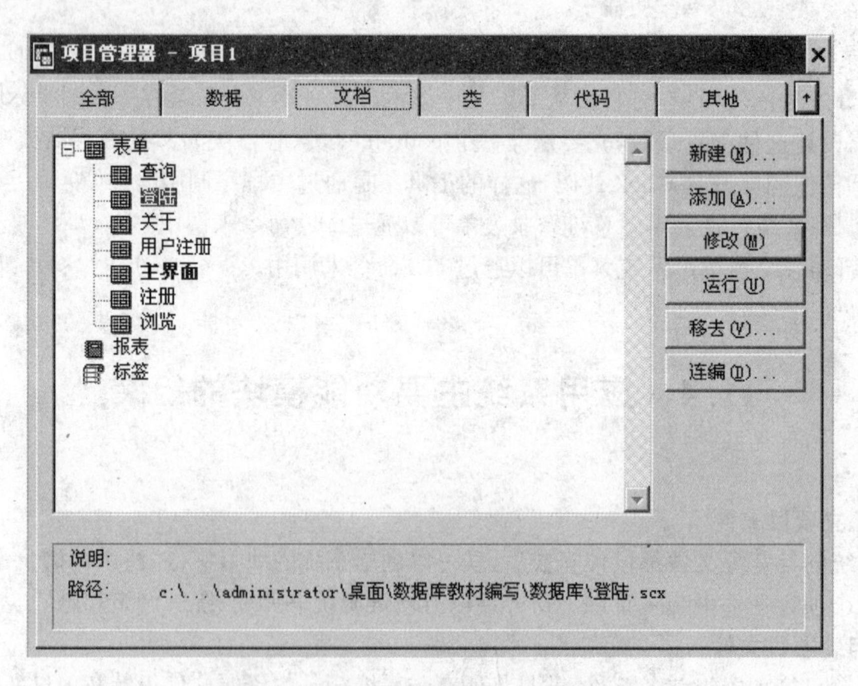

图 11.2 “项目管理器”中的“文档”选项卡

(4) 在“项目管理器”对话框中选择“类”选项卡，按“添加”按钮，将所有类库以及类添加到项目文件中，如图 11.3 所示。

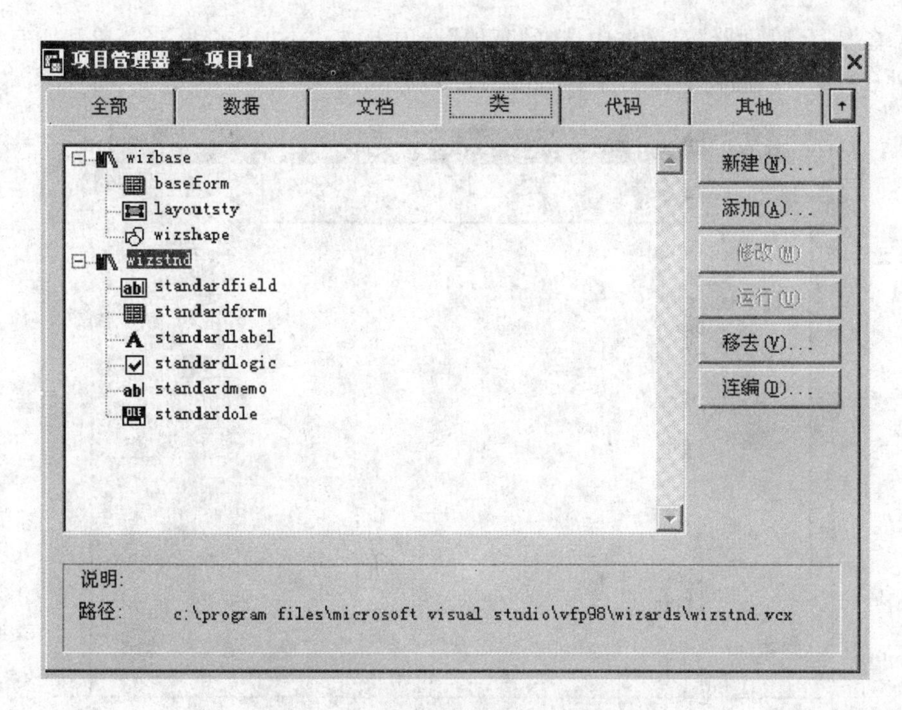

图 11.3 "项目管理器"中的"类"选项卡

(5) 在"项目管理器"对话框中选择"代码"选项卡,按"添加"按钮,将所有程序文件添加到项目文件中,如图 11.4 所示。

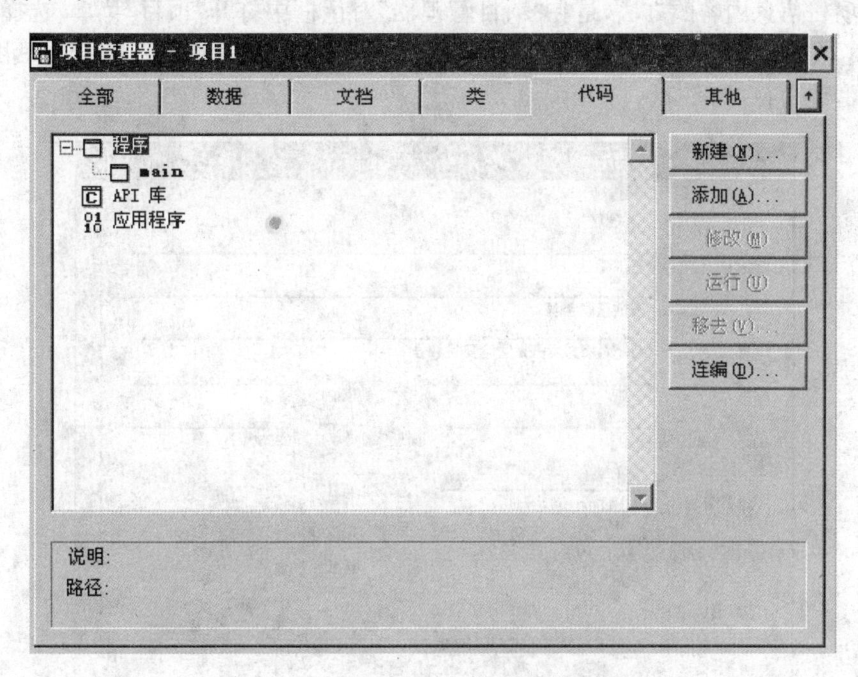

图 11.4 "项目管理器"中的"代码"选项卡

(6) 在“项目管理器”对话框中选择“其他”选项卡，按“添加”按钮，将菜单和所有相关的位图文件(.BMP)添加到项目文件中，如图 11.5 所示。

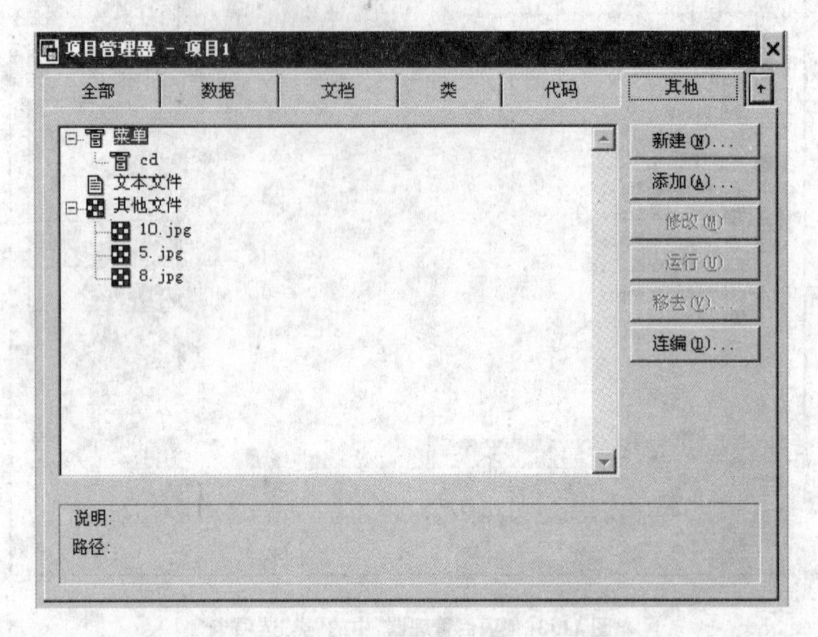

图 11.5 “项目管理器”中的“其他”选项卡

3. 设置项目信息

设置项目信息内容的方法，是在“项目管理器”对话框中打开“项目”菜单，选择“项目信息”菜单项，在弹出的“项目信息”对话框中，设置系统开发者的相关信息、系统桌面图标及系统是否加密等内容，如图 11.6 所示。

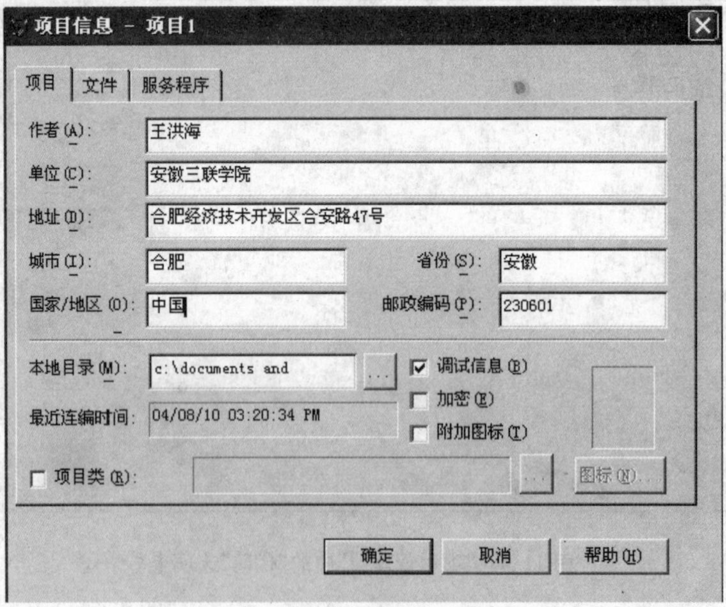

图 11.6 “项目信息”对话框

4. 连编可执行文件

连编可独立执行的.exe文件，就是在“项目管理器”对话框中按“连编”按钮，再在“连编选项”对话框中选择合适的参数，最后按“确定”按钮连编成可独立执行的文件，如图11.7所示。

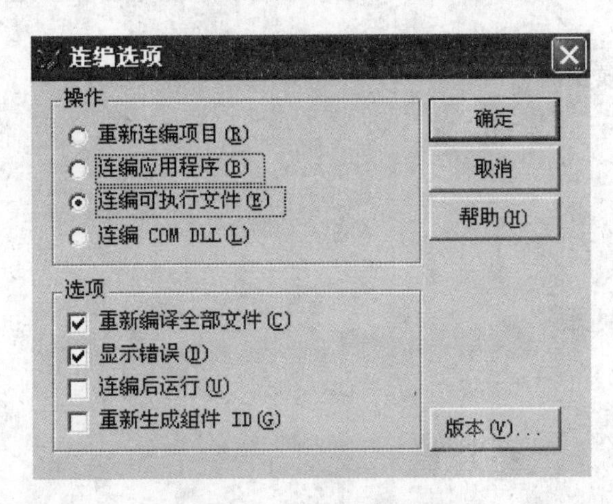

图11.7 “连编选项”对话框

5. 运行可执行文件

连编完可执行文件，便可直接试运行系统。通常在系统试运行过程中，还会发现许多问题，最好对系统资源要做好备份，避免在系统调试过程中破坏不该改动的内容。

系统开发是一个复杂的系统工程，任何一个有经验的人也难免出现疏漏。设计者，尤其是初学者要认真纠正系统不完善的地方，这个过程是学习系统开发提高最快的阶段，也是学习使用Visual FoxPro的最终目的。

当系统通过多次试运行已修改完善后，便可运行可执行文件，实现系统功能。

11.5 应用系统举例：学生管理系统的设计

11.5.1 系统功能

学生管理系统是当前所有学校必需的，以便帮助学校完成学生的日常教学管理。一般情况下，学生管理系统应包含以下主要功能：

(1) 学生注册：新生登记信息。

(2) 学生浏览：查看数据库中学生的信息。

(3) 学生查询：查询指定学生的信息。

(4) 系统维护：用户及密码设置和系统数据库清空。

11.5.2 主要模块的规划

根据系统主要功能的要求，在设计时把学生管理系统分成以下几个主要模块分别进行设计：

(1) 系统主程序模块。

(2) 数据库模块。

(3) 菜单模块。

(4) 登录模块。

(5) 主界面模块。

(6) 注册模块。

(7) 浏览模块。

(8) 查询模块。

(9) 用户注册模块。

(10) 关于模块。

11.5.3 学生管理系统主要模块的设计

1. 系统主程序的设计

主程序就是整个系统的控制程序，是系统首先要执行的程序。它一般完成以下功能：

(1) 对系统进行初始化，设置系统的运行状态参数。

(2) 定义全局内存变量。

(3) 设置系统屏幕界面。

(4) 设置系统工具栏。

(5) 调用系统登录表单。

对于学生管理系统而言，它的主程序名为 main.prg，内容如下：

```
&&main.prg
set talk off
set sysmenu off
clear all
do form  登录
read events
clear
close all
return
set sysmenu to default
```

主程序运行后，进入登录界面。

2. 数据库模块

学生管理系统主要涉及两个表：

(1) 学生情况表。表结构的定义如表 11.1 所示。

表 11.1 “学生情况表”的表结构

字段名	类型	宽度	小数位	索引
学号	字符型	6		主索引
姓名	字符型	10		普通索引
性别	字符型	2		
出生日期	日期型	8		
团员否	逻辑型	1		
入学成绩	数值型	5	1	
简历	备注型	4		
照片	通用型	4		

(2) 密码表。表结构的定义如表 11.2 所示。

表 11.2 “密码表”的表结构

字段名	类型	宽度	小数位	索引
用户名	字符型	10		
密码	字符型	6		

3. 菜单模块

根据系统的整体规划,系统主菜单包括“系统管理”、“系统维护”、“系统帮助”三个水平菜单项,设计界面如图 11.8 所示。

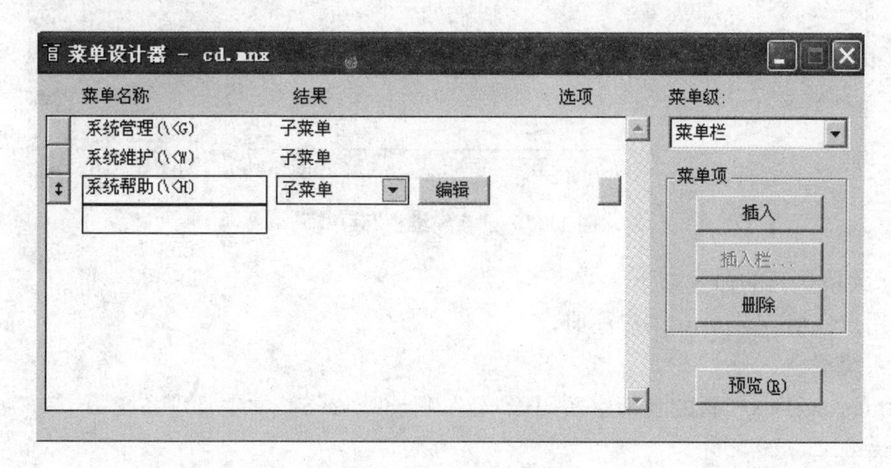

图 11.8 菜单设计

(1) 系统管理

“系统管理”菜单项的子菜单设计如图 11.9 所示。

各子菜单执行的命令如下:

- 学生浏览:do form 浏览
- 学生查询:do form 查询
- 学生注册:do form 注册

• 退出:quit

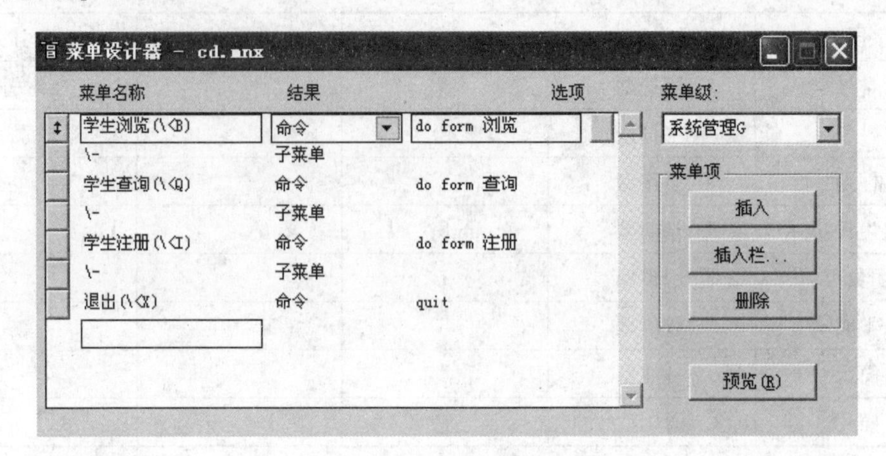

图 11.9 “系统管理”菜单项

(2) 系统维护

“系统维护”菜单项的子菜单设计如图 11.10 所示。

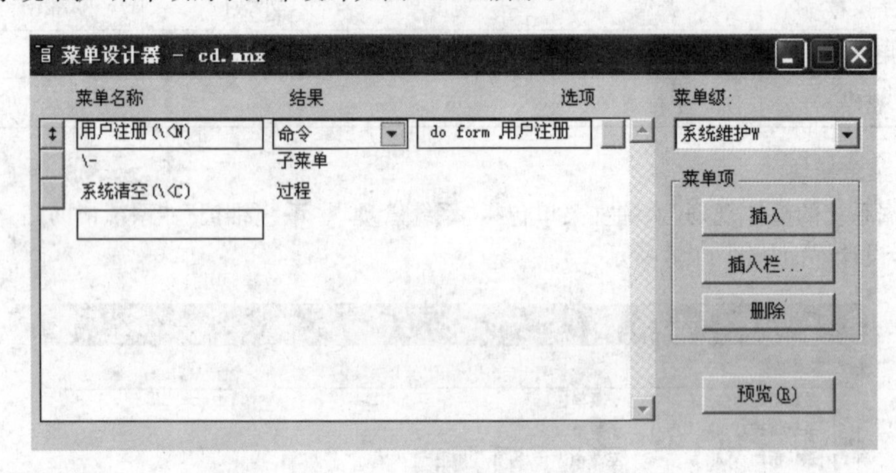

图 11.10 “系统维护”菜单项

各子菜单执行的命令如下:

• 用户注册:do form 用户注册

• 系统清空:

```
a=messagebox("真的要清空密码表吗?",4+32+256,"学生管理系统")
if a=6
   use 密码表 exclusive
   zap
   use
   quit
endif
```

(3) 系统帮助

“系统帮助”菜单项的子菜单设计如图 11.11 所示。

子菜单执行的命令如下：

• 关于：do form 关于

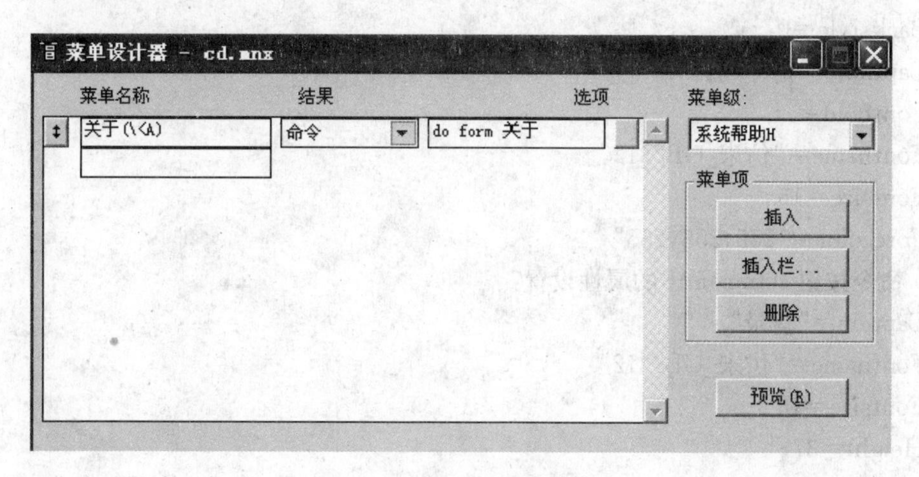

图 11.11 “系统帮助”菜单项

4. 登陆模块

(1) 建立用户界面

① 首先新建一个表单，命名该表单为“登录”。

② 将“密码表”添加到该表单的数据环境中。

③ 向该表单分别添加两个标签 label1、label2，两个命令按钮 command1、command2，一个组合框 combo1 和一个文本框 text1，并调整它们至合适位置。

(2) 表单及控件的属性设置

• 表单的属性设置：

. Autocenter=. t.

. Borderstyle=0

. Caption=“学生管理系统”

. Controlbox=. f.

. Picture="c:\documents and settings\administrator\桌面\数据库教材编写\数据库\8. jpg"

. Titlebar=0

. Height=269

. Width=602

• 标签 label1 的属性设置：

. Autosize=. t.

. Backstyle=0

. Caption="用户名："

. Fontbold=. t.

. Fontname="仿宋_GB2312"

. Fontsize=16

. Forecolor="255,255,255"

• 标签 label2 的属性设置：
. Autosize=. t.
. Backstyle=0
. Caption="密　码："
. Fontbold=. t.
. Fontname="仿宋_GB2312"
. Fontsize=16
. Forecolor="255,255,255"
• 命令按钮 command1 的属性设置：
. Caption="登录"
. Fontname="仿宋_GB2312"
. Fontsize=16
. Height=37
. Width=97
• 命令按钮 command2 的属性设置：
. Caption="取消"
. Fontname="仿宋_GB2312"
. Fontsize=16
. Height=37
. Width=97
• 组合框 combo1 的属性设置：
. Fontsize=16
. Height=37
. Width=132
. Rowsource="密码表. 用户名"
. Rowsourcetype=6
• 文本框 text1 的属性设置：
. Fontsize=16
. Height=37
. Width=132
(3) 编写代码
• 命令按钮 command1 的 click 事件代码：

```
locate for 用户名=thisform. combo1. value
if alltrim(密码)=alltrim(thisform. text1. value)
      do form 主界面
      thisform. release
else
   messagebox("密码错误,请重新输入!",16,"学生管理系统")
   thisform. text1. value=""
   thisform. text1. setfocus
```

endif、

• 命令按钮 command2 的 click 事件代码：

thisform. release

“登录”界面设计完成后，运行效果如图 11. 12 所示。

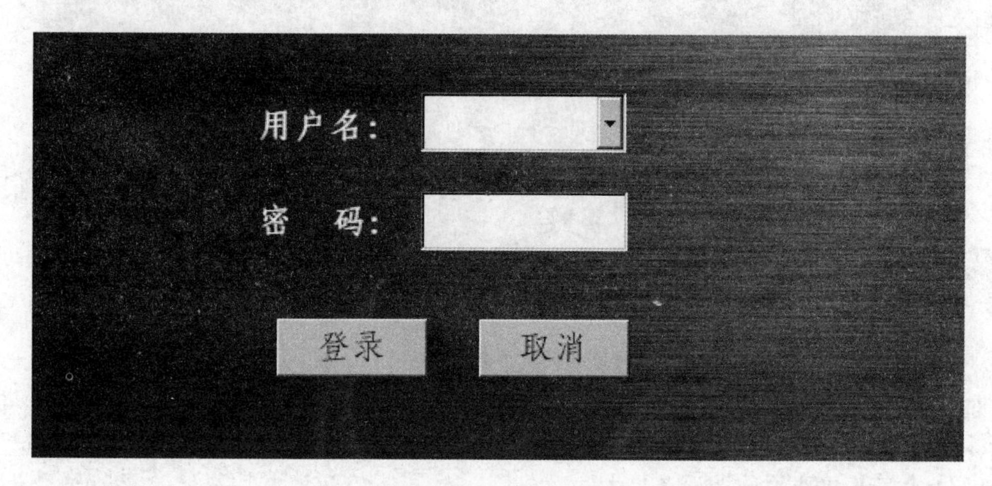

图 11. 12 “登录”界面

5. 主界面模块

(1) 建立用户界面

新建一个表单，命名该表单为“主界面”。

(2) 表单及控件的属性设置

• 表单的属性设置：

. Caption＝"学生管理系统"

. Picture＝"c:\documents and settings\administrator\桌面\数据库教材编写\数据库\8. jpg"

. Showwindow＝2

. Windowstate＝2

(3) 编写代码

• 表单的 init 事件代码：

do cd. mpr with this,. t.

• 表单的 unload 事件代码：

clear events

“主界面”设计完成后，运行效果如图 11. 13。

6. 注册模块

(1) 建立用户界面

① 新建一个表单，命名该表单为“注册”。

② 将“学生情况表”添加到该表单的数据环境中。

③ 向该表单分别添加 9 个标签 label1、label2、label3、label4、label5、label6、label7、label8、label9，3 个文本框 text1、text2、text3，2 个选项按钮组 optiongroup1、optiongroup2，3 个组合框 combo1、combo2、combo3 和 1 个命令按钮组 commandgroup1，并调整它们至合适

位置。

图 11.13 "主界面"窗口

(2) 表单及控件的属性设置

- 表单的属性设置：

. Autocenter=. t.

. Caption="学生管理系统"

. Picture="c:\documents and settings\administrator\桌面\数据库教材编写\数据库\5. jpg"

. Showwindow=1

. Height=446

. Width=633

- 标签 label1 的属性设置：

. Autosize=. t.

. Backstyle=0

. Caption="学号："

. Fontsize=16

- 标签 label2 的属性设置：

. Autosize=. t.

. Backstyle=0

. Caption="姓名："

. Fontsize=16

- 标签 label3 的属性设置：

. Autosize=. t.

. Backstyle=0

. Caption="性别："

. Fontsize=16

- 标签 label4 的属性设置：

. Autosize=. t.
. Backstyle=0
. Caption="团员否:"
. Fontsize=16
• 标签 label5 的属性设置:
. Autosize=. t.
. Backstyle=0
. Caption="入学成绩:"
. Fontsize=16
• 标签 label6 的属性设置:
. Autosize=. t.
. Backstyle=0
. Caption="出生日期:"
. Fontsize=16
• 标签 label7 的属性设置:
. Autosize=. t.
. Backstyle=0
. Caption="年"
. Fontsize=16
• 标签 label8 的属性设置:
. Autosize=. t.
. Backstyle=0
. Caption="月"
. Fontsize=16
• 标签 label9 的属性设置:
. Autosize=. t.
. Backstyle=0
. Caption="日"
. Fontsize=16
• 文本框 text1 的属性设置:
. Fontsize=16
. Height=37
. Width=121
• 文本框 text2 的属性设置:
. Fontsize=16
. Height=37
. Width=121
• 文本框 text3 的属性设置:
. Fontsize=16
. Height=37

. Width=121

• 选项按钮组 optiongroup1 的属性设置:

. option1. caption="男"

. option1. autosize=. t.

. option1. fontsize=16

. option2. caption="女"

. option2. autosize=. t.

. option2. fontsize=16

• 选项按钮组 optiongroup2 的属性设置:

. option1. caption="是"

. option1. autosize=. t.

. option1. fontsize=16

. option2. caption="否"

. option2. autosize=. t.

. option2. fontsize=16

• 组合框 combo1 的属性设置:

. fontsize=16

. Height=37

. Width=97

. Rowsource="1990,1991,1992,1993,1994,1995"

. Rowsourcetype=1

• 组合框 combo2 的属性设置:

. fontsize=16

. Height=37

. Width=97

. Rowsource="1,2,3,4,5,6,7,8,9,10,11,12"

. Rowsourcetype=1

• 组合框 combo3 的属性设置:

. fontsize=16

. Height=37

. Width=97

. Rowsource="1,2,3,4,5,6,7,8,9,10,11,12,13,14,15,16,17,18,19,20,21,22,23,24,25,26,27,28,29,30,31"

. Rowsourcetype=1

• 命令按钮组 commandgroup1 的属性设置:

. buttoncount=3

. command1. autosize=. t.

. command1. caption="注册"

. command1. fontsize=16

. command1. Height=43

```
.command1.Width=64
.command2.autosize=.t.
.command2.caption="取消"
.command2.fontsize=16
.command2.Height=43
.command2.Width=64
.command3.autosize=.t.
.command3.caption="返回"
.command3.fontsize=16
.command3.Height=43
.command3.Width=64
```

(3) 编写代码

• 命令按钮组 commandgroup1 的 click 事件代码：

```
do case
case this.value=1
  append blank
  replace 学号 with alltrim(thisform.text1.value)
  replace 姓名 with alltrim(thisform.text2.value)
  if thisform.optiongroup1.value=1
    replace 性别 with "男"
  else
    replace 性别 with "女"
  endif
  if thisform.optiongroup2.value=1
    replace 团员否 with .t.
  else
    replace 团员否 with .f.
  endif
  replace 入学成绩 with val(thisform.text3.value)
  csrq=ctod("^"+thisform.combo1.value+"/"+thisform.combo2.value+"/"+th-
isform.combo3.value)
  replace 出生日期 with csrq
case this.value=2
  thisform.text1.value=""
  thisform.text2.value=""
  thisform.text3.value=""
  thisform.text1.setfocus
case this.value=3
  thisform.release
endcase
```

“注册”界面设计完成后，运行效果如图 11.14 所示。

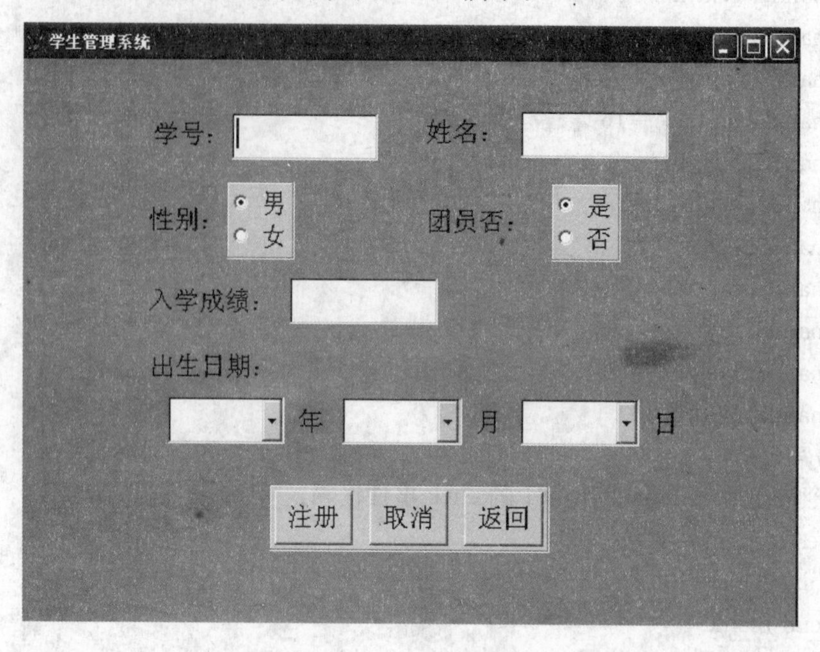

图 11.14 “注册”界面

7. 浏览模块

(1) 建立用户界面

① 新建一个表单，命名该表单为“浏览”。

② 右击该表单，利用表单生成器将“学生情况表”中的所有字段添加到该表单中，如图 11.15 所示。

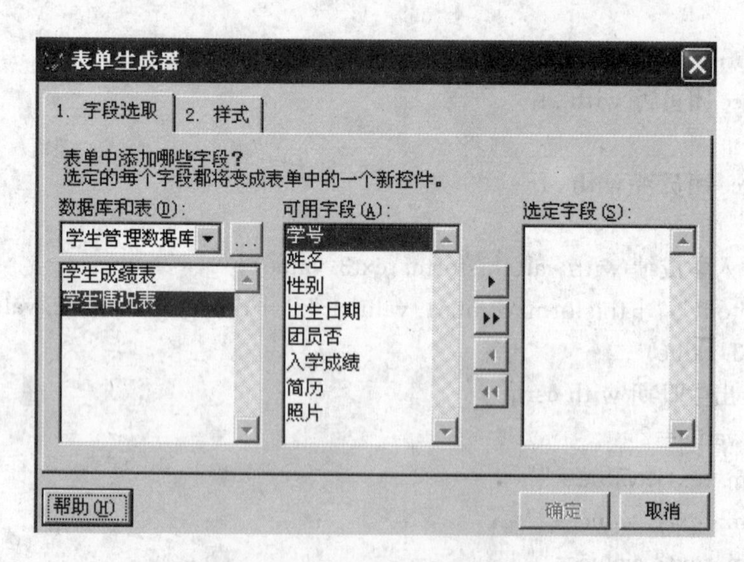

图 11.15 “表单生成器”窗口

③ 向该表单添加 1 个命令按钮组 commandgroup1，并调整它至合适位置。

(2) 表单及控件的属性设置

• 表单的属性设置：

```
.Autocenter=.t.
.Caption="学生管理系统"
.Picture="c:\documents and settings\administrator\桌面\数据库教材编写\数据库\5.jpg"
.Showwindow=1
.Height=446
.Width=633
```

• 命令按钮组 commandgroup1 的属性设置：

```
.buttoncount=5
.command1.autosize=.t.
.command1.caption="下一个"
.command1.fontsize=16
.command1.Height=43
.command1.Width=64
.command2.autosize=.t.
.command2.caption="上一个"
.command2.fontsize=16
.command2.Height=43
.command2.Width=64
.command3.autosize=.t.
.command3.caption="第一个"
.command3.fontsize=16
.command3.Height=43
.command3.Width=64
.command4.autosize=.t.
.command4.caption="末一个"
.command4.fontsize=16
.command4.Height=43
.command4.Width=64
.command5.autosize=.t.
.command5.caption="返回"
.command5.fontsize=16
.command5.Height=43
.command5.Width=64
```

(3) 编写代码

• 命令按钮组 commandgroup1 的 click 事件代码：

```
do case
case this.value=1
  skip
  this.command2.enabled=.t.
```

```
    if eof()
      this. command1. enabled=. f.
      go bottom
    endif
  case this. value=2
    skip-1
    this. command1. enabled=. t.
    if eof()
      this. command2. enabled=. f.
      go top
    endif
  case this. value=3
    go top
    this. command1. enabled=. t.
    this. command2. enabled=. t.
  case this. value=4
    go bottom
    this. command1. enabled=. t.
    this. command2. enabled=. t.
  case this. value=5
      thisform. release
  endcase
  thisform. refresh
```

"浏览"界面设计完成后,运行效果如图 11. 16 所示。

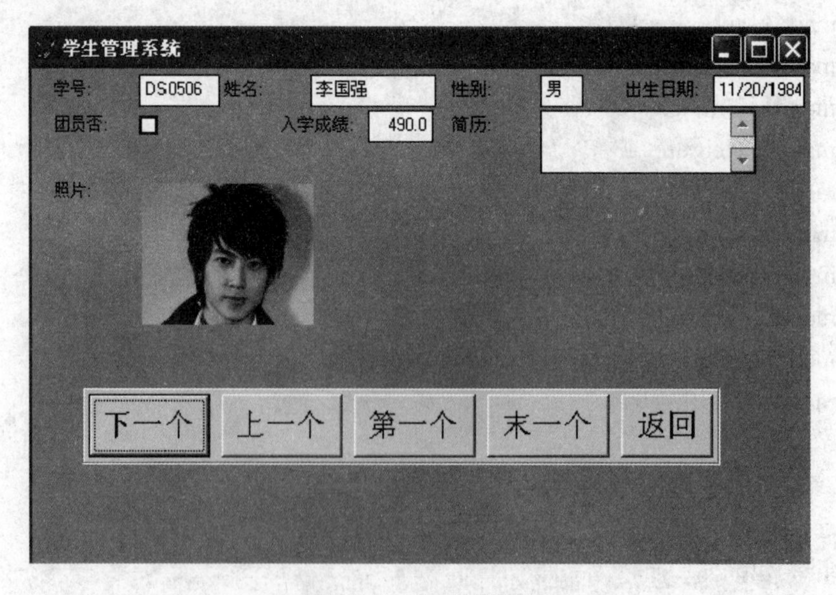

图 11. 16 "浏览"界面

8. 查询

(1) 建立用户界面

① 新建一个表单,命名该表单为“查询”。

② 将“学生情况表”添加到该表单的数据环境中。

③ 向该表单分别添加 1 个标签 label1、1 个文本框 text1、1 个表格 grid1 和 1 个命令按钮组 commandgroup1,并调整它们至合适位置。

(2) 表单及控件的属性设置

• 表单的属性设置:

. Autocenter=. t.

. Caption="学生管理系统"

. Picture="c:\documents and settings\administrator\桌面\数据库教材编写\数据库\5. jpg"

. Showwindow=1

. Height=446

. Width=633

• 标签 label1 的属性设置:

. Autosize=. t.

. Backstyle=0

. Caption="请输入要查找学生的姓名:"

. Fontsize=16

• 文本框 text1 的属性设置:

. Fontsize=16

. Height=37

. Width=121

• 命令按钮组 commandgroup1 的属性设置:

. buttoncount=2

. command1. autosize=. t.

. command1. caption="查找"

. command1. fontsize=16

. command1. Height=43

. command1. Width=64

. command2. autosize=. t.

. command2. caption="返回"

. command2. fontsize=16

. command2. Height=43

. command2. Width=64

. command3. autosize=. t.

(3) 编写代码

• 命令按钮组 commandgroup1 的 click 事件代码:

```
do case
```

```
case this.value=1
  a="set filter to 姓名='"+alltrim(thisform.text1.value)+"'"
  &a
  thisform.grid1.refresh
case this.value=2
  thisform.release
endcase
```

“查找”界面设计完成后，运行，在文本框 text1 中输入“梁建华”，选择“查找”，结果如图 11.17 所示。

图 11.17 “查询”界面

9. 用户注册模块

(1) 建立用户界面

① 新建一个表单，命名该表单为“用户注册”。

② 将“密码表”添加到该表单的数据环境中。

③ 向该表单分别添加 2 个标签 label1、label2，2 个文本框 text1、text2，1 个命令按钮组 commandgroup1，并调整它们至合适位置。

(2) 表单及控件的属性设置

• 表单的属性设置：

. Autocenter=.t.

. Caption="学生管理系统"

. Picture="c:\documents and settings\administrator\桌面\数据库教材编写\数据库\5.jpg"

. Showwindow=1

. Height=446

. Width＝633

- 标签 label1 的属性设置：

. Autosize＝. t.
. Backstyle＝0
. Caption＝"用户名："
. Fontsize＝16

- 标签 label2 的属性设置：

. Autosize＝. t.
. Backstyle＝0
. Caption＝"密　码："
. Fontsize＝16

- 文本框 text1 的属性设置：

. Fontsize＝16
. Height＝37
. Width＝121

- 文本框 text2 的属性设置：

. Fontsize＝16
. Height＝37
. Width＝121

- 命令按钮组 commandgroup1 的属性设置：

. buttoncount＝3
. command1. autosize＝. t.
. command1. caption＝"注册"
. command1. fontsize＝16
. command1. Height＝43
. command1. Width＝64
. command2. autosize＝. t.
. command2. caption＝"取消"
. command2. fontsize＝16
. command2. Height＝43
. command2. Width＝64
. command3. autosize＝. t.
. command3. caption＝"返回"
. command3. fontsize＝16
. command3. Height＝43
. command3. Width＝64

(3) 编写代码

- 命令按钮组 commandgroup1 的 click 事件代码：

```
do case
case this. value=1
```

```
    append blank
    replace 用户名 with alltrim(thisform.text1.value)
    replace 密码 with alltrim(thisform.text2.value)
    messagebox("恭喜,新用户注册成功!")
       thisform.text1.value=""
       thisform.text2.value=""
       thisform.text1.setfocus
case this.value=2
       thisform.text1.value=""
       thisform.text2.value=""
       thisform.text1.setfocus
case this.value=3
       thisform.release
endcase
```

“用户注册”界面设计完成后,运行效果如图 11.18 所示。

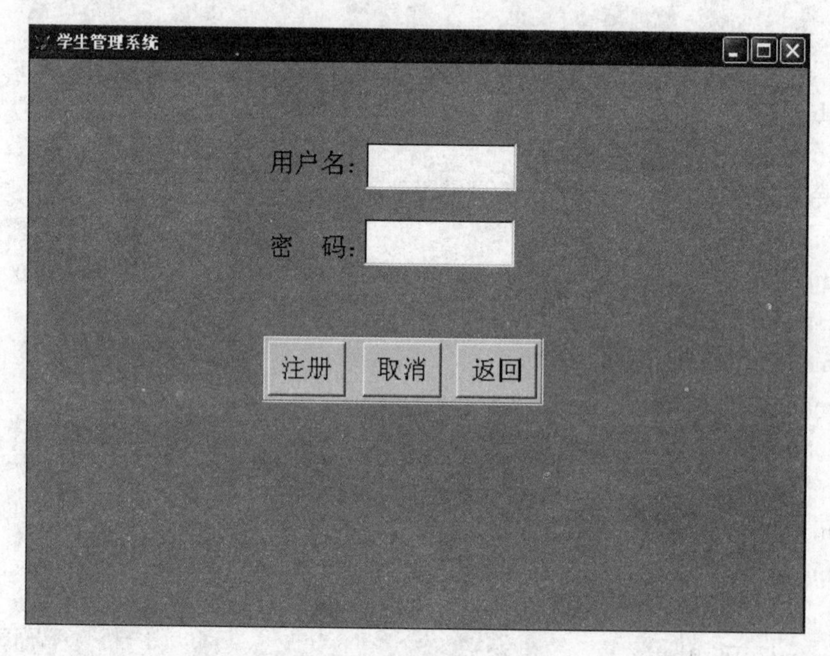

图 11.18 “用户注册”界面

10. 关于模块

(1) 建立用户界面

新建一个表单,命名该表单为“关于”。

(2) 表单及控件的属性设置

- 表单的属性设置:

.Autocenter=.t.

.Borderstyle=1

.Fontsize=16

```
. Height=256
. Showwindow=1
. Titlebar=0
. Width=449
```

(3) 编写代码

- 表单 form1 的 activate 事件代码：

```
thisform.print()
thisform.print(space(16)+"版权说明"+chr(13))
thisform.print()
thisform.print(space(8)+"产品名称：  学生管理系统"+chr(13))
thisform.print(space(8)+"版本：  2010.01.01"+chr(13))
thisform.print(space(8)+"版权：  sanlian_whh"+chr(13))
thisform.print(space(8)+"警告：  系统未经授权，  不得擅自使用!"+chr(13))
```

- 表单 form1 的 click 事件代码：

```
thisform.release
```

“关于”界面设计完成后，运行效果如图 11.19 所示。

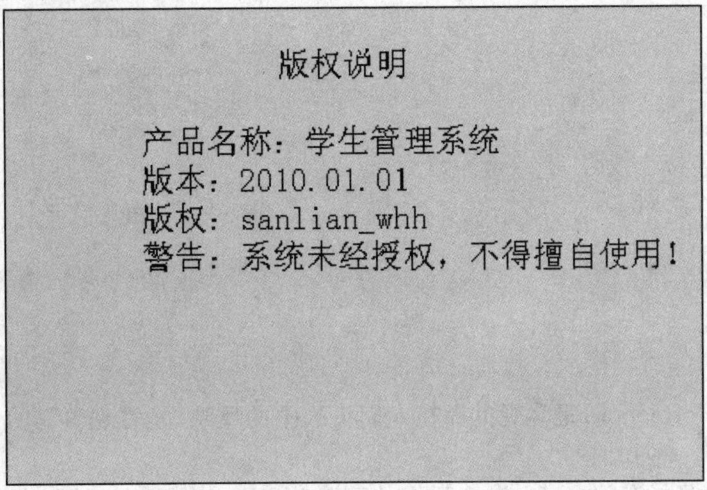

版权说明

产品名称：学生管理系统
版本：2010.01.01
版权：sanlian_whh
警告：系统未经授权，不得擅自使用！

图 11.19 “关于”界面

习 题 11

1. 从软件工程的角度讲，应用系统开发一般要经过哪 6 个阶段？
2. 一个较完善的应用系统应具有哪些功能模块？
3. 设计一个数据库要完成哪几项工作？

习题参考答案

习 题 1

一、选择题

1. A 2. A 3. B 4. C

二、填空题

1. 关系模型
2. 字段 记录
3. 选择 连接 投影
4. 一对多 多对多
5. 命令

三、简答题

1. 信息(Information)是客观世界在人们头脑中的反映,是客观事物的表征,是可以传播和加以利用的一种知识。

数据(Data)是指存储在某一种介质上的可以被识别的物理符号,是对客观存在实体的一种记载和描述。

数据处理常常又被称为信息处理,包括数据的收集、存储、传输、加工、排序、检索和维护等一系列的活动。

2. 人工管理阶段、文件管理阶段和数据库管理阶段。

3. (1) 在一个关系中不能出现相同的属性名。

(2) 在一个关系中不允许有完全相同的元组。

(3) 在一个关系中任意交换两行的位置不影响数据的实际含义。

(4) 在一个关系中任意交换两列的位置不影响数据的实际含义。

(5) 每个属性必须是不可分割的数据单元,即表中不能再包含表。

(6) 字段不能再细分为多个字段。

4. (1) 加强了数据完整性验证机制,引进和完善了关系数据库的三类完整性:实体完整性、参照完整性和用户自定义完整性。

(2) 采用面向对象和可视化编程技术，用户可以重复使用各种类型，直观而方便地创建和维护应用程序。

(3) 提供了大量辅助性设计工具，如设计器、向导、生成器、控件工具、项目管理器等，用户无需编写大量程序代码，就可以很方便地创建和管理应用程序中的各种资源。

(4) 采用快速查询技术，能够迅速地从数据库中查找出满足条件的记录，查询的响应时间大大缩短，极大地提高了数据查询的效率。

(5) 支持客户机/服务器结构，提供其所需的各种特性，如多功能的数据词典、本地和远程视图、事务处理及对任何 ODBC(开放式数据库互联)数据资源的访问等。

(6) 同其他软件高度兼容，可以使原来的广大 xBASE 用户迅速转为使用 VFP。此外，还能与其他许多软件共享和交换数据。

习　题　2

一、选择题

1. B　2. D　3. D　4. A　5. B

6. C　7. D　8. D　9. A　10. C

二、填空题

1. 0
2. 667
3. .f.
4. .t.
5. 8　1
6. PUBLIC　PRIVATE　LOCAL
7. 337.201
8. 15
9. 字符型
10. 1

习　题　3

一、选择题

1. B　2. A　3. A　4. C　5. D
6. A　7. D　8. A　9. C　10. C
11. D　12. C　13. C　14. D　15. A

二、填空题

1. . DBF
2. MODIFY　STRUCTURE
3. . FPT
4. 数据库
5. 逻辑型
6. . T.
7. 当前一条

习　题　4

一、选择题

1. B　2. C　3. D　4. C　5. B　6. D

二、填空题

1. 嵌入式 交互式
2. 选择
3. 基本表导出的表
4. 数据查询　数据更新　数据插入　数据删除
5. 视图或部分基本表　基本表　存储文件
6. GROUP BY

三、操作题

1. (1) 检索 LIU 老师所授课程的课程号和课程名。

```
SELECT C＃,CNAME
FROM C
WHERE TEACHER='LIU'
```

(2) 检索年龄大于 23 岁的男学生的学号和姓名。

```
SELECT S＃,SNAME
FROM S
WHERE (AGE>23) AND (SEX='M')
```

(3) 检索至少选修 LIU 老师所授课程中一门课程的女学生姓名。

```
SELECT SNAME
FROM S
WHERE SEX='F' AND S＃ IN
(SELECT S＃
FROM SC
WHERE C＃ IN
(SELECT C＃
FROM C
WHERE TEACHER='LIU'))
```

另处还可以有多种写法,比如联接查询写法:

```
SELECT SNAME
FROM S,SC,C
WHERE SEX='F' AND SC.S＃=S.S＃
AND SC.C＃=C.C＃
AND TEACHER='LIU'
```

但上一种写法更好一些。

(4) 检索 WANG 同学不学的课程的课程号。

```
SELECT C＃
FROM C
WHERE C＃ NOT IN
(SELECT C＃
FROM SC
WHERE S＃ IN
(SELECT S＃
FROM S
WHERE SNAME='WANG'))
```

(5) 检索至少选修两门课程的学生的学号。

```
SELECT DISTINCT X.SNO
```

```
FROM SC X,SC Y
WHERE X.SNO=Y.SNO AND X.CNOY.CNO
```

Notice:对表SC进行自连接,X,Y是SC的两个别名。

(6) 检索全部学生都选修的课程的课程号与课程名。

```
SELECT C#,CNAME
FROM C
WHERE NOT EXISTS
(SELECT *
FROM S
WHERE S# NOT IN
(SELECT *
FROM SC
WHERE SC.C#=C.C#))
```

要从语义上分解:① 选择课程的课程号与课程名;② 不存在不选这门课的同学。其中,"不选这门课的同学"可以表示为:

```
SELECT *
FROM S
WHERE S# NOT IN
(SELECT *
FROM SC
WHERE SC.C#=C.C#)
```

或者

```
SELECT *
FROM S
WHERE NOT EXISTS
(SELECT *
FROM SC
WHERE S.S#=C.S# AND
SC.C#=C.C#)
```

(7) 检索选修课程包含LIU老师所授课的学生的学号。

```
SELECT DISTINCT S#
FROM SC
WHERE C# IN
(SELECT C#
FROM C
WHERE TEACHER='LIU'))
```

2. (1) 往基本表S中插入一个学生元组('S9','WU',18)。

```
INSERT INTO S(S#,SNAME,AGE)VALUES('59','WU',18)
```

(2) 在基本表S中检索每一门课程成绩都大于等于80分的学生的学号、姓名和性别,并把检索到的值送往另一个已存在的基本表STUDENT(S#,SANME,SEX)。

```
INSERT INTO STUDENT(S#,SNAME,SEX)
SELECT S#,SNAME,SEX
FROM S WHERE NOT EXISTS
(SELECT * FROM SC WHERE
GRADE<80 AND S.S#=SC.S#)
```

(3) 在基本表 SC 中删除尚无成绩的选课元组。

```
DELETE FROM SC
WHERE GRADE IS NULL
```

(4) 把 WANG 同学的所选课程和成绩全部删去。

```
DELETE FROM SC
WHERE S# IN
(SELECT S#
FROM S
WHERE SNAME='WANG')
```

(5) 把选修 MATHS 课不及格的成绩全改为空值。

```
UPDATE SC
SET GRADE=NULL
WHERE GRADE<60 AND C# IN
(SELECT C#
FROM C
WHERE CNAME='MATHS')
```

(6) 把低于总平均成绩的女同学成绩提高 5%。

```
UPDATE SC
SET GRADE=GRADE*1.05
WHERE GRADE<(SELECT AVG(GRADE)FROM SC)AND S# IN(SELECT S#
FROM S WHERE SEX='F')
```

(7) 在基本表 SC 中修改 C4 课程的成绩，若成绩小于等于 75 分时提高 5%，若成绩大于 75 分时提高 4%（用两个 UPDATE 语句实现）。

```
UPDATE SC
SET GRADE=GRADE*1.05
WHERE C#='C4' AND GRADE<=75
UPDATE SC
SET GRADE=GRADE*1.04
WHERE C#='C4' AND GRADE>75
```

习 题 5

一、选择题

1. D 2. C 3. B 4. B 5. B

二、填空题

1. 使用向导建立查询　使用查询设计器建立查询　使用 SQL-Select 命令建立查询
2. 本地视图　远程视图
3. 浏览　临时表　表　图形　屏幕　报表　标签　7
4. 自由表　数据库表　视图

三、简答题

1. (1) 查询就是根据用户给定的条件,从指定的表中获取满足条件记录的操作过程。可以将查询用文件的形式保存起来,查询文件的扩展名为. qpr。查询不能更新数据源的数据。

使用 SQL 语言可以构造复杂的查询条件。如果需要快速获取结果,则应采用 VFP 的"查询设计器",根据它提供的交互式应用界面,不用编写代码,即可检索存储在表和视图中的信息。"查询设计器"能够搜索那些满足指定条件的记录,也可以根据需要对记录进行排序和分组以及基于查询结果创建报表、标签、表和图形。

(2) 视图能够从本地或远程表中提取一组记录。使用视图可以处理或修改检索到的记录。执行视图文件,包含一些筛选条件,从几个数据表中过滤出所要求的数据,其结果存储成实际的记录数据,它可以当作实际的数据表来使用,并且当视图中的数据记录更改后,原数据表中的记录也要随之修改。

视图分为两类:本地视图和远程视图。本地视图所能更新的源表是本地机中的表;远程视图所能更新的源表来自于放在服务器上的表,也可来自远程数据源。

2. 查询与视图是两个性质相类似的文件,都可以从用户收集的数据中提取所需信息,但它们间也存在差异:

(1) 查询的数据仅供输出查看,不能更新和修改数据,而利用视图可以更新数据源。

(2) 利用查询设计器生成的是. qpr 文件,它是完全独立的,不依赖于任何数据库和表而存在,而视图则依赖于数据库而存在,不是一个单独的文件。

(3) 视图文件的数据来源分别是数据表文件、视图、服务器上的数据表文件、远程数据表文件。

习　题　6

一、选择题

1. B　2. D　3. A　4. B　5. C
6. D　7. A　8. C　9. C　10. A

二、填空题

1. MODIFY COMMAND
   . PRG
2. 全局变量　私有变量　局部变量
3. INPUT　WAIT
4. MODIFY COMMAND
5. SET UDFPARMS TO VALUE
   SET UDFPARMS TO REFERENCE
6. 形式参数　实际参数

三、编程题

1. 代码如下：

```
clear
input "" to a
maxn＝a
minn＝a
for i＝1 to 9
  input "" to a
  if a＞maxn
    maxn＝a
  endif
  if a＜minn
    minn＝a
  endif
endfor
?"最大值为:",maxn,"最小值为:",minn
```

2. 代码如下：

```
clear
for i=100 to 999
    a=i%10
    b=(i-a)/10%10
    c=int(i/100)
    if a^3+b^3+c^3=i
       ? i
    endif
endfor
```

习　题　7

1. 创建表单的方法有：

(1) 使用表单向导；

(2) 使用“表单设计器”。

2. 首先使用“文件”菜单的“新建”菜单项打开“新建”对话框，然后在该对话框中选择要建立的文件类型“表单”，单击“向导”按钮后就打开了“向导选取”对话框。在“向导选取”对话框中选择“表单向导”，会弹出向导的对话框，然后根据提示一步一步操作，直到完成。

3. 首先使用“文件”菜单的“新建”菜单项打开“新建”对话框，然后在该对话框中选择要建立的文件类型“表单”，单击“向导”按钮后就打开了“向导选取”对话框。在“向导选取”对话框中选择“一对多表单向导”，会弹出向导的对话框，根据对话框提示一步一步操作(其中，父表选择“学生情况表”，子表选择“学生成绩表”)，直至完成。

习　题　8

1. 在表单基本控件中显示信息的控件有标签、表格、页框；输入数据的控件有文本框、编辑框、微调；选择数据的控件有选项按钮组、复选框、微调、列表框、组合框。

2. 在表单基本控件中，容器类的控件有选项按钮组、表格、页框。

3. 表单控件中可以设置数据源的有列表框、组合框、表格、页框。

习　题　9

1. 通常菜单系统由一个菜单栏、多个菜单、菜单项和下拉菜单组成。

2. (1) 按照用户所要执行的任务组织菜单系统，而不是按应用程序的层次组织菜单。

(2) 给每个菜单一个有意义的标题。标题应简单,能够反映要执行的任务。
(3) 按照估计的菜单项的使用频率、逻辑顺序或字母顺序组织菜单项。
(4) 在菜单项的逻辑组之间放置分隔线。
(5) 将菜单上的基础数目限制在一个屏幕之内。
(6) 为菜单和菜单项设置热键或键盘快捷键。
(7) 使用能够准确描述菜单项的文字。
(8) 在菜单项中混合使用大小写字母。
3. 略。

习 题 10

一、选择题

1. D 2. A 3. B 4. C 5. D

二、填空题

1. 域控件
2. frx
3. 报表向导 快速报表 报表设计器
4. 选取字段

三、简答题

1. 报表布局通常有以下5种:
(1) 列报表。每行输出一个记录,记录字段的值按水平位置。
(2) 行报表。每条记录的字段在一侧竖直放置。
(3) 一对多报表。一条记录对应的多条记录。
(4) 多列报表。每条记录的字段沿左侧边缘竖直放置。
(5) 标签报表。每条记录的字段沿左侧边缘竖直放置,打印在特殊纸上。
2. (1) 用“报表向导”创建简单的单表或多表报表。
(2) 用“快速报表”从单表中创建一个简单报表。
(3) 用“报表设计器”修改已有的报表或创建自己的报表。
3. 报表控件有如下8个:
(1) 选定对象控件。移动或更改控件的大小。
(2) 标签控件。在报表上创建一个标签控件,用于显示与记录无关的数据。
(3) 域控件。用于显示字段、内存变量或其他表达式的内容。

(4) 线条控件。用于设计各种各样的线条。

(5) 矩形控件。用于画各种矩形。

(6) 圆角矩形控件。用于画各种椭圆形和圆形矩形。

(7) 图片/ActiveX 绑定控件。用于显示图片和通用型字段。

(8) 按钮锁定控件。用于多次添加同一类型的控件而不用重复选定同一类型的控件。

习　题　11

1. 从软件工程的角度讲,应用系统开发一般要经过需求分析、概要设计、详细设计、编码、测试、安装及维护 6 个阶段。

2. (1) 应用系统主程序。

(2) 应用系统工具栏。

(3) 应用系统菜单。

(4) 应用系统登录表单。

(5) 应用系统数据库。

(6) 应用系统数据输入表单。

(7) 应用系统数据维护表单。

(8) 应用系统数据检索表单。

(9) 应用系统帮助表单。

(10) 应用系统项目文件。

3. (1) 收集数据。

(2) 分析数据。

(3) 规范数据。

(4) 建立关联。

(5) 组装数据库。

附录1 Visual FoxPro 常用函数

1. Visual FoxPro 磁盘、目录、文件函数

(1) ADIR():将文件信息存放到数组中,然后返回文件个数。
(2) CURDIR():返回当前目录或文件夹。
(3) DEFAULTEXT():如果一个文件没有扩展名,则返回一个带新扩展名的文件名。
(4) DIRECTORY():若在磁盘上存在指定的目录,返回“真”(.T.)。
(5) DISPLAYPATH():为显示而截去长路径名到指定长度。
(6) DRIVETYPE():返回指定驱动器的类型。
(7) FDATE():返回文件最近一次修改的日期或日期时间。
(8) FILE():如果在磁盘上找到指定的文件,则返回“真”(.T.)。
(9) FILETOSTR():将一个文件的内容返回为一个字符串。
(10) FORCEEXT():返回一个字符串,使用新的扩展名替换旧的扩展名。
(11) FORCEPATH():返回一个字符串,是新的路径名替换旧的路径名。
(12) FTIME():返回最近一次修改文件的时间。
(13) FULLPATH():返回指定文件的路径或相对于另一文件的路径。
(14) GETDIR():显示“选择目录”对话框,从中可以选择目录或文件夹。
(15) GETFILE():显示“打开”对话框,并返回选定文件的名称。
(16) JUSTDRIVE():从完整路径中返回驱动器的字母。
(17) JUSTEXT():从完整路径中返回3字母的扩展名。
(18) JUSTFNAME():返回完整路径和文件名中的文件名部分。
(19) JUSTPATH():返回完整路径中的路径名。
(20) JUSTTEM():返回完整路径和文件名中的根名(扩展名前的文件名)。
(21) LOCFILE():在磁盘上定位文件并返回带有路径的文件名。
(22) PUTFILE():激活“另存为…”对话框,并返回指定的文件名。
(23) STRTOFILE():将一个字符串的内容写入一个文件。
(24) SYS(3):返回一个合法文件名,可用来创建临时文件。
(25) SYS(5):返回当前 Visual FoxPro 的默认驱动器。
(26) SYS(7):返回当前格式文件的名称。
(27) SYS(2000):返回一个按字母排序的与文件名和扩展名梗概匹配的第一个文件名。
(28) SYS(2003):返回默认驱动器或卷上的当前目录或文件夹的名称。
(29) SYS(2014):返回指定文件相对于当前目录、指定目录或文件夹的最小化路径。
(30) SYS(2020):以字节数返回默认磁盘空间。

(31) SYS(2022)：以字节为单位返回指定磁盘簇(块)的大小。

2. Visual FoxPro 常用打印函数

(1) ANETRESOURCES()：将网络共享或打印机名称放到一个数组中，然后返回资源的数目。

(2) APRINTERS()：将安装在 Windows 打印管理器中的打印机名称存入内存变量数组中。

(3) GETPRINTER()：显示 Windows 的“打印设置”对话框，并返回所选择的打印机名称。

(4) PCOL()：返回打印机打印头的当前列位置。

(5) PRINTSTATUS()：如果打印机或打印设备已联机，则返回“真”(.T.)，否则返回“假”(.F.)。

(6) PROW()：返回打印机打印头的当前行号。

(7) PRTINFO()：返回当前的打印机设置。

(8) SYS(6)：返回当前打印设备。

(9) SYS(13)：返回打印机的状态。

(10) SYS(102)：包含向后兼容性，用 SET("PRINTER")代替。

(11) SYS(1037)：显示“打印设置”对话框。

(12) SYS(2040)：确定报表的输出状态。

3. Visual FoxPro 低级文件函数

(1) FCHSIZE()：更改用低级文件函数打开的文件的大小。

(2) FCLOSE()：刷新并关闭低级文件函数打开的文件或通信端口。

(3) FCREATE()：创建并打开一个低级文件。

(4) FEOF()：判断文件指针的位置是否在文件尾部。

(5) FERROR()：返回与最近一次低级文件函数错误相对应的编号。

(6) FFLUSH()：刷新低级函数打开的文件内容，并将它写入磁盘。

(7) FGETS()：从低级文件函数打开的文件或通信端口中返回一连串字节，直至遇到回车符。

(8) FOPEN()：打开文件或通信端口，供低级文件函数使用。

(9) FPUTS()：向低级文件函数打开的文件或通信端口写入字符串、回车符及换行符。

(10) FREAD()：从低级文件函数打开的文件或通信端口返回指定数目的字节。

(11) FSEEK()：在低级文件函数打开的文件中移动文件指针。

(12) FWRITE()：向低级文件函数打开的文件或通信端口写入字符串。

4. Visual FoxPro 环境函数

(1) AGETFILEVERSION()：创建一个数组，其中包含有关文件的 Windows 版本资源的信息。

(2) ANSITOOEM():显示"代码页"对话框,提示输入代码页,然后返回选定代码页的编号。

(3) CAPSLOCK():返回〈CapsLocK〉键的当前状态,或把〈CapsLocK〉键状态设置为"开"或"关"。

(4) CPCURRENT():返回 Visual FoxPro 配置文件中的代码页设置(若存在),或返回当前操作系统代码页。

(5) GETCP():显示"代码页"对话框,提示输入代码页,然后返回选定代码页的编号。

(6) GETENV():返回指定的 MS-DOS 环境变量的内容。

(7) HOME():返回启动 Visual FoxPro 和 Visual Studio 的目录名。

(8) MEMORY():返回可供外部程序运行的内存大小。

(9) OS():返回运行当前 Visual FoxPro 的操作系统的名称和版本号。

(10) SYS(9):返回 Visual FoxPro 的系列号。

(11) SYS(12):返回 640K 以下、可用于执行外部程序的内存数量。

(12) SYS(17):返回正在使用的中央处理器(CPU)。

(13) SYS(23):FoxPro 可用的 EMS 内存。

(14) SYS(24):EMS 内存限制。

(15) SYS(1001):返回 Visual FoxPro 内存管理器可用的内存总数。

(16) SYS(1016):返回用户自定义对象所使用的内存数量。

(17) SYS(1104):清理程序和数据使用的内存缓存,并清除和刷新打开表的缓存。

(18) SYS(2004):返回启动 Visual FoxPro 的目录或文件夹名称。

(19) SYS(2005):返回当前 Visual FoxPro 资源文件的名称。

(20) SYS(2010):返回 CONFIG. SYS 文件中的设置。

(21) SYS(2017):显示启动屏幕。

(22) SYS(2019):返回 Visual FoxPro 配置文件的文件名和位置。

(23) SYS(2023):返回 Visual FoxPro 存储临时文件的驱动器和目录。

(24) SYS(2030):启用或禁止系统组件用户代码中的调试功能。

(25) SYS(2300):从国家语言支持(NLS)列表中添加或移除代码页。

(26) SYS(2800):启用或废止 Microsoft®、ActiveAccessibility®支持并设置特定的选项到跟踪在一个 Visual FoxPro 表单中的当前选定控件的键盘焦点。

(27) SYS(2801):扩展鼠标和键盘事件的事件跟踪。

(28) SYS(3005):设置自动化和 ActiveX 控件使用的环境 ID 值。

(29) SYS(3006):设置语言 ID 值和环境 ID 值。

(30) SYS(3050):设置前台或后台缓冲内存大小。

(31) SYS(3056):让 Visual FoxPro 再次读取自己的注册表设置,并且使用当前的注册表设置更新自己。

(32) VERSION():返回一个字符串,该字符串包含了正在使用的 Visual FoxPro 版本号。

(33) WFONT():返回 Visual FoxPro 中窗口当前字体的名称、大小或字形。

5. Visual FoxPro 键盘、鼠标函数

(1) COL():指定供下一个绘图方法使用的横坐标(X)和纵坐标(Y)。

(2) FKLABEL():根据功能键对应的编号,返回该功能键的名称。

(3) FKMAX():返回键盘上可编程功能键或组合功能键的数目。

(4) INKEY():返回一个编号,该编号对应于键盘缓冲区中第一个鼠标单击或按键操作。

(5) INSMODE():返回当前的插入方式,或者把插入方式设置成 ON 或 OFF。

(6) LASTKEY():返回最近一次按键所对应的整数。

(7) MCOL():返回鼠标指针在 Visual FoxPro 主窗口或用户自定义窗口中的列位置。

(8) MDOWN():取得鼠标按键是否被按下。

(9) MROW():返回 Visual FoxPro 主窗口或用户自定义窗口中鼠标指针的行位置。

(10) MWINDOW():返回鼠标指针所在的窗口名称。

(11) NUMLOCK():返回〈NumLock〉键的当前状态,或者置〈NumLock〉键的状态为开或关。

(12) READKEY():用于取得用户退出编辑时按下的按键。

(13) ROW():用于取得当前光标在屏幕上的行位置。

(14) SYS(2060):鼠标轮事件处理设置。

6. Visual FoxPro 屏幕输入输出(菜单)函数

(1) ADOCKSTATE():获取所有可停靠集成开发环境(IDE)或工具栏的停靠状态。

(2) ASELOBJ():把对活动“表单设计器”中当前选定控件的对象引用存入内存变量数组。

(3) BAR():返回最近一次选择的菜单项的编号。该菜单项选自 DEFINE POPUP 命令定义的菜单,或是一个 Visual FoxPro 菜单。

(4) CNTBAR():返回用户自定义菜单或 Visual FoxPro 系统菜单上菜单项的数目。

(5) CNTPAD():返回用户自定义菜单栏或 Visual FoxPro 系统菜单栏上菜单标题的数目。

(6) EDITSOURCE():打开 Visual FoxPro 编辑器并可选地设置光标所在位置。被编辑器任务列表快捷方式所要求。

(7) GETBAR():返回用 DEFINEPOPUP 命令定义的菜单或 Visual FoxPro 系统菜单上某个菜单项的编号。

(8) GETCOLOR():显示 Windows 的“颜色”对话框,并返回选定颜色的颜色编号。

(9) GETPAD():返回菜单栏给定位置上的菜单标题。

(10) INPUTBOX():显示被参数化视图使用的、用于输入单个串的模式对话框。

(11) ISCOLOR():判断当前计算机能否显示彩色。

(12) MENU():以大写字符串形式返回活动菜单栏的名称。

(13) MRKBAR():确定是否已标记用户自定义菜单或 Visual FoxPro 系统菜单中的一

个菜单项。

(14) MRKPAD():确定是否已标记用户自定义菜单或 Visual FoxPro 系统菜单栏中的一个菜单标题。

(15) PAD():以大写字符串形式返回在菜单栏中最近选取的菜单标题,或返回一个逻辑值确定是否一个菜单标题在一个激活的菜单栏中定义。

(16) POPUP():以字符串形式返回活动菜单名;或者返回一个逻辑值,该值指出是否定义了一个菜单。

(17) PRMBAR():返回一个菜单项的文本。

(18) PRMPAD():返回一个菜单标题的文本。

(19) PROMPT():返回菜单栏中选定的菜单标题,或者菜单中选定菜单项的文本。

(20) RGB():根据一组红、绿、蓝颜色成分返回一个单一的颜色值。

(21) RGBSCHEME():返回指定配色方案中的 RGB 颜色对或 RGB 颜色对列表。

(22) SCHEME():返回指定配色方案中的颜色对列表或单个颜色对。

(23) SCOLS():返回 Visual FoxPro 主窗口中可用列数。

(24) SKPBAR():确定是否可以用 SET SKI POF 命令启用或废止一个菜单项。

(25) SKPPAD():确定是否可以用 SET SKI POF 命令启用或废止一个菜单标题。

(26) SROWS():返回 Visual FoxPro 主窗口中可用的行数。

(27) SYS(100):包含向后兼容性,用 SET("CONSOLE")代替。

(28) SYS(101):包含向后兼容性,用 SET("DEVICE")代替。

(29) SYS(103):包含向后兼容性.用 SET("TALK")代替。

(30) SYS(1500):激活一个 Visual FoxPro 系统菜单项。

(31) SYS(2002):打开或关闭插入点。

(32) SYS(2013):返回以空格分隔的字符串,该字符串包含 Visual FoxPro 菜单系统的内部名称。

(33) SYS(2016):SHOWGETS 窗口名。

(34) SYS(2700):在 Visual FoxPro 中完全启用或禁止 Windows XP Themes。

(35) TRANSFORMSYS():格式化字符表达式或数值表达式。

7. Visual FoxPro 日期和时间函数

(1) CDOW():从给定日期或日期时间表达式中返回星期值。

(2) CMONTH():返回给定日期或日期时间表达式的月份名称。

(3) CTOD():把字符表达式转换成日期表达式。

(4) CTOT():从字符表达式返回一个日期时间值。

(5) DATE():返回操作系统的当前系统日期,或创建一个与 2000 年兼容的日期值。

(6) DATETIME():以日期时间值返回当前的日期和时间,或创建一个与 2000 年兼容的日期时间值。

(7) DAY():以数值型返回给定日期表达式或日期时间表达式是某月中的第几天。

(8) DMY():从一个日期型或日期时间型表达式返回一个“日-月-年”格式的字符表达式。

(9) DTOC():由日期或日期时间表达式返回字符型日期。

(10) DTOS():从指定日期或日期时间表达式中返回 yyyymmdd 格式的字符串日期。

(11) DTOT():从日期型表达式返回日期时间型值。

(12) GOMONTH():对于给定的日期表达式或日期时间表达式,返回指定月份数目以前或以后的日期。

(13) HOUR():返回日期时间表达式的小时部分。

(14) MDY():以“月-日-年”格式返回指定日期或日期时间表达式,其中月份名不缩写。

(15) MINUTE():返回日期时间型表达式中的分钟部分。

(16) MONTH():返回给定日期或日期时间表达式的月份值。

(17) QUARTER():返回一个日期或日期时间表达式中的季度值。

(18) SEC():返回日期时间型表达式中的秒钟部分。

(19) SECONDS():以秒为单位返回自午夜以来经过的时间。

(20) SYS(1):以日期数字字符串的形式返回当前系统日期。

(21) SYS(2):返回自午夜零点开始以来的时间,按秒计算。

(22) SYS(10):将 Julian 日期转换成一个字符串。

(23) SYS(11):将日期格式表示的日期表达式或字符串转换成 Julian 日期。

(24) TIME():以 24 小时制、8 位字符串(时:分:秒)格式返回当前系统时间。

(25) TTOC():从日期时间表达式中返回一个字符值。

(26) TTOD():从日期时间表达式中返回一个日期值。

(27) WEEK():从日期表达式或日期时间表达式中返回代表一年中第几周的数值。

(28) YEAR():从指定的日期表达式中返回年份。

8. Visual FoxPro 数据库函数

(1) ADATABASES():将所有打开数据库的名称和路径放到内存变量数组中。

(2) ADBOBJECTS():把当前数据库中的命名连接名、关系名、表名或 SQL 视图名放到一个内存变量数组中。

(3) AFIELDS():把当前表的结构信息存放到一个数组中,并返回表的字段数。

(4) ALIAS():返回当前表或指定工作区表的别名。

(5) ASESSIONS():创建一个已存在的数据工作期 ID 数组。

(6) ATAGINFO():创建一个包含索引和键表达式的名字、数量和类型信息的数组。

(7) AUSED():将一个数据工作期中的表别名和工作区存入内存变量数组。

(8) BOF():确定当前记录指针是否在表头。

(9) CANDIDATE():判断索引是否为候选索引。

(10) CDX():根据指定的索引位置编号,返回打开的复合索引(.CDX)文件名称。

(11) CPDBP():返回一个打开表所使用的代码页。

(12) CREATEOFFLINE():由已存在的视图创建一个游离视图。

(13) CURSORGETPROP():返回 Visual FoxPro 表或临时表的当前属性设置。

(14) CURSORSETPROP():指定 Visual FoxPro 表或临时表的属性设置。

(15) CURSORTOXML():转换 Visual FoxPro 临时表为 XML 文本。

(16) CURVAL():从磁盘上的表或远程数据源中直接返回字段值。

(17) DBC():返回当前数据库的名称和路径。

(18) DBF():返回指定工作区中打开的表名,或根据表别名返回表名。

(19) DBSETPROP():给当前数据库或当前数据库中的字段、命名连接、表或视图设置一个属性。

(20) DELETED():返回一个表明当前记录是否标有删除标记的逻辑值。

(21) DESCENDING():是否用 DESCENDING 关键字创建了一个索引标识。

(22) DROPOFFLINE():放弃对游离视图的所有修改,并把游离视图放回到数据库中。

(23) EOF():确定记录指针位置是否超出当前表或指定表中的最后一个记录。

(24) FCOUNT():返回表中的字段数目。

(25) FIELD():根据编号返回表中的字段名。

(26) FILTER():返回 SET FILTER 命令中指定的表筛选表达式。

(27) FLDLIST():对于 SET FIELDS 命令指定的字段列表,返回其中的字段和计算结果字段表达式。

(28) FLOCK():尝试锁定当前表或指定表。

(29) FOR():返回一个已打开的单项索引文件或索引标识的索引筛选表达式。

(30) FOUND():如果 CONTINUE、FIND、LOCATE 或 SEEK 命令执行成功,函数的返回值为"真"。

(31) FSIZE():以字节为单位,返回指定字段或文件的大小。

(32) GETFLDSTATE():返回一个数值,标明表或临时表中的字段是否已被编辑,或是否有追加的记录,或记录的删除状态是否已更改。

(33) GETNEXTMODIFIED():返回一个记录号,对应于缓冲表或临时表中下一个被修改的记录。

(34) HEADER():返回当前或指定表文件的表头所占的字节数。

(35) IDXCOLLATE():返回索引或索引标识的排序序列。

(36) INDBC():如果指定的数据库对象在当前数据库中,则返回"真"(.T.)。

(37) INDEXSEEK():在一个索引表中搜索第一次出现的某个记录。

(38) ISEXCLUSIVE():判断一个表或数据库是否是以独占方式打开的。

(39) ISFLOCKED():返回表的锁定状态。

(40) ISREADONLY():判断是否以只读方式打开表。

(41) ISRLOCKED():返回记录的锁定状态。

(42) KEY():返回索引标识或索引文件的索引关键字表达式。

(43) KEYMATCH():在索引标识或索引文件中搜索一个索引关键字。

(44) LOOKUP():在表中搜索字段值与指定表达式匹配的第一个记录。

(45) LUPDATE():返回一个表最近一次更新的日期。

(46) MDX():根据指定的索引编号返回打开的.CDX 复合索引文件名。

(47) MEMLINES():返回备注字段中的行数。

(48) MLINE():以字符串形式返回备注字段中的指定行。

(49) NDX():返回为当前表或指定表打开的某一索引(IDX)文件的名称。

(50) ORDER():返回当前表或指定表的主控索引文件或标识。

(51) PRIMARY():检查索引标识,如果为主索引标识,返回“真”(.T.)。

(52) RECCOUNT():返回当前表或指定表中的记录数目。

(53) RECNO():返回当前表或指定表中的当前记录号。

(54) RECSIZE():返回表中记录的大小(宽度)。

(55) REFRESH():在可更新的 SQL 视图中刷新数据。

(56) RELATION():返回为给定工作区中打开的表所指定的关系表达式。

(57) SEEK():在一个已建立索引的表中搜索一个记录的第一次出现位置。

(58) SELECT():返回当前工作区编号或未使用工作区的最大编号。

(59) SETFLDSTATE():为表或临时表中的字段或记录指定字段状态值或删除状态值。

(60) SQLCANCEL():请求取消一条正在执行的 SQL 语句。

(61) SQLCOLUMNS():把指定数据源表的列名和关于每列的信息存储到一个 Visual FoxPro 临时表中。

(62) SQLCOMMIT():提交一个事务。

(63) SQLCONNECT():建立一个指向数据源的连接。

(64) SQLDISCONNECT():终止与数据源的连接。

(65) SQLEXEC():将一条 SQL 语句送入数据源中处理。

(66) SQLGETPROP():返回一个活动连接的当前设置或默认设置。

(67) SQLMORERESULTS():如果存在多个结果集合,则将另一个结果集合复制到 Visual FoxPro 临时表中。

(68) SQLPREPARE():在使用 SQLEXEC():执行远程数据操作前,可使用本函数使远程数据为将要执行的命令做好准备。

(69) SQLROLLBACK():取消当前事务处理期间所做的任何更改。

(70) SQLSETPROP():指定一个活动连接的设置。

(71) SQLSTRINGCONNECT():使用一个连接字符串建立和数据源的连接。

(72) SQLTABLES():把数据源中的表名存储到 Visual FoxPro 临时表中。

(73) SYS(14):索引表达式。

(74) SYS(21):控制索引编号。

(75) SYS(22):控制标识名或索引名。

(76) SYS(2011):返回当前工作区中记录锁定或表锁定的状态。

(77) SYS(2012):返回表的备注字段块大小。

(78) SYS(2021):筛选索引表达式。

(79) SYS(2029):返回与表类型对应的值。

(80) SYS(3054):决定是否显示 Rushmore 优化等级。

(81) TAG():返回打开的.CDX 多项复合索引文件的标识名,或者返回打开的.IDX 单项索引文件的文件名。

(82) TAGCOUNT():返回复合索引文件(.CDX)标识以及打开的单项索引文件(.IDX)的数目。

(83) TAGNO():返回复合索引文件(.CDX)标识以及打开的单项索引(.IDX)文件的索引位置。

(84) TARGET():返回一个表的别名,该表是 SET RELATION 命令的 INTO 子句所指定关系的目标。

(85) UNIQUE():用于测试索引是否以惟一性方式建立。

(86) UPDATED():用于测试在最近的 READ 命令中数据是否已被修改。

(87) USED():确定是否在指定工作区中打开了一个表。

(88) XMLTOCURSOR():转换 XML 文本到 Visual FoxPro 游标或表。

9. Visual FoxPro 数值函数

(1) ABS():返回指定数值表达式的绝对值。

(2) ACOS():返回指定数值表达式的反余弦值。

(3) ASIN():返回数值表达式的反正弦弧度值。

(4) ATAN():返回数值表达式的反正切弧度值。

(5) ATN2():返回指定值的反正切值,返回值无象限限制。

(6) BINTOC():将整型用二进制字符型表示。

(7) BITAND():返回两个数值型数值按位进行 AND 运算后的结果。

(8) BITCLEAR():清除一个数值型数值的指定位(将此位设置成 0),并返回结果值。

(9) BITLSHIFr():返回一个数值型数值向左移动给定位后的结果。

(10) BrrNOT():返回一个数值型数值按位进行 NOT 运算后的结果。

(11) BITOR():返回两个数值型数值按位进行 OR 运算后的结果。

(12) BITRSHIFF():返回一个数值型数值向右移动指定位后的结果。

(13) BITSET():将一个数值型数值的某一位设置为 1 并返回结果。

(14) BITTEST():确定一个数值型数值的指定位是否为 1。

(15) BITXOR():返回两个数值型数值按位进行异或运算后的结果。

(16) CEILING():返回大于或等于指定数值表达式的最小整数。

(17) COS():返回数值表达式的余弦值。

(18) CTOmN():将二进制字符型表示转换为整数。

(19) DTOR():将度转换为弧度。

(20) EVALUATE():计算字符表达式的值并返回结果。

(21) EVL():从两个表达式中返回一个非空值。

(22) EXP():返回 e^x 的值,其中 x 是某个给定的数值型表达式。

(23) FLOOR():对于给定的数值型表达式值,返回小于或等于它的最大整数。

(24) FV():返回一笔金融投资的未来值。

(25) INT():计算一个数值表达式的值,并返回其整数部分。

(26) LOG():返回给定数值表达式的自然对数(底数为 e)。

(27) LOG10():返回给定数值表达式的常用对数(以 10 为底)。

(28) MAX():对几个表达式求值,并返回具有最大值的表达式。

(29) MIN():计算一组表达式,并返回具有最小值的表达式。

(30) MOD():用一个数值表达式去除另一个数值表达式,返回余数。

(31) MTON():由一个货币型表达式返回一个数值型值。

(32) NORMALIZE():把用户提供的字符表达式转换为可以与 Visual FoxPro 函数返回值相比较的格式。

(33) NTOM():由一个数值表达式返回含有四位小数的货币值。

(34) NVL():从两个表达式返回一个非 NULL 值。

(35) PAYMENT():返回固定利息贷款按期兑付的每一笔支出数量。

(36) PI():返回数值常数 π。

(37) PV():返回某次投资的现值。

(38) RAND():返回一个 0 到 1 之间的随机数。

(39) ROUND():返回四舍五入到指定小数位数的数值表达式。

(40) RTOD():将弧度转化为度。

(41) SIGN():当指定数值表达式的值为正、负或 0 时,分别返回 1、−1 或 0。

(42) SIN():返回一个角度的正弦值。

(43) SQRT():返回指定数值表达式的平方根。

(44) SYS(2007):返回一个字符表达式,表示一个求和值的合法性。

(45) TAN():返回角度的正切值。

(46) VAL():由数字组成的字符表达式返回数字值。

10. Visual FoxPro 数组和内存变量操作函数

(1) ACOPY():把一个数组的元素复制到另一个数组中。

(2) ADEL():删除一维数组中的一个元素或删除二维数组的一行或一列。

(3) AELEMENT():由元素下标值返回数组元素的编号。

(4) AINS():往一维数组中插入一个元素,或往二维数组中插入一行或一列。

(5) ALEN():返回数组中元素、行或列的数目。

(6) ALINES():将一个字符表达式或备注字段中的每一行复制到一个数组的相应行。

(7) ASCAN():在数组中搜索与一个表达式具有相同数据和数据类型的元素。

(8) ASORT():按升序或降序对数组中的元素排序。

(9) ASUBSCRIPT():根据元素编号返回元素的行和列下标值。

(10) VARREAD():取得与当前对象相关的变量、数组元素或字段名称。

(11) VARTYPE():返回一个表达式的数据类型。

11. Visual FoxPro 网络函数

(1) ID():在网络环境中使用 Visual FoxPro 时返回网络计算机信息,与 SYS(0)相同。

(2) LOCK():尝试锁定表中一个或更多的记录。

(3) OLDVAL():返回字段的初始值,该字段值已被修改但还未更新。

(4) REQUERY():为远程 SQL 视图再次检索数据。

(5) RLOCK():尝试给一个或多个表记录加锁。

(6) SYS(0):网络机器信息。

(7) SYS(3051):设置锁定再试间隔。

(8) SYS(3052):指定当尝试锁定一个索引或备注文件时，Visual FoxPro 是否使用 SET REPROCESS 设置。

(9) SYS(3053):ODBC 环境句柄。

(10) TABLEREVERT():放弃对缓冲行、缓冲表或临时表的修改。

(11) TABLEUPDATE():执行对缓冲行、缓冲表或临时表的修改。

(12) TXNLEVEL():返回一个表明当前事务级别的数值。

12. Visual FoxPro 字符函数

(1) ALLTRIM():删除指定字符表达式的前后空格符。

(2) ASC():返回字符表达式中最左边字符的 ANSI 值。

(3) AT():返回一个字符表达式或备注字段在另一个字符表达式或备注字段中首次出现的位置，比较时区分大小写。

(4) AT_C():返回一个字符表达式或备注字段在另一个字符表达式或备注字段中首次出现的位置，比较时区分大小写。

(5) ATC():返回一个字符表达式或备注字段在另一个字符表达式或备注字段中首次出现的位置，比较时不区分大小写。

(6) ATCC():返回一个字符表达式或备注字段在另一个字符表达式或备注字段中首次出现的位置，比较时不区分大小写。

(7) ADDBS():如果有必要，向一个路径表达式添加一个反斜杠。

(8) ATCLINE():返回一个字符表达式或备注字段在另一个字符表达式或备注字段中第一次出现的行号。

(9) ATLINE():返回一个字符表达式或备注字段在另一个字符表达式或备注字段中首次出现的行号。

(10) BETWEEN():判断一个表达式的值是否在另外两个相同数据类型的表达式的值之间。

(11) CHR():根据指定的 ANSI 数值代码返回其对应的字符。

(12) CHRTRAN():将第一个字符表达式中与第二个表达式的字符相匹配的字符替换为第 3 个表达式中相应的字符。

(13) CHRTRANC():将第一个字符表达式中与第二个表达式的字符相匹配的字符替换为第 3 个表达式中相应的字符。

(14) CPCONVERT():把字符、备注字段或字符表达式转换到其他代码页。

(15) CHRSAW():确定一个字符是否出现在键盘缓冲区中。

(16) DIFFERENCE():返回 0 到 4 间的一个整数，表示两个字符表达式间的相对语音差别。

(17) EMPTY():确定表达式是否为空值。

(18) GETWORDCOUNT():统计一个串中的单词数。

(19) GETWORDNUM():从一个串中返回一个指定的词。

(20) INLIST():判断一个表达式是否与一组表达式中的某一个相匹配′。

(21) ISALPHA():判断字符表达式的最左边一个字符是否为字母。

(22) ISBLANK():判断表达式是否为空值。

(23) ISDIGIT():判断字符表达式的最左边一个字符是否为数字(0~9)。

(24) ISLEADBYTE():如果字符表达式第一个字符的第一个字节是前导字节,则返回"真"(.T.)。

(25) ISLOWER():判断字符表达式最左边的字符是否为小写字母。

(26) ISMOUSE():判断计算机是否具有鼠标。

(27) ISNULL():判断计算结果是否为 NULL 值。

(28) ISUPPER():判断字符表达式的第一个字符是否为大写字母(A~Z)。

(29) LEFT():从字符表达式最左边一个字符开始返回指定数目的字符。

(30) LEFTC():从字符表达式最左边一个字符开始返回指定数目的字符。

(31) LEN():返回字符表达式中字符的数目。

(32) LENC():返回字符表达式中字符的数目。

(33) LIKE():确定一个字符表达式是否与另一个字符表达式相匹配。

(34) LIKEC():确定一个字符表达式是否与另一个字符表达式相匹配。

(35) LOWER():以小写字母形式返回指定的字符表达式。

(36) LTRIM():删除指定的字符表达式的前导空格,然后返回得到的表达式。

(37) OCCURS():返回一个字符表达式在另一个字符表达式中出现的次数。

(38) OEMTOANSI():用于将字符串表达式中的字符转换成与其相对应的 ANSI 字符集中的字符。

(39) PADL()、PADR()、PADC():由一个表达式返回一个字符串,并从左边、右边或同时从两边用空格或字符把该字符串填充到指定长度。

(40) PROPER():从字符表达式中返回一个字符串,字符串中的每个首字母大写。

(41) RAT():返回一个字符表达式或备注字段在另一个字符表达式或备注字段内第一次出现的位置,从最右边的字符算起。

(42) RATC():返回一个字符表达式在另一个字符表达式或备注字段中最后一次出现所在的行号,从最后一行算起。

(43) RATLINE():返回一个字符表达式或备注字段在另一个字符表达式或备注字段中最后出现的行号,从最后一行开始计数。

(44) REPUCATE():返回一个字符串,这个字符串是将指定字符表达式重复指定次数后得到的。

(45) RIGHT():从一个字符串的最右边开始返回指定数目的字符。

(46) RIGHTC():从一个字符串中返回最右边指定数目的字符。

(47) RTRIM():删除字符表达式后续空格后,返回结果字符串。

(48) SOUNDEX():返回指定的字符表达式的语音表示。

(49) SPACE():返回由指定数目的空格构成的字符串。

(50) STR():返回与指定数值表达式对应的字符。

(51) STRCONV():将字符表达式转换成另一种形式。

(52) STREXTRACT():返回一个两个分隔符间的串。

(53) STRTRAN():在第一个字符表达式或备注字段中,搜索第二个字符表达式或备注字段,并用第三个字符表达式或备注字段替换每次出现的第二个字符表达式或备注字段。

(54) STUFF():返回一个字符串,此字符串是通过用另一个字符表达式替换现有字符表达式中指定数目的字符得到的。

(55) STUFFC():返回一个字符串,此字符串是通过用另一个字符表达式替换现有字符表达式中指定数目的字符得到的。

(56) SUBSTR():从给定的字符表达式或备注字段中返回字符串。

(57) SUBSTRC():从给定的字符表达式或备注字段中返回字符串。

(58) SYS(15):替换字符串中的字符。

(59) SYS(20):转换德文文本。

(60) TEXTMERGE():提供串表达式的求值。

(61) TRIM():返回删除全部后缀空格后的指定字符表达式。

(62) TXTWIDTH():按照字体平均字符宽度返回字符表达式的长度。

(63) TYPE():计算字符表达式,并返回其内容的数据类型。

(64) UPPER():用大写字母返回指定的字符表达式。

13. Visual FoxPro 类、对象和程序管理函数

(1) ACLASS():将一个对象的类名和祖先类名存放到一个数组中。

(2) ADLLS():返回一个包含已用 DECLAREDLL 载入的函数的名称。

(3) ADDPROPERTY():在运行时,为对象添加一个新属性。

(4) AERROR():创建一个内存变量数组,数组中包含最近的 Visual FoxPro、OLE 或 ODBC 的错误信息。

(5) AEVENTS():返回当前事件绑定数。

(6) AGETCLASS():在“打开”对话框中显示类库,并且创建一个包含该类库和所选类名称的数组。

(7) AINSTANCE():将一个类的实例存放到一个内存变量数组中,并且返回数组中存放的实例个数。

(8) AMEMBERS():将一个对象的属性名、过程名和成员对象存入内存变量数组。

(9) AMOUSEOBJ():创建一个数组,其中包含有关鼠标指针位置以及鼠标指针下对象的信息。

(10) ASTACKINFO():返回一个包含当前运行程序文件、应用程序或 COM 服务程序中的对象的信息的数组。

(11) AVCXCLASSES():将有关一个类库中类的信息放在一个数组中。

(12) BINDEVENT():绑定事件、属性或方法从本地 Visual FoxPro 对象到其他对象。

(13) CREATEOBJECT():从类定义或支持 OLE 的应用程序中创建对象。

(14) CREATEOBJECTEX():在一台远程计算机上创建一个已注册 COM 对象的实例。

(15) DODEFAULT():在子类(派生类)中执行父类的同名的事件或方法。

(16) ERROR():返回触发 ONERROR 例程的错误编号。

(17) GETPEM():返回事件或方法的属性值或程序代码。

(18) LINENO():返回程序中正在执行的那一行的行号。

(19) LOADPICTURE()：为位图文件、图标文件或 Windows 图元文件创建一个对象。

(20) MESSAGE()：以字符串形式返回当前错误信息，或者返回导致这个错误的程序行内容。

(21) MESSAGEBOX()：显示一个用户自定义对话框。

(22) NEWOBJECT()：直接从一个. VCX 可视类库或程序创建一个新类或对象。

(23) OBINUM()：返回利用@…GET 定义的对象的编号。

(24) OBJTOCLIENT()：返回一个控制或对象相对于表单的位置或尺寸。

(25) OBJVAR()：返回与@…GET 相关的变量、字段或数组名称。

(26) ON()：取得事件处理命令。

(27) PARAMETERS()：返回传递给程序、过程或用户自定义函数的参数数目。

(28) PCOUNT()：返回传递给当前程序、过程或用户自定义函数的参数的个数。

(29) PEMSTATUS()：返回一个属性、事件或方法的状态。

(30) PROGRAM()：返回当前正在执行的程序的名称，或者错误发生时所执行的程序的名称。

(31) RAISEEVENT()：从一个自定义方法中提升或触发一个事件。

(32) RDLEVEL()：用于取得当前的 READ 层级。

(33) REMOVEPROPERTY()：在运行时从对象中移除一个属性。

(34) SAVEPICTURE()：由一个图片的对象创建一个位图文件(. BMP)。

(35) SET()：返回各种 SET 命令的状态。

(36) SYS(16)：执行程序文件名。

(37) SYS(18)：返回当前建立的对象所使用的变量、字段或数组元素的名称。

(38) SYS(1023)：启用诊断帮助模式。

(39) SYS(1024)：终止诊断帮助模式。

(40) SYS(1269)：返回一个逻辑值，该值代表属性的默认值是否更改或属性是否为只读。

(41) SYS(1270)：返回对指定位置对象的引用。

(42) SYS(1271)：返回. SCX 文件名，该文件存储指定的实例对象。

(43) SYS(1272)：对象层次。

(44) SYS(2001)：返回指定的 SET 命令的状态。

(45) SYS(2015)：返回一个 10 个字符的惟一过程名。

(46) SYS(2018)：返回最近错误的错误信息参数。

(47) SYS(2410)：返回错误处理的类型。

(48) SYS(2450)：应用程序路径搜索顺序。

(49) SYS(2600)：返回指针作为字符串。

(50) SYS(3055)：在支持 FOR 和 WHERE 子句的命令和函数中设置它们的复杂级别。

(51) UNBINDEVENTS()：绑定事件到 Visual FoxPro 对象。

14. Visual FoxPro COM 服务函数

(1) COMARRAY()：指定如何向 COM 对象传递数组。

(2) COMCLASSINFO():返回有关一个COM对象(例如一个Visual FoxPro自动服务程序)的注册信息。

(3) COMPOBJ():比较两个对象的属性,属性值相同则返回"真"(.T.)。

(4) COMPROP():设置或返回一个COM对象属性的设置行为。

(5) COMRETURNERROR():使用自动服务客户程序,以用来确定自动服务错误原因的信息,并填充COM异常结构。

(6) EVENTHANDLER():绑定一个COM服务程序事件以在一个Visual FoxPro对象上实现接口方法。

(7) GETINTERFACE():通过早期绑定提供COM对象属性、方法和事件访问。

(8) GETOBJECT():激活OLE自动化对象,并创建此对象的引用。

(9) SYS(2333):允许或禁止ActiveX的双界面支持。

(10) SYS(2334):开启或关闭ActiveX的双界面支持。

(11) SYS(2335):启用或废止可发布的Visual FoxPro .exe自动服务程序的模式状态。

(12) SYS(2336):临界区支持。

(13) SYS(2339):释放COM对象时调用CoFreeUnusedLibraries。

(14) SYS(2340):NT服务支持。

(15) SYS(3004)无人照管服务模式。

15. Visual FoxPro其他函数

(1) AFONT():将可用字体的信息放到一个数组中。

(2) ANGUAGE():返回一个包含所有可用的Visual FoxPro命令、函数或基类的数组。

(3) APROCINFO():创建一个在一个程序文件中所包含的Visual FoxPro语言元素的数组。

(4) EXECSCRIFr():允许在运行时从变量、表和其他文本中运行多行代码。

(5) FONTMETRIC():返回当前操作系统已安装字体的字体属性。

(6) GETFONT():显示"字体"对话框。

(7) GETPICT():显示"打开图像"对话框。

(8) IIF():根据逻辑表达式的值,返回两个值中的某一个。

(9) IMESTATUS():打开或关闭IME(输入法编辑器)窗口或者返回当前的IME状态。

(10) SYS(2006):返回所使用的图形适配卡和显示器的类型。

附录 2　2010 年全国计算机等级考试二级 VFP 考试大纲

基本要求

1. 具有数据库系统的基础知识。
2. 基本了解面向对象的概念。
3. 掌握关系数据库的基本原理。
4. 掌握数据库程序设计方法。
5. 能够使用 Visual FoxPro 建立一个小型数据库应用系统。

一、Visual FoxPro 基础知识

1. 基本概念:数据库、数据模型、数据库管理系统、类和对象、事件、方法。

2. 关系数据库:

(1) 关系数据库:关系模型、关系模式、关系、元组、属性、域、主关键字和外部关键字。

(2) 关系运算:选择、投影、连接。

(3) 数据的一致性和完整性:实体完整性、域完整性、参照完整性。

3. Visual FoxPro 系统特点与工作方式:

(1) Windows 版本数据库的特点。

(2) 数据类型和主要文件类型。

(3) 各种设计器和向导。

(4) 工作方式:交互方式(命令方式、可视化操作)和程序运行方式。

4. Visual FoxPro 的基本数据元素:

(1) 常量、变量、表达式。

(2) 常用函数:字符处理函数、数值计算函数、日期时间函数、数据类型转换函数、测试函数。

二、Visual FoxPro 数据库的基本操作

1. 数据库和表的建立、修改与有效性检验:

(1) 表结构的建立与修改。

(2) 表记录的浏览、增加、删除与修改。

(3) 创建数据库,向数据库添加或移出表。

(4) 设定字段级规则和记录规则。

(5) 表的索引:主索引、候选索引、普通索引、惟一索引。

2. 多表操作：

(1) 选择工作区。

(2) 建立表之间的关联：一对一的关联；一对多的关联。

(3) 设置参照完整性。

(4) 建立表间临时关联。

3. 建立视图与数据查询：

(1) 查询文件的建立、执行与修改。

(2) 视图文件的建立、查看与修改。

(3) 建立多表查询。

(4) 建立多表视图。

三、关系数据库标准语言SQL

1. SQL的数据定义功能：

(1) CREATE TABLE - SQL。

(2) ALTER TABLE - SQL。

2. SQL的数据修改功能：

(1) DELETE - SQL。

(2) INSERT - SQL。

(3) UPDATE - SQL。

3. SQL的数据查询功能：

(1) 简单查询。

(2) 嵌套查询。

(3) 连接查询(内连接,外连接,左连接,右连接,完全连接)。

(4) 分组与计算查询。

(5) 集合的并运算。

四、项目管理器、设计器和向导的使用

1. 使用项目管理器：

(1) 使用“数据”选项卡。

(2) 使用“文档”选项卡。

2. 使用表单设计器：

(1) 在表单中加入和修改控件对象。

(2) 设定数据环境。

3. 使用菜单设计器：

(1) 建立主选项。

(2) 设计子菜单。

(3) 设定菜单选项程序代码。

4. 使用报表设计器：

(1) 生成快速报表。
(2) 修改报表布局。
(3) 设计分组报表。
(4) 设计多栏报表。
5. 使用应用程序向导。
6. 应用程序生成器与连编应用程序。

五、Visual FoxPro 程序设计

1. 命令文件的建立与运行：
(1) 程序文件的建立。
(2) 简单的交互式输入、输出命令。
(3) 应用程序的调试与执行。
2. 结构化程序设计：
(1) 顺序结构程序设计。
(2) 选择结构程序设计。
(3) 循环结构程序设计。
3. 过程与过程调用：
(1) 子程序设计与调用。
(2) 过程与过程文件。
(3) 局部变量和全局变量，过程调用中的参数传递。
4. 用户自定义对话框(MessageBox)的使用。

参 考 书 目

[1] 李英杰,刘立军. Visual FoxPro 数据库与程序设计[M]. 北京:北京工业大学出版社.

[2] 史济民,汤观全. Visual FoxPro 及其应用系统开发[M]. 北京: 清华大学出版社.

[3] 王利. 全国计算机等级考试二级教程:Visual FoxPro 程序设计[M]. 北京:高等教育出版社 .

[4] 周察金. 数据库应用基础:Visual FoxPro[M]. 北京:高等教育出版社.

[5] 郑尚志,李京文. 新编 Visual FoxPro 6.0 程序设计教程[M]. 北京:电子科技大学出版社.

[6] 高怡新,等. 新编 Visual FoxPro 6.0 程序设计教程[M]. 北京:机械工业出版社.

[7] 谢膺白,等. Visual FoxPro 6.0 程序设计教程[M]. 北京:人民邮电出版社.

[8] 蒋丽,等. Visual FoxPro 6.0 程序设计与实现[M]. 北京:中国水利水电出版社.

[9] 蒲永华,吴冬梅. 数据库应用基础:Visual FoxPro 6.0 [M]. 2 版. 北京:人民邮电出版社.

[10] 高春玲,张文学. 数据库原理与应用:Visual FoxPro 6.0[M]. 2 版. 北京:电子工业出版社.

[11] 康贤. 数据库程序设计教程[M]. 西安:西安电子科技大学出版社.

[12] 王珊,李盛恩. 数据库基础与应用[M]. 2 版. 北京:人民邮电出版社.

[13] 张吉春,郭施祎. Visual FoxPro 程序设计教程[M]. 西安:西北工业大学出版社.

[14] 萨师煊,王珊. 数据库系统概论[M]. 3 版. 北京: 高等教育出版社.

[15] 施伯乐,丁宝康,汪卫. 数据库系统教程[M]. 2 版. 北京:高等教育出版社.

[16] 梁成华,赵晓云. Visual FoxPro 6.0 程序设计[M]. 北京:电子工业出版社.

[17] 宋立智. 举一反三:Visual FoxPro 6.0 中文版数据库编程[M]. 北京:人民邮电出版社.

[18] 曾长军. SQL Server 数据库原理及应用教程[M]. 北京:人民邮电出版社.

[19] 何玉洁. 数据库原理与应用[M]. 北京:机械工业出版社.

[20] 毛一心,毛一之. 中文版 Visual FoxPro 6.0 应用及实例集锦[M]. 2 版. 北京:人民邮电出版社.

[21] 高英,张晓冬. Visual FoxPro 数据库开发基础与应用[M]. 北京:人民邮电出版社.